本书由“十三五”国家重点基金项目子课题“西部传统建筑绿色建构技术集成及其通用化研究”（2017YFC0702405-02）提供资助

兰州传统建筑营造

卞聪 张敬桢 著

中国建筑工业出版社

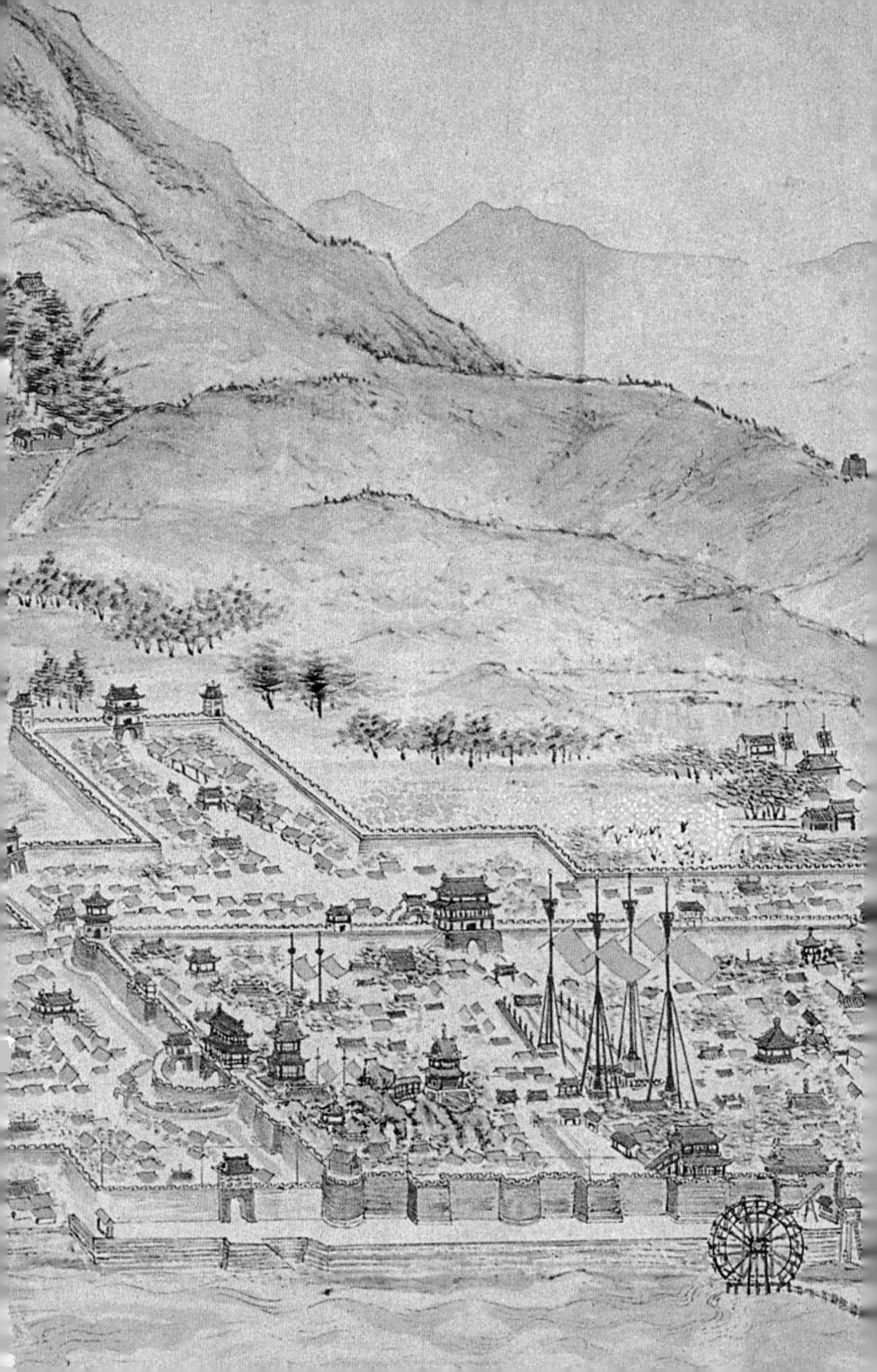

金城揽胜图

序

我怀着非常兴奋的心情，读完了由卞聪、张敬桢二人合写的《兰州传统建筑营造》一书。

这本书是两位作者在他们的硕士论文基础上进行删减、增补、修改而成的，全书由木作和油饰彩画作两部分组成。木作部分由卞聪执笔，油饰彩画作部分由张敬桢执笔。

据了解，他们之所以能写出以传统建筑营造技术为核心内容的书，首先，在于他们对祖国优秀传统建筑文化的挚爱；再者，在于他们具有可贵的实践精神和行动。

他们为弄清传统建筑营造的诸多技术问题，深入实践一线，拜业内著名工匠为师，与工匠师父融为一体、打成一片，同吃、同住、同劳动，沟通了感情，赢得了信任，建立了友谊，学得了知识、技能和品德。他们这种精神是当代青年建筑学子学习的榜样，他们的做法在某种程度上代表了当代建筑学的办学方向！

在这里，我不想更多地去评价他们著作取得的成绩以及对传承中华优秀建筑文化作出的贡献。对这些，凡读过这本书的应该都有公论。我在此要讲的，是关于当下我国建筑教育存在的问题和应改进的意见。

中国传统建筑有数千年的发展史，它是中华优秀传统文化的结晶和载体。它在建筑的选址与规划、材料的选择与重复利用、构件的加工与结合方式、环境的适应性与节能环保、抵御地震灾害等诸多方面都具有许多独特的优点，是世界上最先进的建筑体系之一。

但是，很长时间以来，我们对这样优秀的建筑及其文化似乎没有真正的认识，缺乏对它的潜心研究、深入发掘和继承。不少人甚至认为这种起源于新石器时期，成型于夏、商、周时代，历经秦、汉、魏晋、南北朝、隋、唐、五代十国、辽、宋、金、元、明、清等不同朝代，形成了一整套具有完善理论和方法的东方建筑体系，较之当代以钢筋混凝土为代表的现代建筑，是落后的，没有什么值得当代人学习和借鉴的地方！

这种认识也影响到我们高校的本科建筑教育。即便在2007年全国人大通过的新一版《中华人民共和国城乡规划法》把“保护……历史文化遗产，保持地方特色、民族特色和传统风貌”确定为重要的城乡规划原则和建设指导方向之后，大部分建筑高校仍然没有把传统建筑文化与技艺的内容纳入到教育体系当中。

为此，我建议：

一、应当加深对中国传统建筑及其文化的研究，同时引导大众加深对其蕴含价值的再认识。

二、应当加快构建更为完善的中国传统建筑学术研究体系。自从1929年中国营造学社成立至今，我国学者在传统建筑研究方面做了大量工作，涵盖了历史、理论、营造技术等多方面的内容，有不少成果问世，但离建立完善的中国传统建筑学学术研究体系还有相当的距离。

三、进一步优化建筑学的专业设置和课程体系，要将中国传统建筑纳入中国当代建筑学专业的教学体系中去，培养既懂现代建筑又懂本民族传统建筑的、符合我国城乡建设需求的建设人才。同时抓好中等职业技术教育、高等职业技术教育和大学本科教育，还要进行更高层次的研究生教育。

成就一项事业，关键在人才；培养合格人才，关键在教育。中华人民共和国成立七十多年以来，尤其是改革开放四十年来，传统建筑教育在中职教育、高职教育方面已经有了较好的开端，但本科及以上的建筑类专业在传统建筑教育方面，需要进一步巩固、提高。只有将传统建筑及文化进一步融入建筑类专业的本科教育，培养出大量既懂现代建筑、又懂本民族建筑的高层次人才，我国的城乡面貌才可能逐步具有中国特色、中国风貌、中国气派！

读了卞聪、张敬桢的著作《兰州传统建筑营造》，难抑兴奋之情，有感而发，写了如上的话。

是为序。

馬炳坚

二〇二一年七月于京华营宸斋

前言

自古以来，营造技艺的传承多通过工匠的口传、心授与身教，少有系统的书籍文字的整理。时下，古建筑的应用范围变得非常狭隘，依附于此的地方传统营造技艺面临失传的危机。以甘肃兰州地区为例，古建筑保护修缮以及新建仿古建筑的施工多由河湟地区的施工队承接，在修缮、新建的过程中，使用的多是河湟地区传承下来的大木营造制式，甚至直接参考北方官式做法，这对该地区古建筑的“原真性”造成了难以恢复的破坏。经过调查研究发现，兰州地区的大木营造技术以北方大木抬梁技术为核心，但受到移民、商贸等历史文化因素的影响，在局部做法上能见到山陕地区、中原地区甚至江南地区等地的技术特点，同时与周边的河州（临夏河湟地区）工艺、秦州（天水地区）工艺相互影响，具有鲜明的地方特色。然而，实际的保护修缮过程中面临着本地匠师缺乏的窘境，不得不假外人之手，导致“修缮性”破坏的现象屡见不鲜。

自20世纪初以来，对于北方官式建筑和江南地区明清园林建筑的研究在建筑历史、建筑法式、建筑艺术等方面均取得了较为全面和高水准的学术成果，为建筑史的研究奠定了深厚的理论基础。中国建筑史的研究发展到当前阶段，越来越多的专家、学者综合社会学、美学、考古学、类型学等多个学科，从多个角度来展开研究，逐步深入到不同地域的传统建筑中。对兰州地区传统建筑的系统研究是对整体建筑史体系的有益补充，却由于种种原因尚处于起步阶段。

兰州原处西北边陲，自秦汉以降，到唐宋，都是军事重镇，战火频仍，人烟稀少，经济文化不是特别繁荣，早期历史文化遗存都已经消泯在历史长河中。明初，为了恢复生产，明政府颁布了军屯、商屯、民屯等一系列移民政策，来自山西、陕西、河南、湖北、江苏等地的大量人口被迁移至兰州地区，带来了先进的文化、技术，加上与原处此地的少数民族的文化交流，形成了复杂、独特的区域文化。在这个过程中，大量的传统木构建筑被修建，其营造技艺也不断趋于系统完善，具有相当的研究价值。

本书是在两位笔者的论文《兰州地区传统建筑大木营造研究》《兰州地区传统建筑彩画艺术研究》基础上，改编、增补而来，限于时间、精力等原因，对兰州地区传统建筑营造中很多做法的研究不够深入。有不足之处还请各位读者不吝指教，笔者必当虚心接受、潜心钻研，以求不断完善本书内容。

在硕士研究生阶段，有幸在兰州理工大学孟祥武、叶明晖两位导师的门下学习，我们接触到了很多兰州地区的传统建筑与匠师，积累了很多一手材料。据初步总结，对兰州地区传统建筑进行研究具有以下几方面的优势和亟待处理的问题：

1. 存在的优势

（1）传统建筑实例众多，各类型建筑都有存留。仅兰州白塔山公园、五泉山公园就有十来个寺院，加上散落在市区及周边地区的传统建筑群落，数量可观。这些建筑，按功能划分，有寺庙、道观、宗祠、贡院、游憩建筑等；按形式划分，有殿堂、楼阁、亭、牌坊、门楼等。

（2）传统建筑历史脉络清晰，建筑传承没有断代。现存兰州地区传统建筑可考年代自明初始，跨越清、民国，乃至20世纪七八十年代，政府还组织了大规模的园林修缮建设工程，仍按最传统的办法设计、施工。目前，还存在几位大木匠师、彩画匠师尚能寻访求教。

（3）传统建筑大木营造技艺以北方抬梁做法为基础，又兼具山陕、中原、江南等地区建筑风格的影子，做法独特。由于地域偏僻，大木材稀少，用材一般较小，为了增强承载能力，兰州地区传统建筑的梁架做法比较繁复，针对不同斗栱形式的檐下承托结构更是种类多样；斗栱做法与官式做法差异较大，各类型特点鲜明，尤其追求形式美与结构美的统一；装饰精美，特别是施用雕刻的部位非常多，其主题虽多，但总体围绕“根枝叶头”的构图规律……

（4）传统建筑彩画技艺以旋子彩画为母题，融合了多民族文化，发展出了制式鲜明、内蕴丰厚的彩画技法流派。以构件长宽比来确定枋心个数；以“一整”“二破”“整旋花”“3/4旋花”等作为基本模数组合构图；以不同主题的枋心图案来匹配建筑的不同地位、等级；仍以青、绿二色作为最主要的用色，根据等级与种类增添不等量的金、红等作为配色……

以上优势正是本研究开展的契机。

2. 存在的问题

（1）现实问题：尽管兰州地区传统建筑存在许多研究优势，然而其保护状态却不容乐观。由于不恰当的修缮，蕴含在建筑本体中“原真”的历史信息在不断丢失，例如白塔山法雨寺把乾隆年间的旧殿毁弃，却请临夏匠人在原址上修建了北方官式做法的新殿……同时，由于社会形态的转变，师徒传承的传统建筑营造技艺传承模式已经消泯，随着匠人的老去，技艺也在不断消亡。例如昔日颇有名望的兰州五大木匠世家，现今传承下来的也仅有一些支系了，并无后继之人。本地区建筑本体的原真性保护与营造技艺的理论性保存都迫在眉睫。

（2）理论问题：兰州传统建筑营造体系在甘肃地区到底处于什么样的地位？明清以来，兰州地区作为区域政治、经济、文化的中心，在区域文化中是处在强势地位的，广泛吸收了周边地区的优秀文化，也影响到了周边地区，使其在建筑形制上表现出折中、嬗变的痕迹。甘青地区已有的传统建筑理论研究在选题上注重文化典型性，更加偏向“河湟文化圈”的少数民族文化特色、“黄河文化圈”的汉族文化强势地位以及河西地区作为丝绸之路重要一段的文化串联性，着重对临夏回族自治州、甘南藏族自治州、天水地区、河西地区的传统建筑进行了系统性的研究，忽视了处于河湟文化、秦陇文化以及丝路文化这些典型文化区域交叠的兰州地区的文化的独特性。对此，构建本地区传统建筑理论体系并对建筑文化的源流脉络进行初步探寻具有必要性。

综上所述，目前，在兰州地区，大量的传统建筑遗存等待勘测，众多的独特做法等待继承，构建本地区传统建筑营造理论体系只是完善区域建筑文化的基础研究，却也是我辈兴之所至的事业、义不容辞的责任！

目录

第2章

兰州传统建筑特征及构造方式

第3章

兰州传统建筑檐枋及斗栱制作要点

第4章

大木制作要点与典型构件制作

第5章

雕刻构件要点与典型构件制作

第6章

兰州传统建筑油饰彩画作概述

第7章

兰州传统建筑彩画的技艺特征

第8章

兰州传统建筑营造实践

第9章

兰州传统建筑源流与传承

木构建筑传承悠久，流变亦为繁多，研究地域性传统建筑首先就要厘清其形式分类、明确研究范畴。因此，本章先按照功能、结构、用材等方面对兰州传统建筑的形式进行了初步论述，并探寻衡量工具以确定明清以来本地区的木作营造尺度，进而以较为普遍的两种斗栱做法为模数载体，分析本地区传统建筑的用材制度。在这些工作的基础上，结合长期踏勘、测绘得来的数据，笔者总结了兰州地区传统建筑的平面、举架、梁架、出檐、翼角等典型做法，并给出了常见部位的大木构件尺度权衡表。

不过，由于时间、精力等方面的限制，本章结尾给出的兰州地区现存传统木构建筑调查表一方面数量、内容上面还不够全面，另一方面在年代考证等方面也有待进一步验证，仅作参考之用。

第1章

兰州传统建筑木作概述

1.1 兰州传统建筑形式

对现存的众多传统建筑进行分类研究是构建兰州传统建筑大木营造体系的前提。兰州传统建筑文化遗产丰富，其中木构建筑种类繁多，由于地域特色的缘故，与明清北方官式做法既有相似性又存在差异性，尤其是屋顶结构常使用组合屋顶，在类型划分上难以按照硬山、悬山、歇山、庑殿、攒尖等基本屋顶形式进行分类。

兰州地区大木匠师通常是先确定建筑的主要功能与使用性质后再进行设计，由此可以把兰州地区传统建筑划分为殿、亭、牌坊、门、楼阁、厢房、游廊、戏台等。其中殿的数量最多且形式最为复杂，其屋顶结构有卷棚、硬山、悬山、歇山及各种复合屋顶等形式；平面形式有两排柱列、三排柱列、四排柱列、回字形、凸字形等多种形式[1]；同时，基本都施用了斗栱。亭的数量仅次于殿式建筑，屋顶形式都是攒尖，少数作重檐攒尖；平面形式从三角形、四角形、五角形、六角形到八角形都有实物存留；大多数都施用了斗栱。牌坊也占有一定的数量，由于兰州地区的斗栱及其承托结构与明清北方官式做法迥异，导致牌坊风格与明清北方官式做法大相径庭，多采用“四流水”的屋顶形式；平面形式有一排柱列和两排柱列两种形式；檐下都施用了复杂、独特的斗栱。其他类型建筑，如门、楼阁、厢房、游廊、戏台等，有些在数量上较少，难以形成体系，有些在做法上相对简单，难见特殊性，故非本文研究重点。

明清北方官式做法把传统木构建筑分为大式与小式。一般大式建筑主要是指宫殿、衙署、皇家园林等为贵族、官僚阶级及其封建统治服务的建筑，在建筑规模、用料

1　回字形、凸字形平面见2.1.1节中殿式建筑平面分类。

大小、装饰精美程度上要远高于小式建筑。大小式建筑的区分并不仅按照是否施用斗栱来确定。大式建筑的计算是以斗口制为基础的，小式建筑的计算则以檐柱径为基本计算单位。

本文讨论的兰州地区传统建筑主要是寺院、道观、祠堂、公园等，多数建筑施用斗栱，装饰精美，用料较大，在规制上应属于大式建筑。然而，在计算单位上，与明清北方官式建筑大式做法不同，根据下文判断，应是以檐柱径为计算单位的。对比清式以斗口、檐柱径为模数的大式、小式建筑，可以发现，大式建筑的特点是用料扎实，为建筑的受力性能留下充分的余地，而小式建筑的特点在于用料紧凑，受力性能只能说恰到好处。兰州地区大式建筑却用小式建筑的计算方式，符合偏远地区木材缺乏、用料较小的局限性。

1.2 尺度权衡

中国传统木构建筑最显著的特征之一就是标准下的“模数化”，如宋代《营造法式》下的“材栔制”，清代《营造则例》下的大式建筑“斗口制”及小式建筑以“檐柱径”为模数。在地域性传统木构建筑的营造中，也应当是具有相应“模数”的。然而，根据兰州大木匠师所述：“师父是怎么教的，徒弟就怎么做”或者“哪个建筑案例好，我就学着哪个做”，大木构件尺寸通常是按照经验来判断数值，似乎并没有一个确定的模数单位。不过，常见的三开间殿式建筑的檐柱径为1尺，其他构件的制作都是以尺为单位的，这说明本地区传统建筑的营造有可能是以“檐柱径”为基本模数单位的。但大式建筑多数都施用斗栱的情况也说明不能完全否定“斗口制”存在的可能性。本节对过去的衡量工具、“斗口”与“檐柱径”模数的普适性进行考证，验证“檐柱径”与“斗口”二者作为模数的合理性。

1.2.1 衡量工具

“尺”既是衡量长度的工具，也是长度单位，历朝历代不同种类的尺的长短都有所变化。中华人民共和国成立以来，兰州地区大木匠人使用的衡量工具变成了以厘米、米为单位的钢卷尺等，数据计算实际上与旧时有了一定的偏差，比如出于方便计算的原因，自20世纪70年代以来，大木匠人把1尺按30cm来计算，不同构件的尺寸数据也在老匠人的手中换算成了以厘米、米为单位的新数据。这对兰州地区传统建筑大木营造技艺的追本溯源造成了很大的困扰。

兰州地区木作营造技艺上承明清，可以先假设本地区传统木作营造技艺使用的衡量工具为明清营造尺。由于明代营造尺合31.7cm，清代营造尺合32cm，二者数据相差不大，故此处为计算方便先以32cm为1尺进行代入。在大量的建筑测绘中，笔者发现兰州地区斗栱“彩”[1]的斗口最常见的数据为6.5cm左右和8cm左右，偏差非常小。6.5/32约为0.2，8/32为0.25，即常见斗口可以被折合为2寸和2.5寸，恰合清官式斗口九等与八等。实际斗口数据与假设尺度的比值和《清式营造则例》中关于斗口制的规定存在关联性，可以说明该假设具有成立的可能性。另外，根据段树堂先生手稿中对六角单彩斗栱的数据标示（图1.1），22cm为0.696尺，19cm为0.6尺，进行计算后可得1尺为31.61cm、31.67cm。由于旧时木工尺为手制，存在一定的误差，难以断定兰州木工尺到底是明代还是清代的营造尺，只能说从结果上来看，兰州旧时木工尺更接近于明代营造尺，折合31.7cm。

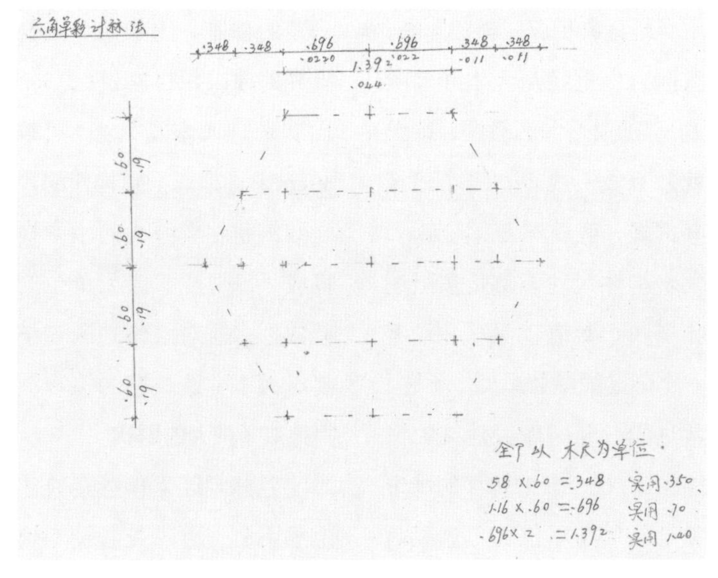

图1.1 段树堂先生手稿——六角单彩计算法

笔者于机缘巧合下从范宗平师父处得到一把过去水车匠人使用的木工尺，测量后得到的数据为1尺折合31.7cm。

综上，根据手稿推测得到的数据与实物数据相互吻合，由此基本可以确定旧时兰州木工尺为明代营造尺。不过，出于计算简便的目的，本文中，1尺按32cm来计算。

1.2.2 模数普适性

兰州地区传统建筑的模数关系并没有经过系统的整理，从匠人的口述与记录的手稿来看，在营建过程中，不论是对建筑的进深、面阔尺寸，还是对构件尺寸，都有精确的把控，必然包含了一定的模数关系。清官式做法把建筑分为运用“斗口制”的大式与运用“檐柱径”模数关系的小式。可以发现，大式建筑大部分情况下都施用了斗栱，而小式建筑却都不施用斗栱。然而，实际测绘过程中可以发现，兰州地区的传统建筑不论是否施用斗栱，都使用了一套计算标准。同时，需要认识到的是，兰州地区的斗栱形式与官式做法差异很大，而且种类较多，最常用的两类是“栱子”和“单彩”，建筑大尺寸基本相同的情况下，二者的斗口差异很大。

首先，由于本文探讨的建筑多数是有斗栱的，故先假设本地区传统建筑是具有斗口制模数关系的。其次，鉴于差异性，分别假设“栱子”和“单彩”[2]的斗口符合斗口制。然后，选取典型兰州做法的周家祠堂的前后两座大殿为样本。周家祠堂前后两座大殿的面阔、檐柱高、檐柱径等关键性尺寸是基本相同的，由同一批匠人修建，但前殿施用了“二步栱子”，后殿施用了“六角单彩”，故具有很大的可比性。以斗栱第一跳翘宽为斗口，与建筑关键尺寸进行折合计算（表1.1）。

由表1.1可知，在建筑关键尺寸几乎一致的情况下，“二步栱子”和“六角单彩”的斗口差异非常大，且二者

1　见3.3节。

2　斗栱形式区分见第3章。

斗口与建筑关键尺寸折合表　　表 1.1

周家祠堂前后殿斗口与建筑关键尺寸折合表									
名称	檐柱径（cm）	檐柱径合斗口数	檐柱高（cm）	檐柱高合斗口数	面阔（cm）	面阔合斗口数	平枋宽（cm）	平枋合斗口数	斗口取值（cm）
清官式		6		60		77		3	
前殿	32	2.9	393.5	35.8	306.7	27.9	20	1.8	11
后殿	32	4.9	404.5	62.2	308	47.4	20	3.1	6.5

的檐柱径、面阔合斗口数都与官式做法有较大差异，仅“六角单彩”的檐柱高合斗口数与官式做法相近，而“二步栱子”的檐柱高合斗口数与官式做法却相差很大。另外，后殿平枋宽折合约3斗口，与清式一致；但是前殿平枋宽折合不足1.8斗口。综上，可以得出以下结论：

兰州传统建筑不符合清“斗口制”，仅施用“六角单彩”的建筑部分尺寸合斗口数与清式接近，有与官式做法具有一定关联的可能性。

以“二步栱子”“六角单彩”作为斗口进行模数计算时，由于斗口尺寸差异较大，难以统合到一个计算体系中去，只能作为各自建筑的基本模数。

以“二步栱子”“六角单彩”为斗口折合的建筑关键性尺寸都比较零碎，将其作为模数进行计算的时候相对比较烦琐。考虑到测量误差等因素，也只有“六角单彩”斗口折合的情况比较容易凑整。

通过上述的假设和验证会发现，以斗口为模数的计算方式具有很大的局限性，难以统合所有的有斗栱、无斗栱建筑，也难以把所有采用不同类型斗栱的建筑纳入同一个计算体系。仅施用“单彩”的建筑，其斗口有作为基本模数的可能性。

与之相反的是，“檐柱径”没有上述局限性。另外，在大量的建筑勘测中，笔者发现，施用“单彩”的建筑中，明间面阔4.5m的建筑和明间面阔3.2m的建筑的斗栱斗口数值都是8cm或者6.5cm，斗口大小和建筑规模没有直接联系。经过问询，陈宝全、范宗平等大木匠师表示，建筑大木构件设计完成后才会配置斗栱，建筑大小一般与斗口大小关联不大，建筑开间大则增加斗栱朵数，同时增加单个斗栱的跳数，开间小则减少安放的斗栱朵数，并减少跳数。“单彩”斗口作为基本模数的合理性也就不存在了。

因此，与兰州地区的部分大木匠师交流协商后，本文将“檐柱径”作为大木营造的基本模数单位。

1.3 — 营造通则

马炳坚先生在其著作《中国古建筑木作营造技术》中解释："通则，是确定建筑各部位尺度、比例所遵循的共同法则……是使各种不同形式的建筑保持统一风格的很关键、很重要的原则。"通则一般涉及面宽与进深、柱高与柱径、收分与侧脚、上出与下出、举架与步架、收山法则、推山法则等。

本文对兰州地区传统建筑通则的阐述参考了本地大木匠师的设计流程，以统筹的视角，从平面、举架、梁架等三方面着手，另外补充出檐与翼角做法，以此建立兰州地区传统建筑营造通则。

1.3.1 平面

（1）面阔：在开间计算上，兰州匠诀"木上丈，不压自浪（弯）"亦作"木上丈三，不压了自弯"，即开间超过1丈，即使不承受太大的上部荷载，木料本身就会下沉弯曲。所以，一般的殿式建筑明间面阔不会超过1丈，根据具体情况，若用材够大，也会通过叠加梁、枋达到增大开间的目的。若以最多见的三开间大殿为例，明间面阔（柱中间距）1丈，次间会略减，变为9尺，若是回字形平面，尽间为次间的一半，作四尺五。

（2）柱高、柱径：檐柱径算法为明间面阔的十分之一，即明间面阔1丈，檐柱径1尺。檐柱高为明间面阔的1.3倍左右，即为13D（以D代表檐柱径）。可见，本地区檐柱高与明间面阔比值为1.3，远大于官式大式做法的0.78（柱高60斗口，面阔77斗口）与小式做法的0.81（柱高11D，面阔13.5D），这正是本地区传统建筑形成高窄立面风格的原因。另外，与官式做法不同的一点是：兰州殿式建筑的檐柱与内柱并不同粗，多半情况下，金柱比檐柱要细得多，这从受力的角度来说是不合理的，但这是受限于用材的不得已做法。为了弥补受力缺陷，安装在金柱上的门窗抱框会选用相对粗大的木料，以支持上部荷载。金柱直径最小甚至只有檐柱的3/5左右。

（3）收分、侧脚：明清官式做法中收分与侧脚一般是柱高的1/100，而本地做法与之不同。柱底到柱顶收分为1/10，即柱底直径为1尺时，柱头直径则为9寸。在梁架立好后，檐柱柱底扎脚（即官式做法的侧脚）通常向外偏移3～6分，这是一个常用值，通常不随柱高、柱径的变化而变化。楼阁建筑扎脚会适当偏移更多一些，但当地基比较平缓扎实时，多不扎脚。

（4）进深：进深的确定，主要取决于举架数。以三开间大殿为例，通常为七架或九架，十一架及以上的建筑多为五开间，现存最大的悬山建筑是甘肃贡院至公堂，为五间十三架建筑，其明间面阔也只有1丈左右。椽径通常为3寸，则檩与檩的水平间距不能超过4尺，这也是一个常用值。若为九架，则建筑通进深不过三丈二尺。假如椽径减小或增大，则檩水平间距等比缩放。清官式做法中，檩水平间距称为步架，小式建筑的步架通常为4D（4倍的檐柱径），檐步为4D～5D，恰与兰州地区传统建筑檐柱径为1尺时步架为4尺的规律相似，侧面佐证了兰州地区传统建筑是以檐柱径为计算单位的。需要注意的是，尽管本地区各步架长度一般是相等的，但也存在各步架长度根据木料的供给、梁架的变动而产生不均等的情况。

1.3.2 举架

因为举架决定了进深，也决定了抬梁构造的尺寸，是设计中考虑的第二步。架椽做法有新旧两种口诀，旧口诀“三五七九倒加一”是清中期以前兰州匠人遵循的举架做法，例如实测过的白塔山三星殿举架就符合该口诀（1753年修建）；新口诀“四六八十倒加一”是清末以后兰州匠人修改后的举架做法，据推测，应是为了提高屋面排水效率，至于是否由当时降水量增加而导致已不可考。其中，“倒加一”是指在脊步架上按照原举数再加一举（即檩水平间距的10%），如七架屋顶脊檩抬高原为八举，倒加一为九举，其他不同架数照此类推。

在屋面造型上，兰州地区营造法讲究“檐口平如川，屋脊陡如山”。以九架做法为例，按近代兰州举架口诀，从檐步开始，各檩依次抬高四举、六举、八举、十一举，按早期兰州举架口诀则为三举、五举、七举、十举，二者皆与官式九架的五举、六五举、七五举、九举有很大的差异。由（图1.2）可见，早期做法比官式做法在檐步上明显平缓很多，但近脊步处略为陡峭，整体排水效率比官式做法略低；近代做法在出檐和脊步高度上与官式做法几乎相同，但举架弧线整体下凹，檐步更缓而脊步更陡，从数学和物理学的角度看，更接近最速曲线[1]，整体排水效率比官式做法要高。

兰州地区有部分大殿进深很大，超过九架，则采取两步架起一次高度的做法，如（图1.3）所示即为十三架建筑的屋面举架做法。此时，考虑到椽子的荷载能力，会适当缩短各檩水平间距。

通常情况下，各檩的水平间距应当是均等的，但是有时由于大跨度要求梁径较大而现有材料不能满足，导致檩条的位置会反过来受梁径、梁长制约，出现各檩水平间距不均等的情况。七架建筑计算后得到的举架曲线基本符合“三五七倒加一”的口诀（图1.4）。据推测，可能是先按照口诀把进深等分后计算得出曲线，再根据已确定的梁架尺寸，两相结合得出实际檩条应搁置的高度。然而，这样做，在搁置檩条的过程中可能会导致檩间距超过 4 尺的情况出现，一方面应尽量避免，另一方面应在檩下增加随檩枋，当间距确实较大时，应叠置随檩。

1.3.3 梁架

在阐述本地区梁架部分通则前，应先对本地区大木构件与官式做法那样在此进行简单的辨析。本地区传统建筑檐下结构不像官式做法那样由平板枋、额枋、额垫板等构件组成，等级高低在于一重还是两重额枋；而本地做法中是由大担、大平枋、小平枋、牵、多层替、多层荷叶墩组成（释义见下文），等级低时会省略大担，等级高时会增加平枋或者牵，这样形成的结构种类较多，需要具体分析，详见本文第4章。同时需要注意的是，除了平枋、牵替的截面为方形外，大担、牵、梁等构件的截面都是圆形或椭圆形，这与官式做法中梁枋截面都是方形有很大的区别。图中所示为常见的四种檐下结构形式（图1.5）。

梁：梁的长短通常由柱列间距决定，梁高最小为跨度的1/10，尽量挑选粗大的梁材，并在制作过程中避免破坏其生长纹理。当跨度较大而现有材料不能达到预计梁高时，则尽量选取较大的材料制梁，并在其下叠置随梁（直径一般比梁略小），使其总高度略大于预计梁高则可；若不置随梁，也可在梁两端衬挑木，挑木从柱中向内出挑跨度的1/3，同时叠置总高应

1　滚动物体在最速曲线上下降速度最快，所用时间最短，又称旋轮线。

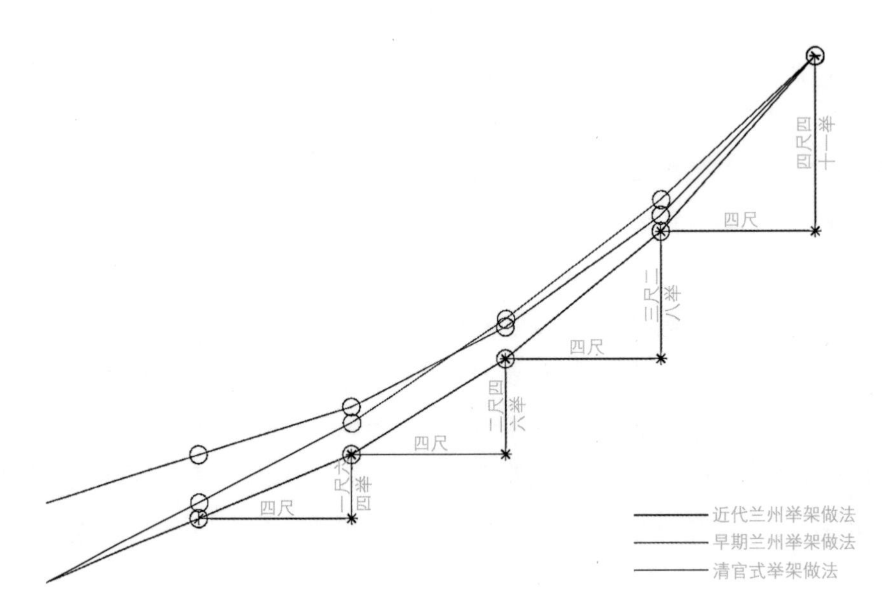

图1.2 举架分析图

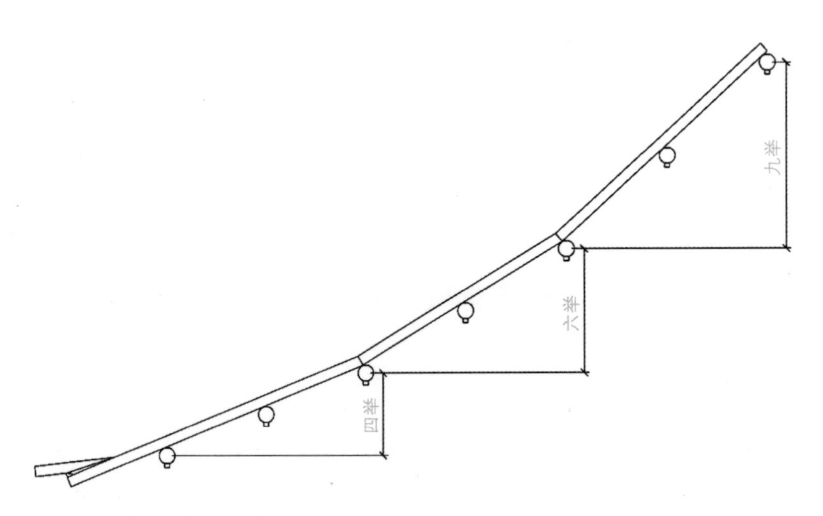

图1.3 十三架建筑屋面举架做法图

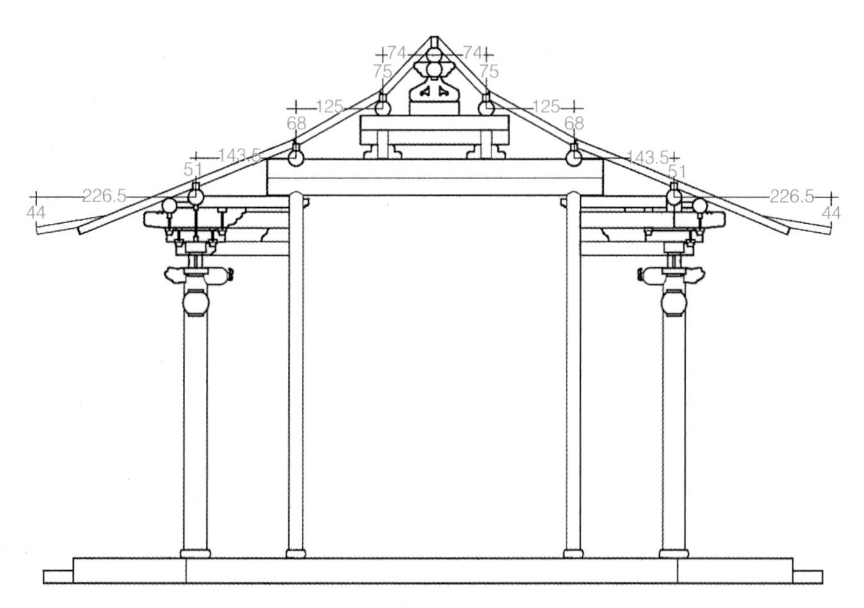

图1.4　榆中周家祠堂过殿屋架图（单位：cm）

尽量大于预计梁高。挑木做法在制作工艺上比较复杂，处理不当很可能导致受力不均，因此采用的情况较少（图1.6）。

大担：大担是指类似大额枋的构件，与大额枋不同的是，大担搁置在柱头上，上下置上担替、下担替。大担截面为圆形，直径通常与柱底直径D相同，在高等级建筑中使用时有时会略大一些，其长同该间面阔。大担上下削平，置上、下担替，其宽、厚一般与小平枋相同（图1.7）。

平枋：平枋与官式做法中的平板枋相似，为截面扁方形的条木，其长同该间面阔，通常宽与檐柱柱顶直径同为9D/10，厚为D/2。比官式做法多了一个随枋，称为小平枋，其与平枋同长，较平枋薄、窄，两端嵌在柱头上，通常宽为平枋宽两侧各减D/6，厚度亦为D/6。

牵：兰州木匠写作"杴"，该字本音为xiān，兰州地区读作为qiàn，类似于较细的额枋、梁的结构，起檐下拉结作用，应作"牵"。置于檐下部分时称作"檐牵"。其长同该间面阔，高为2D/3，由于其截面近似椭圆形，一般不计算具体的宽值，多在下料过程中直接画线，截面画法见第4章。牵上下面削平，置随枋，称为上、下牵替，替宽约1/3牵高，厚为D/10。

替：兰州木匠写作"梯"，指随枋，起到替木的作用，应作"替"。在兰州做法中，该类结构有时会省略，有时檐牵的下牵替会被雀替所替代。

檩：檩为圆形截面，直径通常为D/2，且各檩径相同，与官式做法中挑檐桁直径略小于正心桁不同。檩条上置扶脊木，椽头开榫头扣在扶脊木上，扶脊木为方木，宽同椽径D/3，高较椽径稍大些，为D/3+6分。在殿式建筑、楼阁建筑等规模较大的木构建筑中，除挑檐檩、檐檩外，通常在檩条下叠置随檩，直径与檩径相同或略小；而亭、牌坊等规模较小的建筑中则不作叠置处理。

收山法则：歇山建筑确定山面山花板位置的法则称为"收山法则"。兰州地区歇山建筑收山法则与清官式做法不同，并非由山面正心桁中向内收一檩径作为博风板外皮位置，而是由山面金檩中向外出两倍的檐柱径，定作博风板外皮位置。因此，本地歇山顶收山距离较官式做法大，导致正脊整体比官式做法略短。

推山法则：本地区现存建筑中并无庑殿顶建筑，故大木匠传承中未有推山法则流传。

悬山出头：悬山建筑两山出头一般为檐柱径的1.5倍左右，即两侧的檩各出头1.5D。因为大担、梁、牵从柱中出头通常为自身直径的1.5倍，平枋、随枋等构件出头与其相随的梁、牵出头同长。悬山出头是以檐柱径为计算单位的，比大担、牵的直径大，恰可以把这些出头的构件遮在檐下。

1.3.4 出檐

上出：考虑到前后受力平衡性，出檐水平距离取决于檐步长短，一般等同于檐檩与金檩的水平距离。其中，正身檐椽前出占总距离的3/4，正身飞椽占1/4。飞椽（兰州地区称“飞头”）尾部长度为露明部分的1.5倍，早期建筑中也有作2倍的（图1.8）。飞椽高宽同椽径。

在椽头位置，兰州地区出檐做法与官式做法类似，会钉连檐，兰州做法称“撩檐”（图1.9）。官式做法中小连檐比较薄，仅是望板厚度的1.5倍，而兰州做法中，上下两层撩檐木与官式大连檐相似，都是高1寸、宽2寸、截面为直角梯形的条木。这种做法使得飞头尾部越长，则与望板间的间隙越大，故尾部多比2.5倍于椽头的官式做法短。瓦口条是与撩檐木同规格的木条上开波浪形槽口，与官式的薄板做法有一定区别。撩檐在安装上与官式做法相似，用汉钉钉在椽头往后退3分的位置上，瓦口条正面与其相平。

下出：下出是指台明部分从檐柱中向外出檐。其出檐尺寸一般小于上出檐，以保证屋檐流下的雨水不会倾泻在台明上，从而保护墙根与柱根，这一段距离称为“回水”。清官式小式建筑做法中，下出为上出的4/5或者2.4D，大式做法中为上出的3/4。本地区做法中，下出为上出减去D/3，回水距离远小于清官式做法，这可能与本地区雨水较少有一定关系。台明高度没有明确规定，多为2D。

1.3.5 翼角

翼角造型对建筑整体形象会产生至关重要的影响，本地区传统建筑上高耸的翼角给人以轻灵的美感。这是由于本地区翼角做法与官式做法差异非常大（图1.10、图1.11），尤其是角梁部分，从下往上是斜云头，其上平置底角梁，再上平置大角梁，上垫楷头斜置大飞头，最后用扶椽斜压大飞头尾部。斜云头、大角梁、扶椽尾部归于一柱中。该柱位于正面与山面第二步檩条的铰结点，主要起支撑檩条的作用，若有前檐廊，则为金柱，若无，则为一垂柱。另外，在底角梁后部有一与其同高的斜梁垂直于翼角轴线，压在斜云头上，支撑起大角梁的尾部。斜梁两端置于补间铺作上。

大飞头斜出2～3倍于正身飞椽头的斜长，材高为1/2D，尾部落于挑檐桁的铰结点上方。楷头为一三角形木块，其前端和大角梁前端相平，在垂直投影下即正身飞椽的外檐线交点，高为1/4檐柱径，尾部与大飞头归平。大角梁与底角梁同高，为2/3

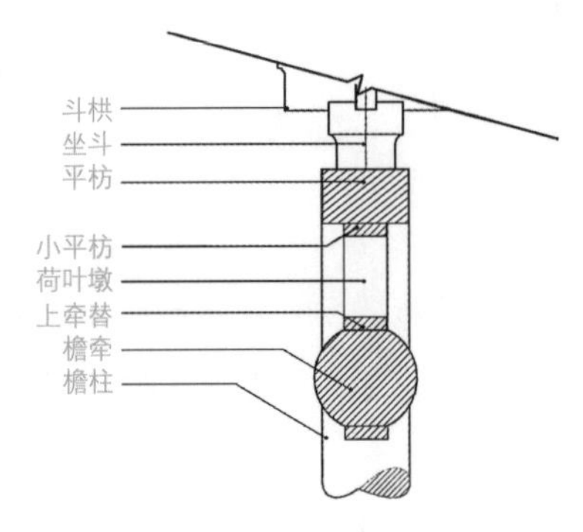

（a）一平枋单彩式

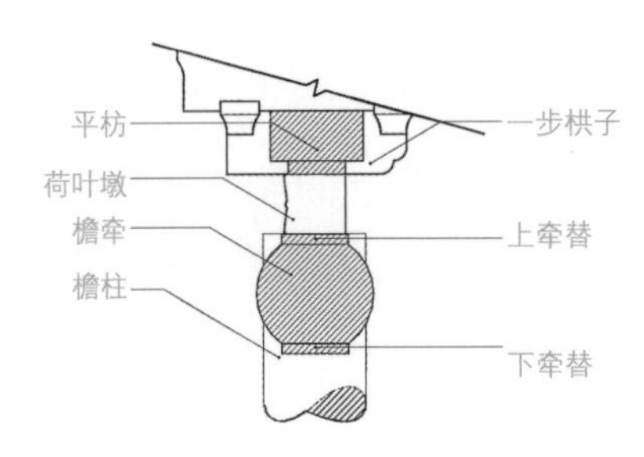

（b）一平枋栱子式

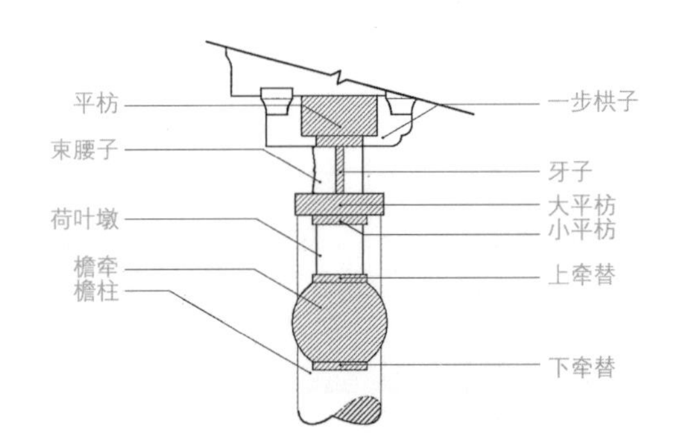

（c）重平枋栱子式

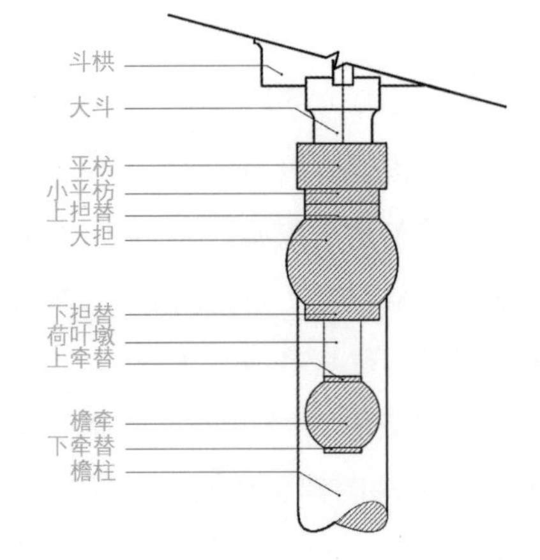

（d）有大担无束腰单彩式

图1.5　常见檐下结构图

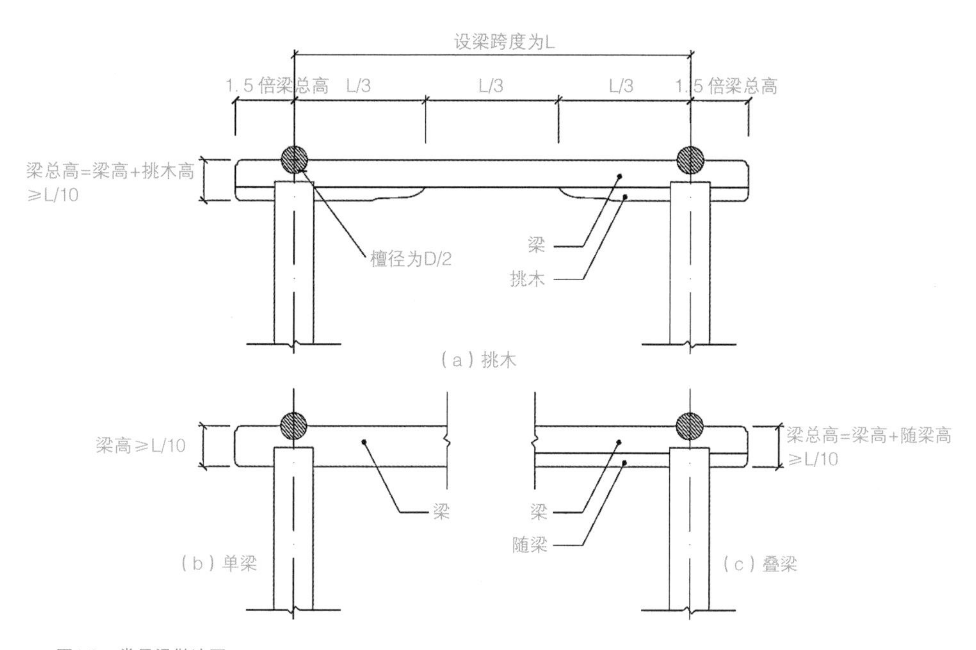

图1.6 常见梁做法图

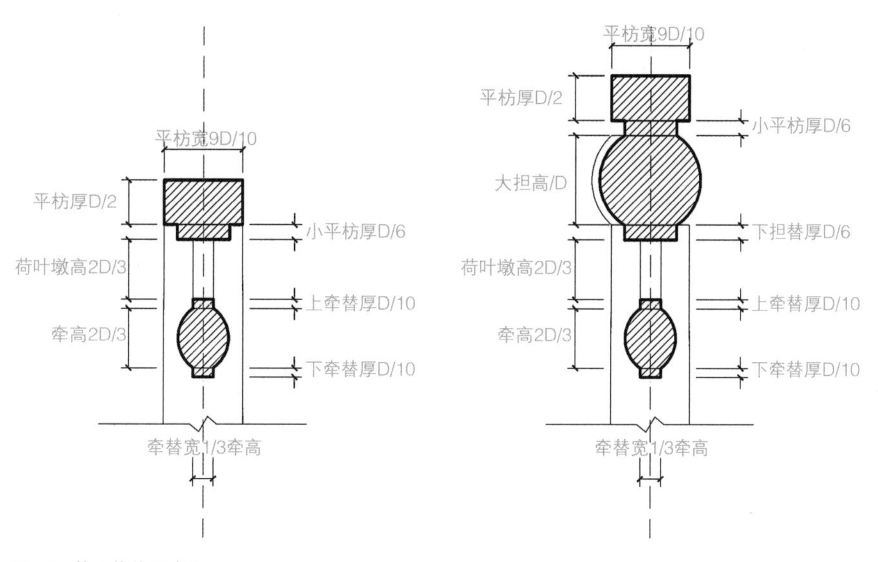

图1.7 檐下构件尺寸图

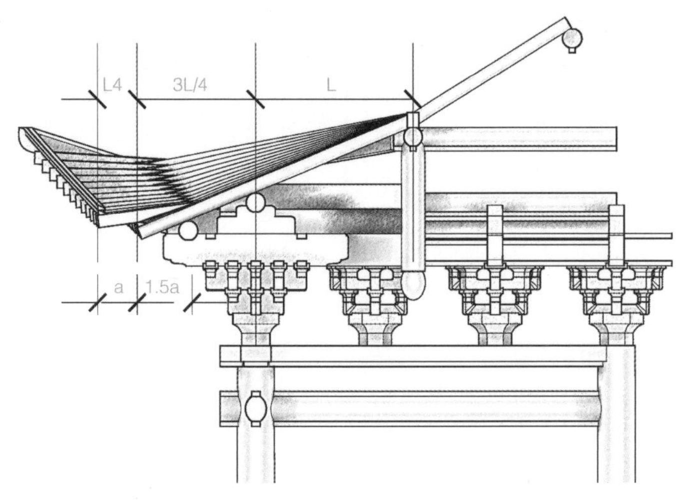

图1.8 飞椽、檐椽长度计算图（设檐步架长为L）

图1.9 撩檐、瓦口解构图

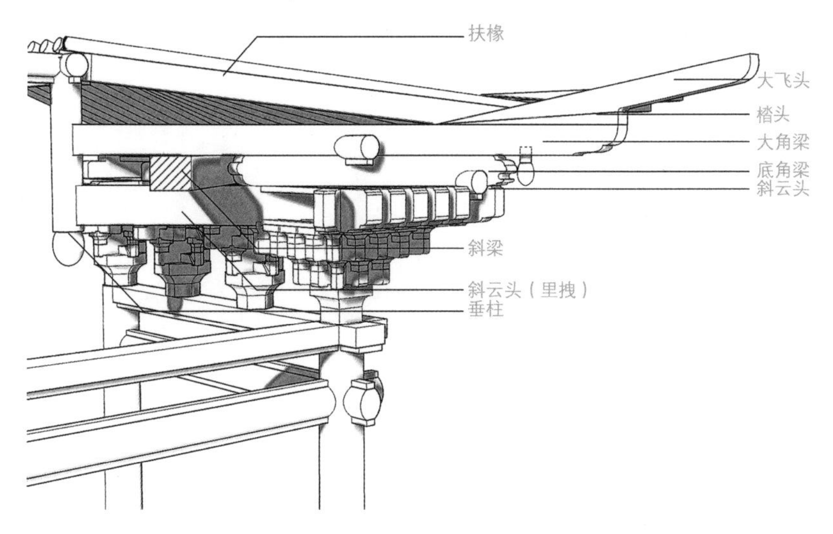

图1.10　翼角做法透视图（以檐柱径1尺为例）

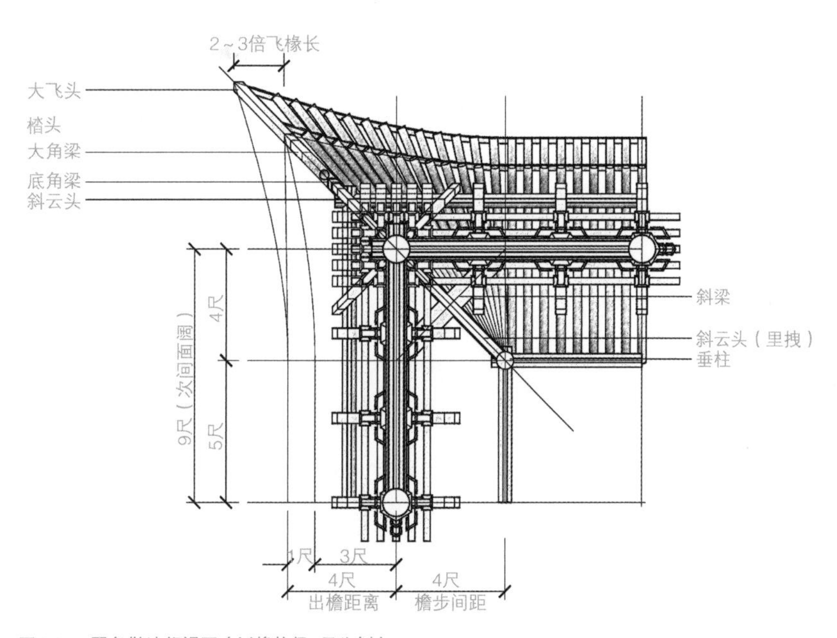

图1.11　翼角做法仰视图（以檐柱径1尺为例）

檐柱径，下压正心桁，其前端作云头状。底角梁前端超出斜云头一椽径，即1/3檐柱径，造型作龙口、虎口、云头状，前置一垂花；其尾部距离斜梁约10cm，多作“羊尾巴”状；下压挑檐桁。

根据兰州地区匠作经验，从挑檐桁上皮开始到大飞头最高点的垂直距离，应与大飞头椽身的垂直长度相同，都是三个正身飞椽头长，即口诀“出三翘三”。

另外，与官式翼角做法在翘飞椽的制作上也有极大的不同。官式翘飞是折线形的，而兰州地区做法中翘飞与正身飞椽是一样的直线型，仅头尾长度会增大，起翘不靠翘飞的形变，只依靠其下翼角椽的托举。前端依次落在大飞头顶点与正身飞椽外檐线形成的曲线上，尾部与正身飞椽尾落在同一水平直线上，即挑檐桁正上方。

1.3.6 大木构件尺度

流传至今的兰州传统建筑营造体系中，尚且没有一套类似马炳坚先生总结的明清官式大木营造权衡表，一切构件尺寸全靠大木匠人的经验。笔者根据大量测绘数据以及与范宗平、陈宝全等匠人师父的讨论，按照前文推断的以檐柱径为基本模数，总结出了以下表格（表1.2）。表中主要是常见的大木构件尺寸，有很多特殊构件的尺寸没有能够整理、记录下来，且已记录部分也未必与现实情况完全吻合，仅供参考。

大木构件尺度表

表 1.2

类别		长	宽	高	厚	径	备注
柱类	檐柱			13D		D	不包含斗栱在内
	金柱			檐柱+廊步四举		2D/3到D	
	中柱			按实计算		D	
	山柱			按实计算		D	
梁类	梁	跨度+3倍梁高		1/10跨度			跨度为梁两端柱中线间距
	随梁	与梁同长		上置叠梁时为1/2梁高			一般不单独使用
枋类	平枋	随面阔	9D/10	D/2			山柱上平枋长需加出头，即1.5倍的牵高
	小平枋	随面阔	平枋宽D/3	D/6			
	条枋	按实计	按斗口	D/6			
牵类		随面阔		2D/3			山柱上牵长需加出头，即1.5倍的牵高
角梁类	底角梁		D/2	2D/3			
	大角梁		D/2	2D/3			
椽类	椽子	按实计				D/3	
	飞子	1/4出檐距离	D/3	D/3			
	大飞头	头直出2到3倍飞头长，尾为1.5到2倍头长	D/2	2D/3			大飞头下楂头与大飞头同宽，高D/4
檩类		按实计				D/2	
扶脊木		按实计	D/2	D/2			
替类	担替	同小平枋	同小平枋	同小平枋			
	牵替	随牵长	1/3牵高	D/10			
	雀替	1/3面阔	1/3牵高	2D/3			
荷叶墩		按实计	1/3牵高	2D/3			
博风板		按实计		上皮超过椽一寸五，下皮遮盖山面檩条	D/6，不小于1.5寸		
台明				2D			上出减去D/3为台明边界
踏步		按实计		6寸			
花板		按实计			7分		

1.4 现存传统木构建筑调查表

“兰州传统建筑形制调查表”（表1.3）为研究过程中笔者对兰州地区传统建筑测绘、勘察情况的记录，为建筑形式的分类总结提供了有力的支持。但不得不说的是，限制于时间与精力，本表只涉及兰州五泉山、白塔山、至公堂、白云观、金天观、广福寺、城隍庙、庄严寺、左营庙等建筑群以及榆中金崖三圣庙、周家祠堂等建筑群。尚且有部分建筑未进行细致的田野调查，只是匆匆寻访，不敢作无依据的判断，故未录入表中；还有部分未能知晓、有条件限制的建筑遗憾未能踏勘。尽管表上这些建筑是保存比较完好、规模较大、形制较为规整的，但也不敢断言这些建筑就能完全代表兰州地区的大木做法，此为本研究的不足之处。希望后续研究者能对本表作出完善与填补，对本研究的不足之处进行深入研究。

第2章

兰州传统建筑特征及构造方式

2.1 — 殿式建筑

2.1.1 建筑分类

在建筑设计中，一般从平面入手，再对剖面、立面进行考量，但是兰州匠人在进行传统建筑的营造时，首先确定的是整体形象，一般称为选样，主要指的是屋顶形式，然后再确定房屋高广及前后廊的设置，在这个过程中自然确定了平面和梁架形制以及大体的立面造型。根据大木匠师范宗平、陈宝全二位先生口述，过去修建殿式建筑几乎都是出于供奉神灵的目的。建筑式样和体量的确定除了由出资人[1]和座头[2]相互协商之外，还具有一定的迷信色彩，需要经过请神、问神的流程，由该殿供奉的神灵“决定”。具体分两种情况：第一种是出资人根据财力大小，经由经验丰富的座头给予建议，大致确定好一个方案，然后由祭司[3]书写在纸上，焚烧献于神前，若神允许，即可开建；第二种的神异色彩更重，事先出资人与座头并无商量，由祭司召集信众，当众抽选一位“神替”，一般是一位从未涉及建筑营造的虔诚信徒，多半文化程度不高，请神灵附其身，然后当众书写或转述神灵对庙宇的大致要求，然后开建。

1　在过去多半是官绅、富豪或者乡民集资。

2　包揽工匠活的大匠人，一般名望较高。

3　一般由负责祭祀等事宜的村中长老担任。

五泉山伏羲殿

选择样式无异议之后，由掌尺 画样，主要包括地盘（俯视平面）、天盘（仰视平面）、剖面、斗栱大样等图纸内容。画样一般使用单线表达平面轴线或构件中线、中心位置的信息，其上标明数据，使图纸简洁明了。修建复杂的建筑时，掌尺有时还会扎样，即制作简化模型，也有在工地上把未加工好的椽子捆绑起来形成建筑框架的。

1　主持建筑设计和现场定尺寸、画线的大木匠。

兰州地区传统殿式建筑包含卷棚、硬山、悬山、歇山等常见屋顶形式，还存在“重檐式”“勾连搭式”的组合屋顶，然而不同的梁架结构和平面形式组合使用后，常见的屋顶形式会产生不小的变化，从而引起屋顶前后坡长、室内空间划分、视觉效果中建筑体量等的诸多变化，如果要直接从选样切入会令描述太过纷杂。因此，本书仍然先从相对简单的平面和梁架类型两方面着手，通过整理总结，得出了兰州地区传统殿式建筑形制分类（表2.1）。

兰州地区传统殿式建筑形制分类表　　表 2.1

平面类型	梁架类型	典型案例
回字形柱列 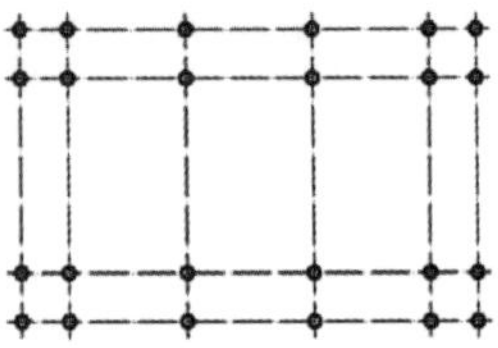	前后廊式 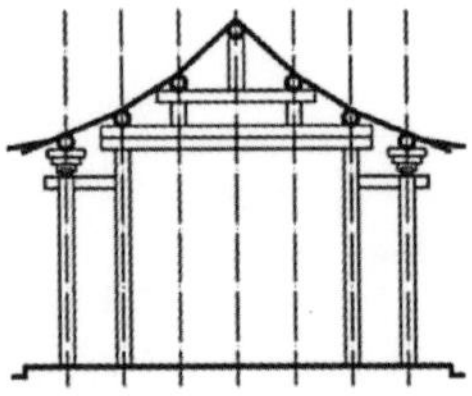	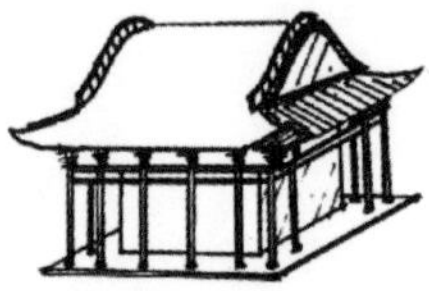 ·城隍庙中殿（清乾隆三十年，即1765年）  ·白云观前殿（清道光十七年，即1837年）
		 ·浚源寺金刚殿（明洪武五年，即1372年） 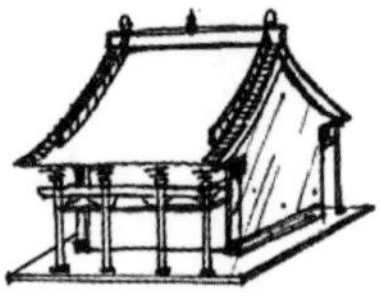 ·广福寺前殿（明嘉靖十五年，即1536年）
四排柱列 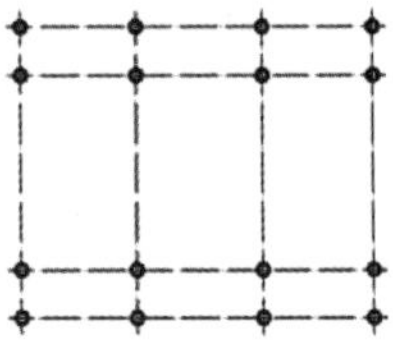	前后抱厦式 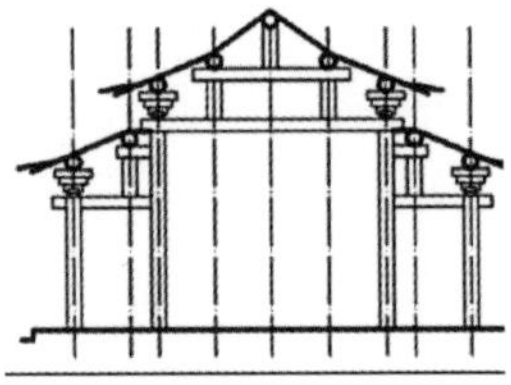	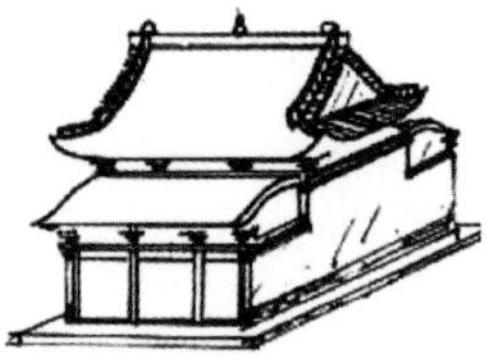 ·白塔寺准提殿（明正统年间）
	内拱式 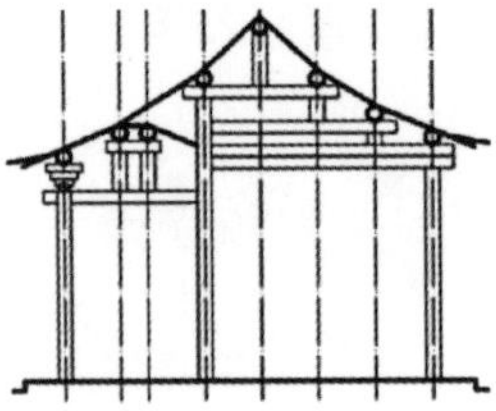	 ·白塔山一台大殿（清，具体不详）

平面类型	梁架类型	典型案例
三排柱列 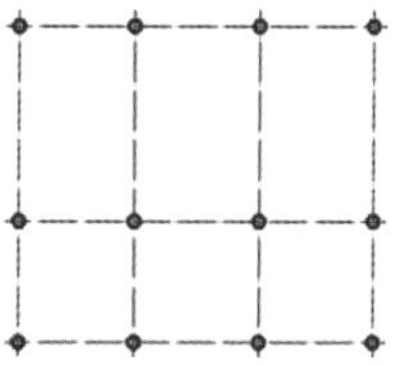	内拱式 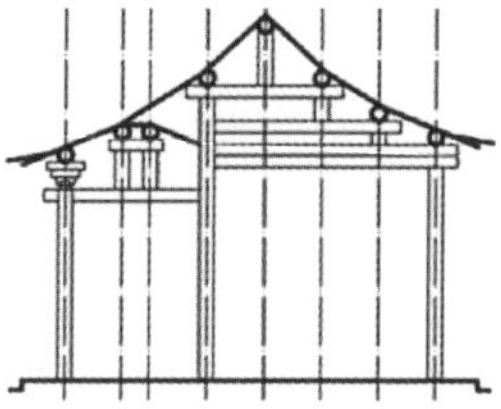	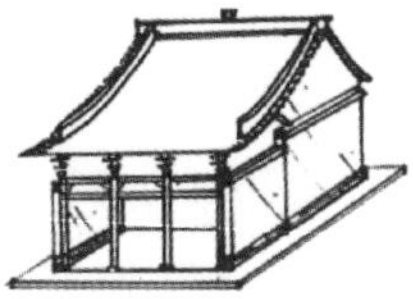 ·白塔山三星殿（清乾隆十八年，即1753年） 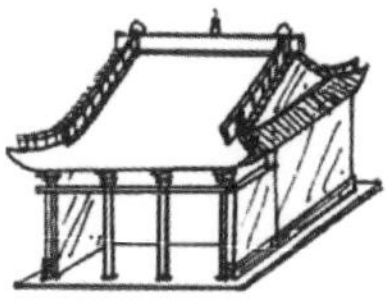 ·金天观文昌宫大殿（道光三年，即1823年）
	外拱式 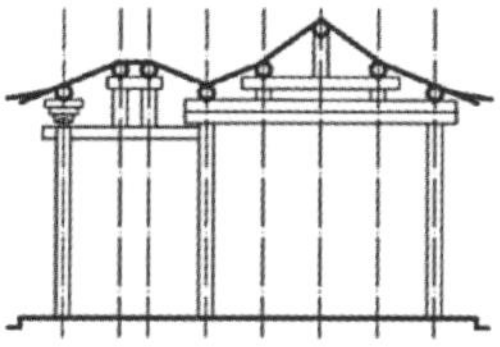	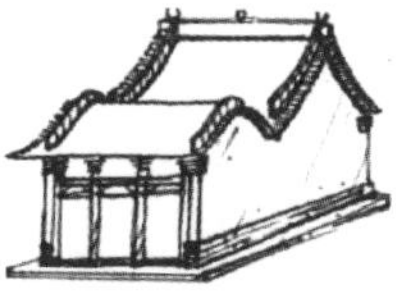 ·法雨寺罗汉殿（清乾隆五年，即1740年）
凸字形柱列 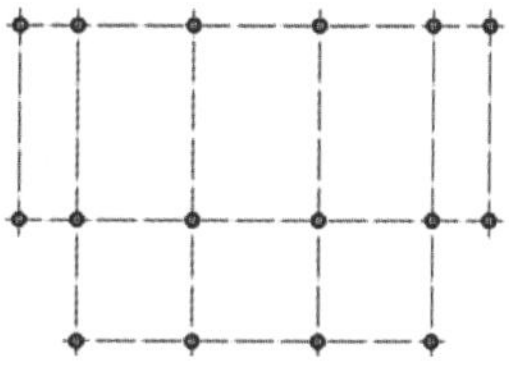		 ·太昊宫伏羲殿（民国以前，具体不详） 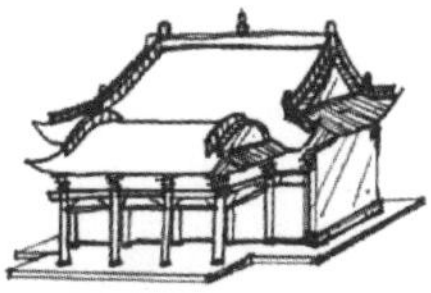 ·浚源寺大雄宝殿（民国初，1924年）
两排柱列 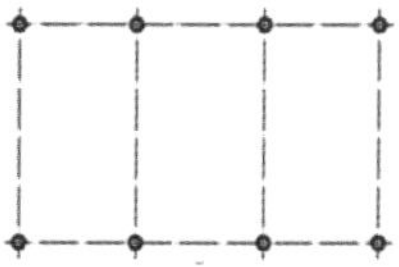	无廊式 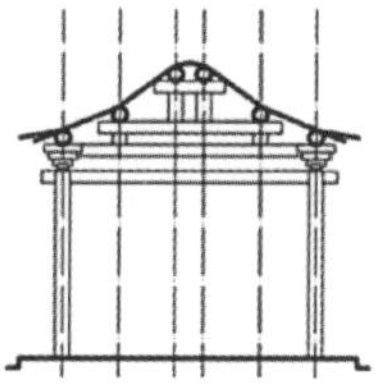	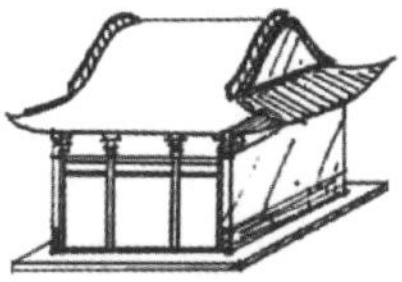 ·三圣庙前殿（清光绪三十三年，即1907年）

2.1.2 平面类型及特征

在殿式建筑的平面类型上，兰州地区传统建筑营造技艺中，关于柱列的排放形式并没有太细致的名称，一般简单地称为两排柱式、三排柱式、四排柱式等，存在对“回”字形平面（金厢斗底槽）、“凸”字形平面描述不明确的问题，故在表2.1中对此进行了补充。对五种平面类型分析如下：

（1）四排柱列平面对应前后抱厦式及前后廊式两种梁架类型。当其与前后廊式梁架结合时，常被应用于建筑群落中的过殿（前殿、中殿等），这使得前后檐廊空间都能够得到充分的利用，有时也被选作后殿或单独使用，这种情况下，后檐廊常被砖墙包进殿身中，作为神龛使用。

（2）回字形柱列平面对应的梁架类型是前后廊式，更准确地说，应对应圈廊式梁架结构，但是二者在横剖梁架上是一致的，故划分为一类。回字形平面也常被应用于建筑群落中的过殿，在兰州殿式建筑中运用非常少，主要运用于楼阁式建筑。

（3）三排柱列平面主要对应内拱式梁架类型，三排柱列与外拱式梁架组合的建筑在兰州地区仅存一例。在地块狭隘，以山地、坡地为主要台基地的兰州地区，一进院落式的空间布局最为常见。这种情况导致三排柱列平面由于前檐空间大，符合宗教仪轨的需要，并且没有后檐空间的浪费，最适于兰州殿式建筑。三排柱列平面的建筑空间被金柱划分为前后两部分，其比值大致为1：2，前部空间一般用作进行祭祀行礼、跪拜供奉的仪式空间，后部空间多用作神龛，出于敬畏神灵的缘故，一般不允许信众进入。

（4）凸字形柱列平面对应外拱式梁架类型。该平面类型是两个建筑的组合平面，前部多为三间的卷棚建筑，后部多为五间的歇山、硬山建筑等，有时会增加前、后廊。该类型是现存兰州殿式建筑中的高级做法，但是使用的情况较少。

（5）两排柱列平面对应无廊式梁架类型。该平面类型过于简单，常见于殿式建筑以外的次要建筑，屋顶也是等级较低的卷棚顶，但是也有少量檐下置斗栱的殿式做法，一般用作前殿。

另外，兰州地区传统建筑做法中对应柱的前后位置关系，与官式类似，称前后檐柱、前后金柱、中柱等；在进深方向的描述上，以脊檩为中，前部称为前槽，后部称为后槽。有时出于受力的考虑，以上各类平面可能会在两山面增加中柱，并适当减小山面大梁的直径或减少随梁，因柱未成完整一排，故不计入列数。

2.1.3 梁架类型及特征

在殿式建筑的梁架类型上，兰州地区做法可以分为以下五种：

（1）前后抱厦式：其特征是在歇山屋架前后各接半个卷棚屋架，以形成类似官式重檐的做法，但其在挑尖梁靠金柱侧增加了一个瓜柱，上置檩条，架两档椽，与官式重檐架一档椽的做法不同。这类梁架结构的殿堂仅存白塔寺准提殿（图2.1）、庄严寺前殿两例，都是明代早中期修建的，并未发现其后还有采用此类形制的建筑。同时，这两个建筑上的斗栱形制更接近明清北方官式做法而与流传的兰州本地传统做法差异很大，据此推测，应属于明初大量人口迁入甘肃地区时带来的早期技术输入，与后来形成的兰州营造技艺有很大的不同。

（2）前后廊式：该类梁架与典型的官式前后廊做法几乎相同，其典型建筑是五泉山浚源寺金刚殿（1372年修建），是兰州现存传统建筑中可考年代最早的。该类梁架的优点是结构稳定，四排柱列使得进深较大。但是兰州地区由于地处偏僻，经济欠发达，建筑用材较小，殿式建筑开间小、间数少。三开间的殿式建筑假如使用前后廊式梁架，在保持通则所述建筑比例的情况下，一方面，空间被划分成前、中、后三段，不论把神像安置在中部空间还是后部空间，空间都不连贯开敞，不利于宗教建筑营造肃穆的氛围；另一方面，四排柱列耗费材料更多。因此，只有少数用材很大或开间较多的殿式建筑才会运用该结构。同时，结合上文，其对应的四排柱列平面多用于建筑群的过殿，该梁架类型虽然延续至今，但在兰州现存传统建筑中数量不多。

（3）内拱式：常见的内拱式梁架是在常见的前檐廊结构下进行改变，前檐柱和金柱并不是简单地架起一个坡顶，而是一个容纳在前坡屋顶下的四架卷棚屋架（兰州地区匠人称卷棚为拱棚），近似于江南地区“轩”的做法，现存最早实例是白塔山三星殿。具体做法，根据建筑体量大小有高低之分，低级做法常选用悬山顶、硬山顶，仅前檐部分施用斗栱（图2.2）；高级做法常选用歇山顶，前部屋架施用六角单彩，后部屋架施用二步栱子，形成一个前后不同高的铺作层（图2.3）。该做法的空间划分方式符合本地区宗教仪轨的需要，扩大了前檐供人祭祀供奉的空间，又确保了后部神像空间大小恰当而不失威仪，常为独栋大殿选用，是兰州地区殿式建筑中使用最多的梁架类型。另外，在勘测过程中仅发现一例将前后廊梁架的檐廊部分都改为内拱结构的建筑，即白塔山一台大殿，该建筑原是静宁路上的一座过街殿，明间开阔高敞，走马车，两次间走行人，因此，建筑宏伟，用料较大，是本地区四排柱列平面结合内拱式梁架的代表性建筑。

（4）外拱式：外拱式与前后抱厦式的梁架结构有一定的相似之处，都是通过拱棚结构与其他坡屋顶结构勾连搭增加进深，这是这两类结构的优点。但若用材较小、开间不够大的话，这两类结构会像白塔寺准提殿和法雨寺罗汉殿（图2.4）一样，屋面造型不够连续整体，很难给人以恢宏大气的视觉感受。另外，外拱式结构还存在天沟排水不畅，容易造成雨水渗漏以致侵蚀木结构的问题。当用材较小时，结构也会简化，仅在前檐部分置斗栱；当用材较大时，尽管前后屋架不在一个平面上，仍然各施斗栱，形成铺作层。该类结构中最典型的实例是浚源寺大雄殿（图2.5），该殿由前部三间卷棚歇山顶与后部五间歇山顶勾连搭，属于兰州传统建筑中比较大气的做法。该类结构在明初即有使用，原肃王府前殿（1399年修建，后为甘肃省政府中山堂）即使用该类结构，是前五间卷棚悬山顶与后七间悬山顶的勾连搭建筑，可惜于2007年拆毁，仅存测绘资料与照片，后代类似结构的建筑在选样过程中可能对其有所参考。该类结构虽然在空间划分上比较符合本地区宗教建筑的仪轨要求，但受用材限制，建筑形象不够庄严宏大，使用情况较少，仅存4例。

（5）无廊式：该类梁架结构简单明了，其特色在卷棚歇山的翼角造型上，典型建筑为三圣庙前殿（图2.6）。

综上所述，前后抱厦式、前后廊式、外拱式梁架的实例都可以追溯到明代早期，内拱式梁架根据实例判断，应该出现得比前三者晚。其中，前后廊式梁架由于适用性的缘故，在兰州地区传统建筑技艺中虽有传承，但应用得并不广泛。同时期的前后抱厦式和外拱式梁架与后期出现的内拱式梁架都选用了拱棚结构作为屋架的补充，可能存在承袭关系。一方面，内拱式梁架前坡顺延而下，弥补了前两类屋面不连续导致的建筑形象不大气的缺陷；另一方面，也解决了外拱式梁架存在的天沟排水问题。然而，外拱式梁架是自发演

图2.1　白塔寺准提殿

图2.2 白塔山三星殿侧面

图2.3 嘛呢寺大殿

图2.4　法雨寺罗汉殿侧面

图2.5　浚源寺大雄殿

图2.6　三圣庙前殿

进形成的，还是由于明初大移民导致了江南“轩”的营造做法的流入，或是二者共同促进导致的，尚且存在疑问。不过，内拱式结构在兰州殿式建筑中的广泛运用却肯定了其在本地区自然条件与文化背景下的适用性。

2.1.4 构造解析

兰州地区传统建筑中，等级高的建筑是在等级低的建筑结构上增添叠置构件、增大用材而演进来的，故本节先选择规模较大、等级较高的歇山建筑——白塔山一台大殿进行构造解析，再选用周家祠堂后殿作部分做法的补充。该建筑主体大殿为面阔三间，进深九檩八步，单檐歇山顶，前檐为有大担的高等级承托结构，其上施用二步六角单彩、二步方格角彩，选用四排柱列平面、内拱式前后廊梁架，基本涵盖了本地区大部分的典型大木做法。

除了在第1章“通则”中提到的要点外，一台大殿的主要地域特征体现在内拱与歇山构造上。

（1）内拱构造：该梁架构造类似南方传统建筑中的轩，是在前后廊建筑的檐廊部分内置一个拱棚顶（卷棚），其目的在于增大廊下空间。同时，由于兰州地区殿式建筑常为彻上明造，内拱构造一定程度上起到了装饰作用。槽檩后增加一根拱棚檩，两檩间距为1.5D左右（图2.8）。两檩上架罗锅椽，再上置二步椽，罗锅椽与二步椽共用槽檩上椽花。拱棚顶靠内侧的椽左右分别榫卯在拱棚檩与牵三[1]上的椽花中。罗锅椽的规格与飞椽相同，截面为方形，内侧椽与檐椽规格相同，上盖楷板（望板），遮住了上部梁架结构。较大殿式建筑的内拱下，梁与随梁的间隙比较大，通常施用镂雕垫板起到支撑与装饰作用。

（2）歇山构造：硬山、悬山、歇山等几种不同的建筑形式在正身部分的梁架构造大致相同，不同之处在于山面构造。清官式做法常用踩步金、顺梁等做法来进行构架，兰州地方做法有类似之处，使用类似踩步金、顺梁的结构抬起歇山面。山柱上置斗栱，斗栱最上一层设置挑桄，其前端被山面正桁压住，尾部向内挑起一根牵四。牵四两端交于两垂柱中，使得垂柱受到山面挑桄上挑的力量，同时，垂柱也与正身部分前后廊内挑四架梁梁尾相交，受到前后传递来的上挑力量。两垂柱与置于前后牵二上的两个瓜柱（作用类似交金墩）共同抬起歇山梁。歇山梁的作用即与官式踩步金类似，其上置一椽花（扶脊木的作用），歇山面椽尾归于椽花中，山面椽花上多置一方木压住；牵二则与官式顺梁做法相似，一端置于山金柱柱头上[2]，挑起山面仔桁，另一端交于正身金柱中，在歇山梁位置搁置瓜柱上抬山面结构（图2.7～图2.9）。

除了上述内拱与歇山构造之外，在部分殿式建筑中还存在一种特殊的地方梁架构造方式，称为“偷山夺檩”。此处以周家祠堂后殿为例。

（3）偷山夺檩：该做法多见于内拱式梁架中。一般做法中，内拱屋架部分多了一个架罗锅椽的檩，其与下金檩有一个1～2尺的间距，而金柱为了架起拱棚的后部檩条不得不向后挪动一到两尺，于是，中金檩若置于金柱柱头，则使得其与下金檩的水平间距也被迫增大（图2.10）。仍按举架口诀计算，则使得中金檩垂直高度抬高，由此整体抬高了后部屋架，使得后部大梁与前部四架梁上皮不同高，且后部檐口比前部檐口高，前坡比后坡要长。而“偷山夺檩”即把“山”（脊檩）前移坐中，把往后挪动的檩条前移，使得前后坡均等。由此导致的中金檩不能搁置在金柱柱头上的问题，则采用梁头前挑的办法来解决（图2.11）。上述两种做法在实际勘测中均有存在。

1　本地区很多构件没有专有名词，只能笼统地称为牵，本图中出现了四个不同位置的牵，故按一到四编号。

2　出于结构稳定性的考虑，山金柱柱头斗栱各构件都是穿插在柱头中的。

图2.7　白塔山一台大殿内部梁架

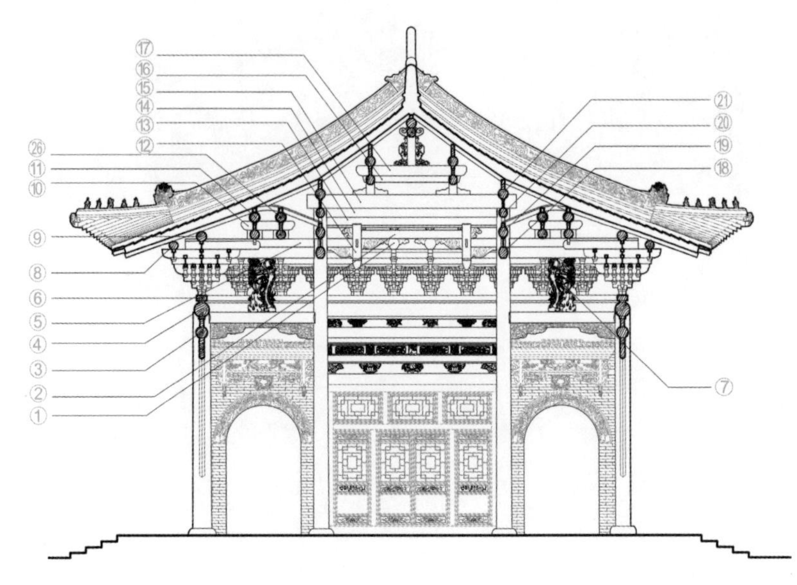

图2.8 白塔山一台大殿明间横剖图

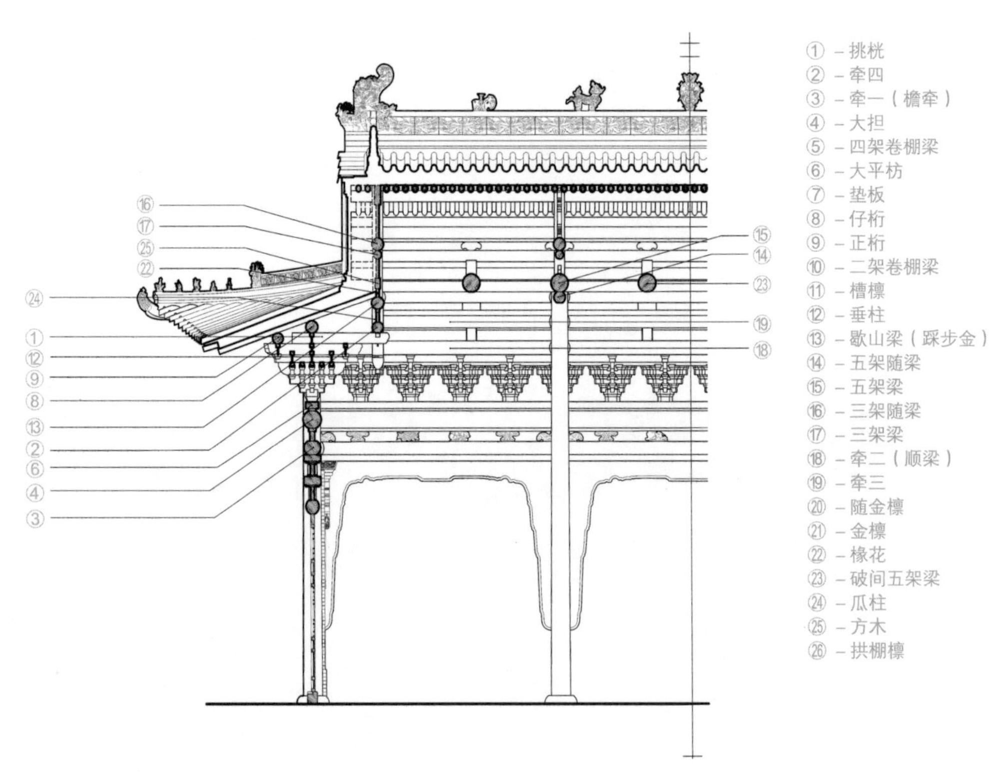

图2.9 白塔山一台大殿明间殿纵剖图

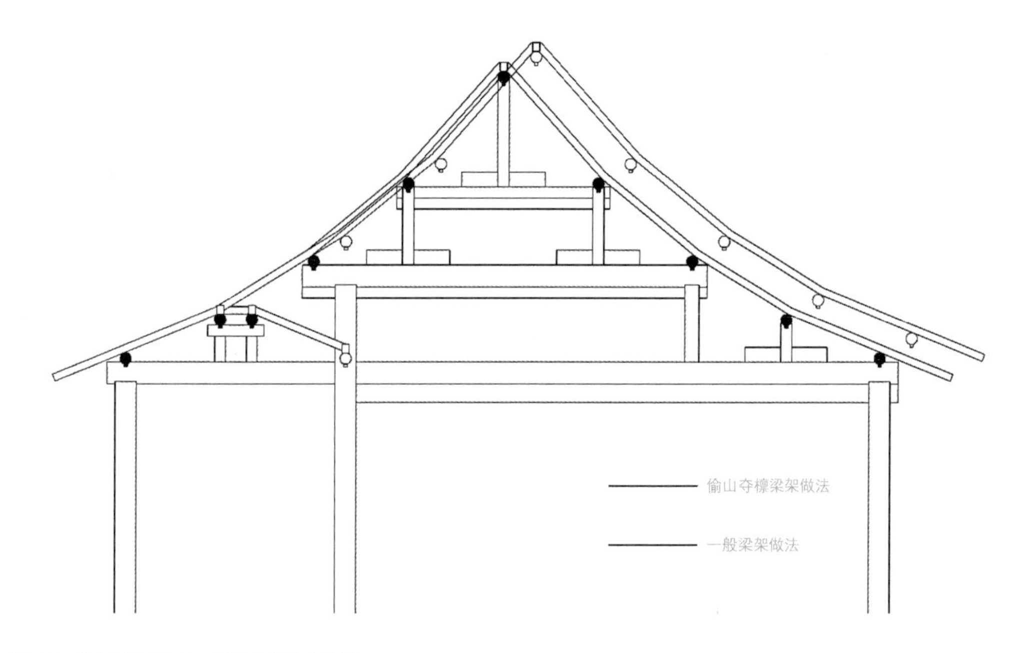

图2.10 “偷山夺檩”与一般梁架做法对比图

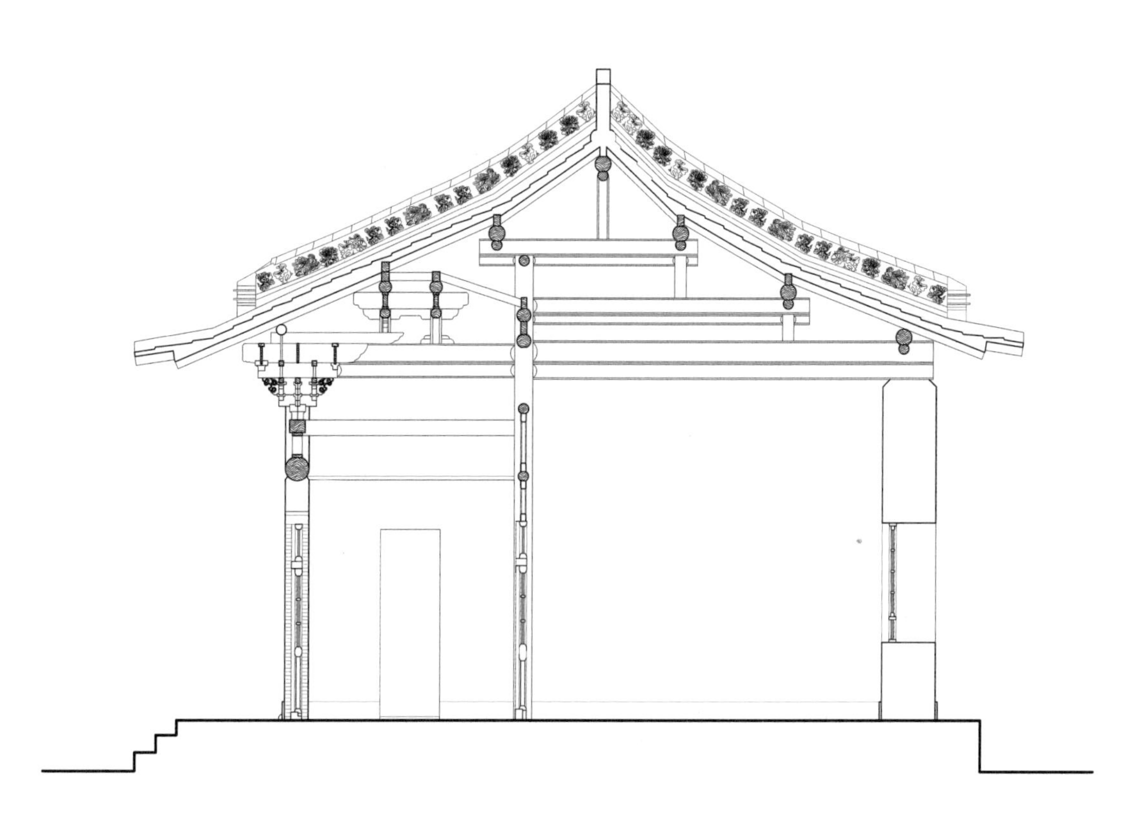

图2.11 “偷山夺檩”实例——周家祠堂后殿

2.2 — 亭类建筑

紧凑的歇山顶，构造原理与一般歇山建筑基本相同。此外，亭类建筑修建的年代都比较晚，中华人民共和国成立后随着人民的游憩、休闲需求的增加，政府在兰州两山主持修建了大规模的园林建筑群，现存亭类建筑大部分修建于20世纪六七十年代的园林建设期。

2.2.1 建筑分类

兰州地区亭类建筑功能单一、构造相对简单，平面和梁架结构不像殿式建筑那么复杂（表2.2）。从平面上可以分为正三角形、正方形、正五边形、正六边形、正八边形，与这些平面对应的梁架结构多为攒尖屋架或盝顶屋架。需要指出的是，本地区盝顶亭在结构上与攒尖亭是一致的，区别在于盝顶亭的脊步举架更高耸，并且在顶部会使用木板钉出盝顶造型，通常六角亭、八角亭会采用这种盝顶形式。还有一种比较少见的亭类型，其平面是长方形平面，上架结构

兰州地区传统亭类建筑形制分类表　　表 2.2

平面类型	梁架类型	典型案例
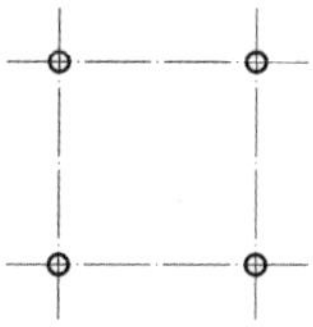 四角形平面	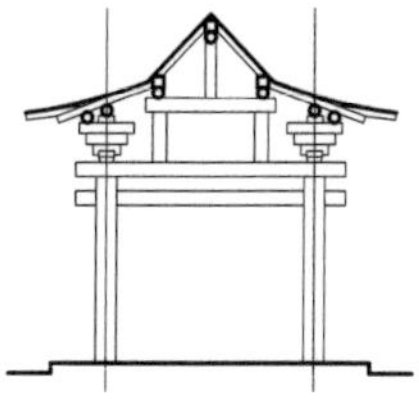 歇山式	 五泉山桥头亭
	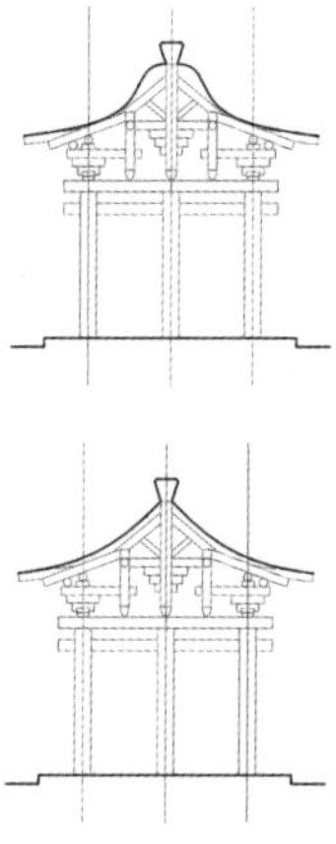 关心垂式	 五泉山猛醒亭
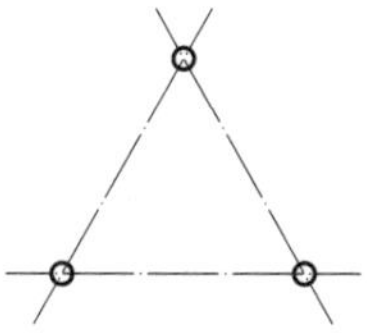 三角形平面		 白塔山喜雨亭
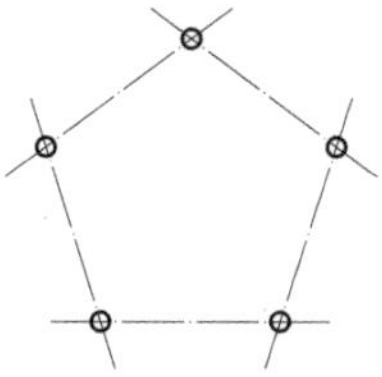 五角形平面		 白塔山五角亭
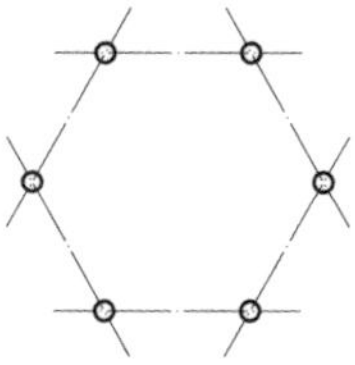 六角形平面		 兴隆山喜松亭
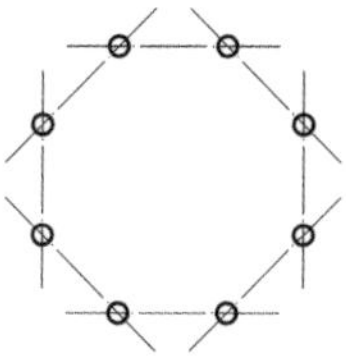 八角形平面		 五泉山亭

2.2.2 构造解析

由于歇山式亭类结构与上文介绍的殿式建筑结构基本相同，此处不再详细阐述。本地区亭类建筑运用最多、最具地方特色的结构是关心垂式梁架结构。与清官式做法相类似的是，本地区攒尖建筑的中心位置都有一个垂柱，官式称为“雷公柱”，兰州做法中称为“关心垂”，即机关（木构架）中心的垂柱。同时，本地区的盝顶建筑的木架结构与攒尖建筑的几乎一样，仅在顶部用木板钉了一个帽形的壳，其上再挂瓦。因此，本文把攒尖建筑与盝顶建筑都归到关心垂梁架类型中。此处以六角攒尖亭为例（图2.12，图2.14～图2.16）。可见，兰州做法与官式做法最大的不同之处在于：官式做法主要依靠抬梁结构，柱头上搁置梁枋，层层抬起屋架，最后由雷公柱在顶尖归拢结构；而兰州做法在结构上更繁杂一些，主要是靠云头（尾部为挑桄）和大角梁作为悬臂梁挑起井口垂，以井口垂向上托举金檩与扶脊木，最终关心垂既起到顶尖位置的收拢作用，同时又通过柱中天罗伞[1]与穿枋的串联作用向下传递屋顶的重力，以平衡悬臂梁带来的上挑力。

1 亭类建筑中使用的特殊斗栱，详见3.4节。

攒尖式亭类建筑多数都施用了斗栱，图示为了突出要点简化了结构，选用了结构较为简单的“栱子”，在实际勘测中，亭类建筑中栱子与彩的施用比例各占一半左右。不论是施用栱子还是彩，其翼角结构，与内部悬挑、串联的情况是一致的。有时出于省料省工的目的，关心垂上的天罗伞会被穿枋、雀替的组合形式代替（图2.12），但其受力情况是一致的。另外，由于常见的亭子规模较小的原因，井口往往只做一层，云头和大角梁的尾部都归于一层井口垂中；当亭的规模较大时，会做两层井口，云头尾部归于第一层井口垂中，而大角梁尾部再向内延伸，穿插在第二层井口垂中（图2.13）。在举架做法上，亭类建筑与一般建筑存在区别，通常为两步，第一步为四举，第二步为十至十五举。

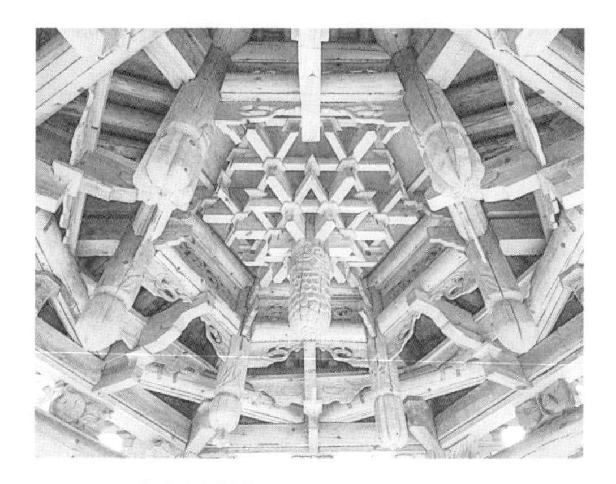

图2.12　六角亭内部结构图

图2.13　雀替式关心垂结构图

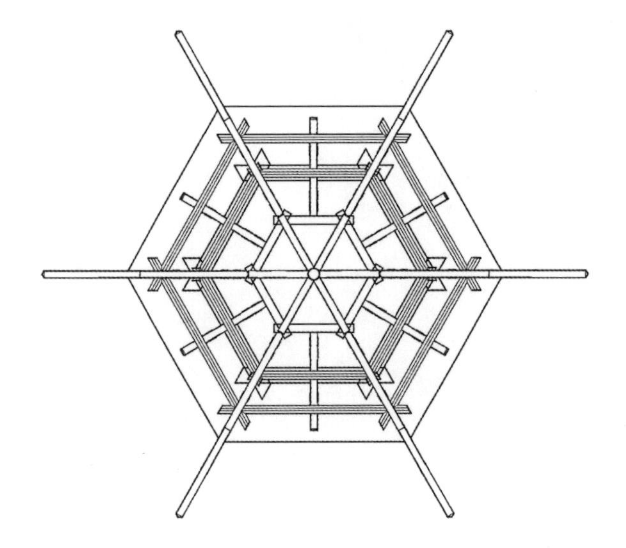

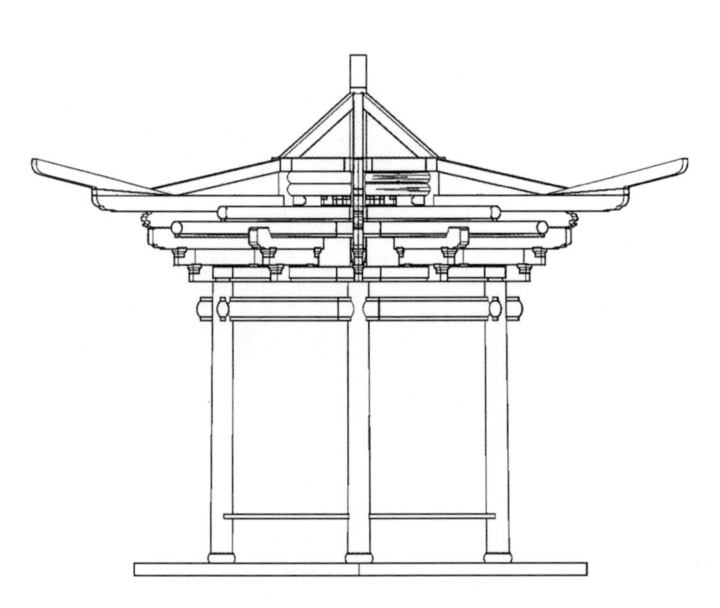

图2.14　六角亭大木结构顶视与侧视图

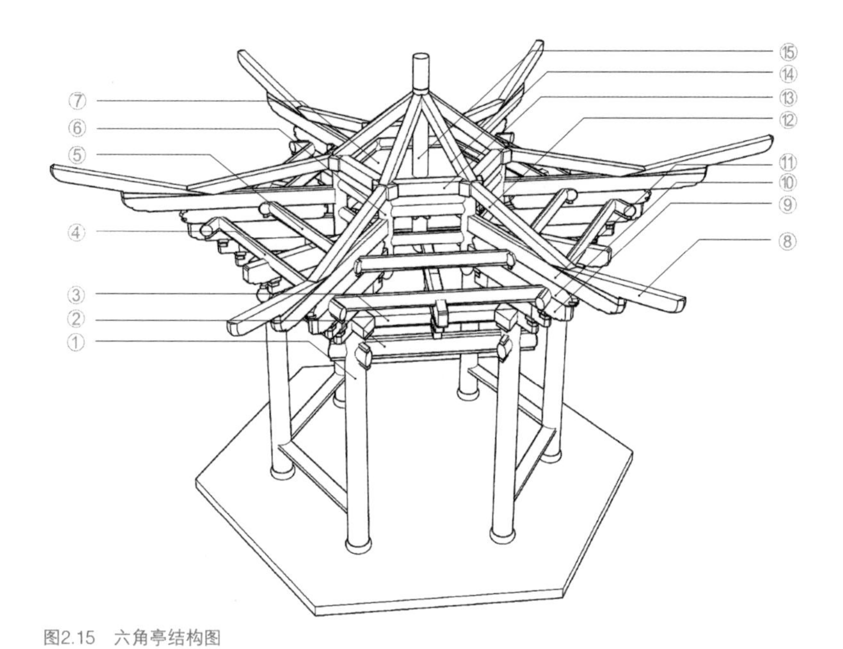

① – 檐柱；
② – 檐牵；
③ – 大平枋；
④ – 仔桁；
⑤ – 正桁；
⑥ – 井口垂；
⑦ – 井口板；
⑦ – 垫板
⑧ – 大飞头；
⑨ – 斜云头；
⑩ – 底角梁；
⑪ – 大角梁；
⑫ – 扶椽；
⑬ – 扶脊木；
⑭ – 戗柱；
⑮ – 关心垂

图2.15　六角亭结构图

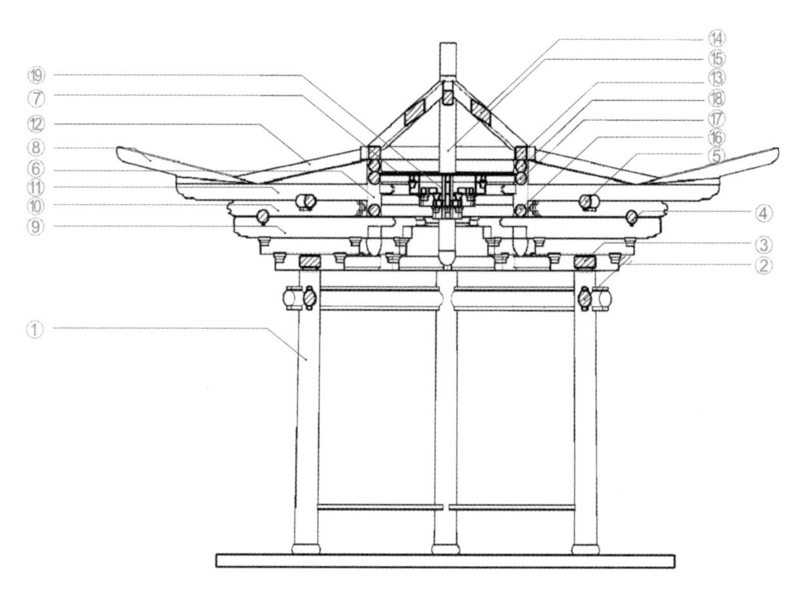

① – 檐柱；
② – 檐牵；
③ – 大平枋；
④ – 仔桁；
⑤ – 正桁；
⑥ – 井口垂；
⑦ – 井口板；
⑧ – 大飞头；
⑨ – 斜云头；
⑩ – 底角梁；
⑪ – 大角梁；
⑫ – 扶椽；
⑬ – 扶脊木；
⑭ – 戗柱；
⑮ – 关心垂；
⑯ – 井口牵；
⑰ – 随金檩；
⑱ – 金檩；
⑲ – 天罗伞

图2.16　六角亭剖面图

2.3 牌楼建筑

现存兰州地区的牌楼建筑，其功能与门楼相仿，多以山门的形式作为空间分界，用于通行。牌坊建筑平面分两类：一类是一排柱列式，常见的是四柱三楼的形式，如五泉山入口牌坊（图2.17）；另一类是两排柱列式，有三开间的（图2.18），也有五开间的（图2.19）。

相对应地，在结构上也存在两类。考虑到区别，本文把一排柱列、结构相对简单的称为“牌坊式”；把两排柱列、结构较为复杂的称为“牌楼式”。

（1）牌坊式（图2.20）的平面基本相同，以四根圆柱为支撑，每柱前后又辅以戗柱，前后戗柱以上下两层串撑相接，从而形成稳固的三角支撑结构。牌坊式三间以中间的正楼做法最为考究，两侧边楼做法降低一个等级，例如：正楼屋顶通常为起翘四流水，两座边楼屋顶为悬山顶；正楼施用复杂的“彩”，边楼施用“栱子”或者施用减少了若干层的“彩”；正楼施用上牵、下牵的重牵结构，边楼施用一层牵；正楼净高按通则计算，最小为明间面阔的1.2～1.4倍，边楼高度则以脊高不超过正楼上牵高度为原则；边楼面阔通常小于正楼面阔等。

因此，以做法相对复杂的正楼为例进行分析。与一般建筑不同的是，牌坊建筑由于只有一排柱列，屋架稳定性较差，直接把斗栱搁置在柱头上是行不通的，故柱子直接穿过斗栱，架起脊檩，斗栱各构件穿插于柱中，云头、底角梁、大角梁等翼角构件的尾部绞于柱中，用脊檩压住。出檐距离仍按通则计算的同时，翼角出挑距离与起翘高度要略作缩短，大

图2.17　五泉山入口牌坊

图2.18　嘛呢寺入口牌楼

图2.19　白塔山二台牌楼

飞头直出距离从常用建筑的2.5～3倍飞椽头长度，改为2倍的飞椽头长度为宜。同时需要注意的是，斗栱坐斗用材需要从通常的松木改为硬杂木，以防大风造成的压力使坐斗开裂。

牌坊式建筑的斗栱承托结构也与一般建筑的不同，一般施用上下两层牵，而省略平枋，斗栱直接搁置在牵替上，牵替相应加宽至比斗底略宽。上下牵之间距离并不固定，一般为2～3倍檐柱径左右，以嵌入题字的楷板。

另外，牌坊式的斗栱也比较特殊。正楼一般施用"彩"，相较于一般类型的彩，会用带有小升的栱子代替一层云头[1]。这是由于托彩栱子前端不带有小升，稳定性相对较差。柱头施用的角彩是特殊的"六角-方格角彩"，其内侧半个斗栱与补间的六角单彩相同，在形式上与之相呼应；外侧的半个斗栱为了能转承直角，而采用了方格角彩的结构。这种折中形式的斗栱是极具地域性特色的。为了凸显华丽大气的观感，牌坊式斗栱的层数较一般建筑的要多，但又限于抗风荷载的能力，层数也不能太多，通常出四跳左右。

（2）牌楼式（图2.21、图2.22）建筑相较于牌坊式，数量较少，在大木做法上基本与殿式建筑相同，此处不再过多论述，主要区别在于缩小了进深，一般为进深四步架，并大大增加了斗栱层数，使整个屋架层都搁置在铺作层上。同时，为了能承托庞大的铺作层与出挑深远的屋架层，檐下结构通常会采用比较复杂与高级的结构，用大担、平枋、牵等构件层层抬起，例如白塔山二台牌楼即使用了兰州现存唯一的有大担有束腰式[2]承托结构。各构件计算方式与通则相同。

1 牌坊斗栱详见3.3.3节。

2 兰州地区大木做法中最高级的檐下承托结构，结构分析详见3.1节。

①－基石；
②－戗柱；
③－串撑；
④－柱；
⑤－边楼－牵；
⑥－栱子；
⑦－飞椽；
⑧－椽子；
⑨－六角单彩；
⑩－六角－方格角彩；
⑪－扶脊木；
⑫－边楼－牵；
⑬－边楼－大平枋；
⑭－边楼－仔桁；
⑮－边楼－正桁；
⑯－边楼－扶脊木；
⑰－下牵；
⑱－上牵；
⑲－云头；
⑳－底角梁；
㉑－仔桁；
㉒－大飞头；
㉓－大角梁；
㉔－正桁；
㉕－扶脊木

图2.20　牌坊结构图

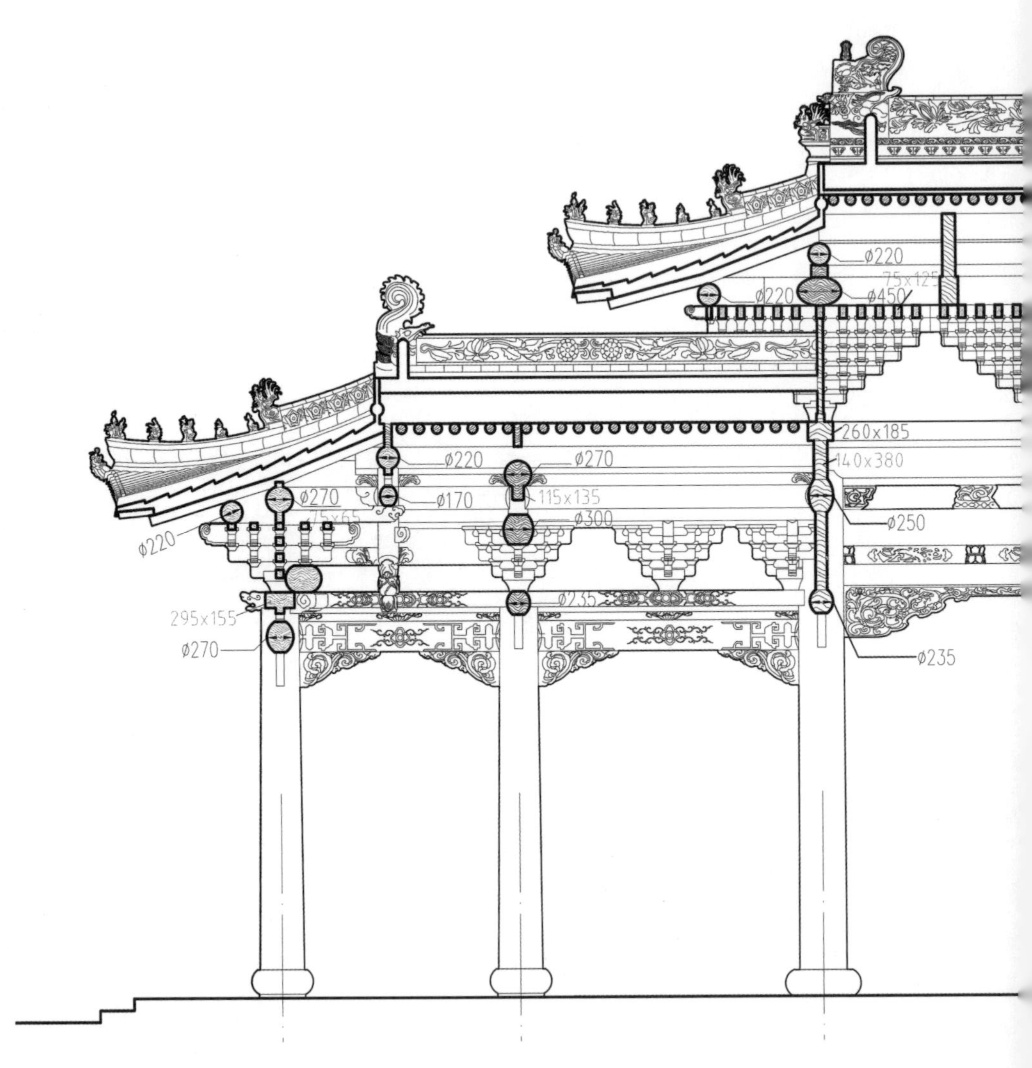

图2.21　白塔山二台牌楼纵剖图

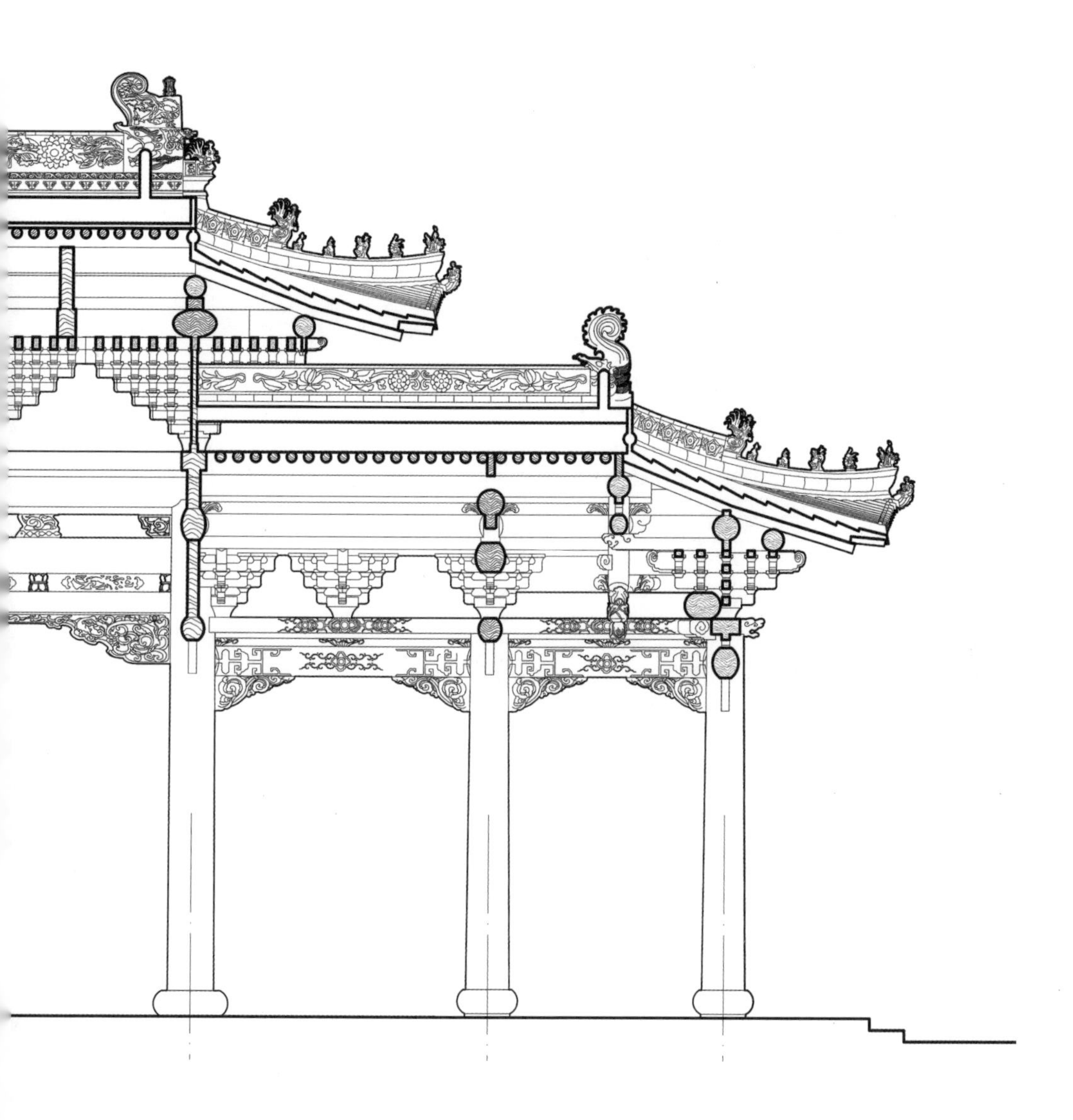

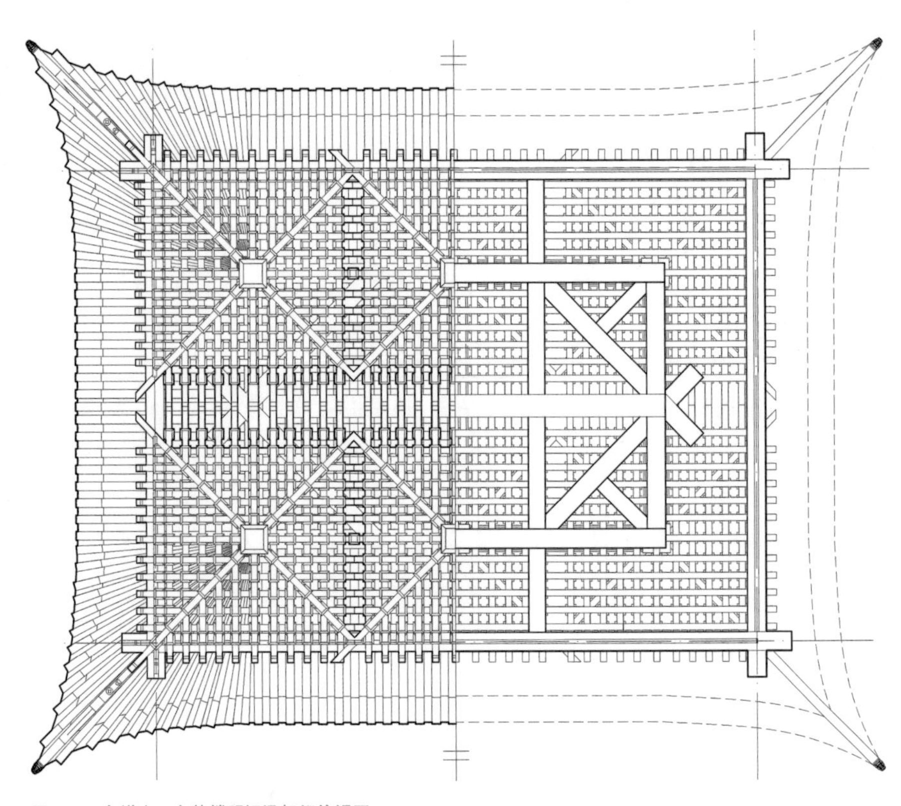

图2.22　白塔山二台牌楼明间梁架仰俯视图

2.4 — 门类建筑

兰州地区的山门建筑一般以牌坊、牌楼、屋宇式建筑为主，结构做法在之前章节中已经作出分析，故本节主要论述、例举的门楼建筑是常作为二门使用的垂花门。以保存较为完好、形制较为精美的云月寺垂花门为例进行解析（图2.23～图2.25）。不像清官式垂花门做法那样种类繁多，本地区常见垂花门仅有一种——一开间卷棚顶，平面为三排六柱，前后各挑一排垂柱，上架六檩，构件计算方式与通则同。除了结构上的差异外，立面造型上，牵、枋等构件出头较官式做法长。另外，门前多不放置抱鼓石。

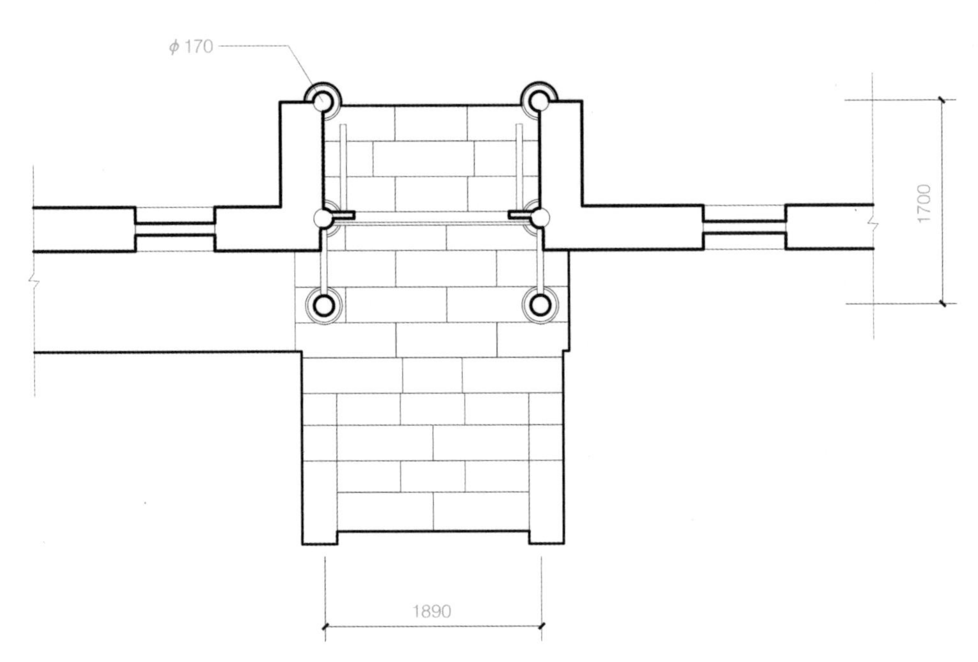

图2.23　云月寺垂花门平面图

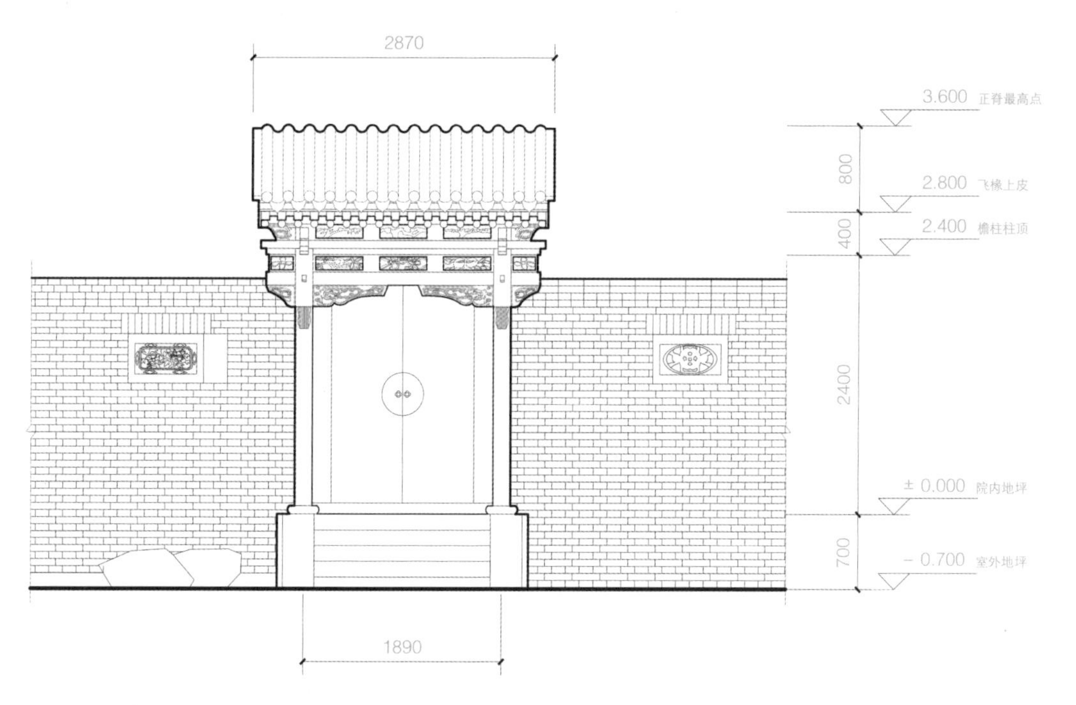

图2.24　云月寺垂花门立面图

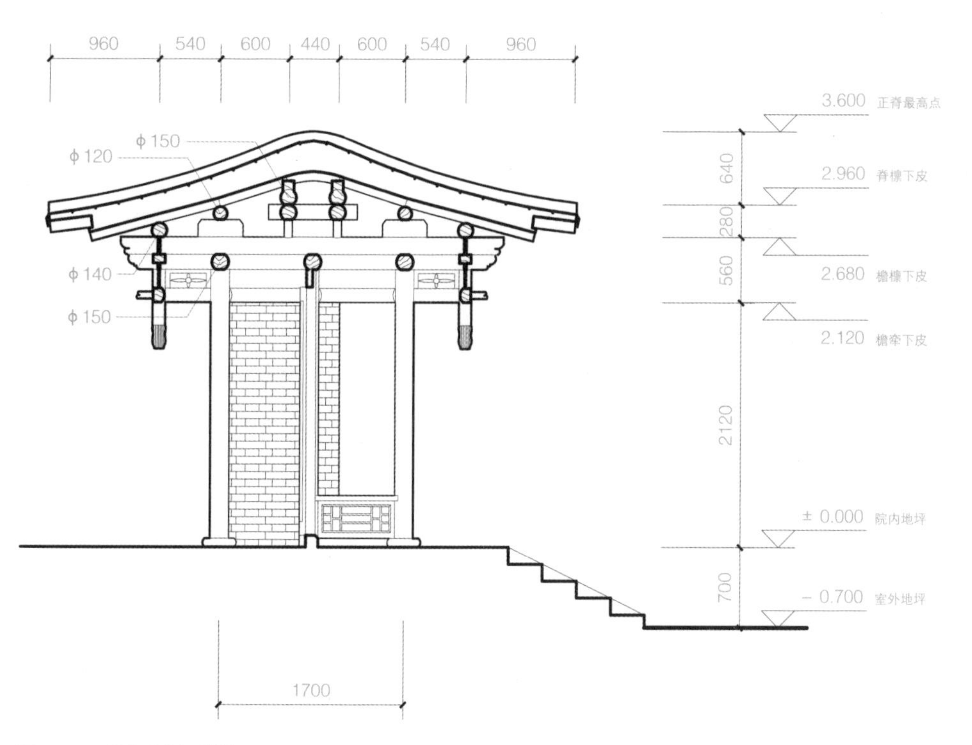

图2.25　云月寺垂花门横剖图

2.5 — 戏台建筑

兰州地区的戏台建筑为旧时人民休闲娱乐的重要场所，但凡较大的庙宇、道观等旧时集会场所，都会修建有戏台。现存的戏台有白云观戏台、金崖三圣庙戏台（图2.26）、城隍庙戏台、金天观戏台（图2.27）等。大部分戏台尽管是集会时的观演中心，但在整体建筑序列中，一般都不是最重要的功能中心。而戏台建筑由于建筑性质的原因，通常装饰华丽、用材较大，具有很好的装饰性。因此，兰州地区的戏台建筑便被赋予了新的使用功能，即放置在建筑序列的开端，结合门楼的作用，在架起的戏台面下设置大门，入口面朝外，戏台面朝内。

以三圣庙戏台为例（图2.28～图2.31）。门楼式戏台通常采用一卷一殿的勾连搭屋顶。前部为三间二层悬山顶门楼，一层明间为大门，二层前廊用作勾阑，内界用作化妆间、道具间。后部为一间二层卷棚歇山顶戏台，一层较为低矮，仅过人高，开间宽敞，占门楼明间与左右次间各半。戏台部分檐柱用材较大，檐下承托结构常用大担做法；后柱与门楼部分共用，用材略小；前后柱上抬歇山结构，基本与前文对殿式建筑歇山构造的描述相同，区别在于此处为求更大的空间，省略了金柱，翼角大角梁、斜云头的尾部挑起垂柱，起到顺梁作用的牵穿插其上，而金檩搁置在垂柱头上。四个翼角垂柱与穿插其上的牵形成类似井口的结构，为了保证该结构的稳定性，四面斗栱向内出挑桄抬起井口牵。另外，戏台主体建筑两侧一般设置结构简单的副楼环绕，是供乐师等相关演出人员使用的，其脊部不超过戏台檐口。

图2.26　金崖三圣庙门楼戏台

图2.27　白云观门楼戏台

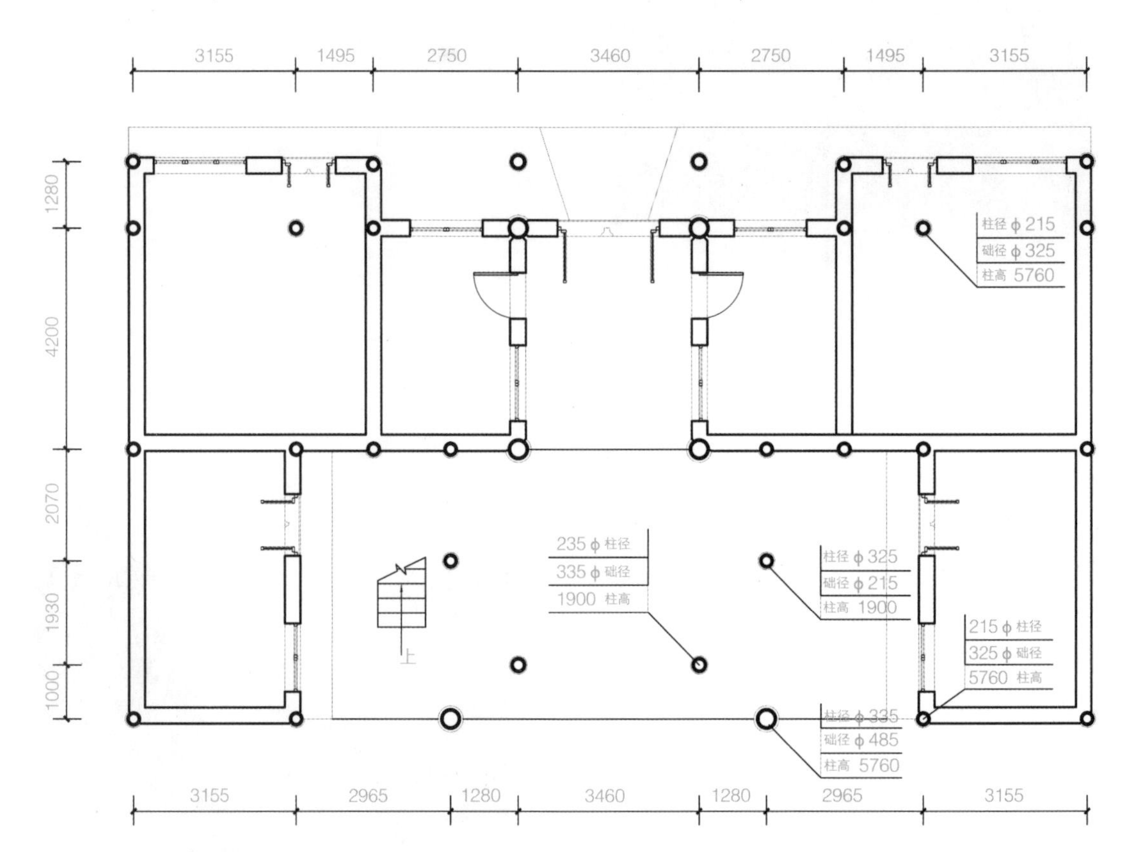

图2.28 金崖三圣庙一层平面图

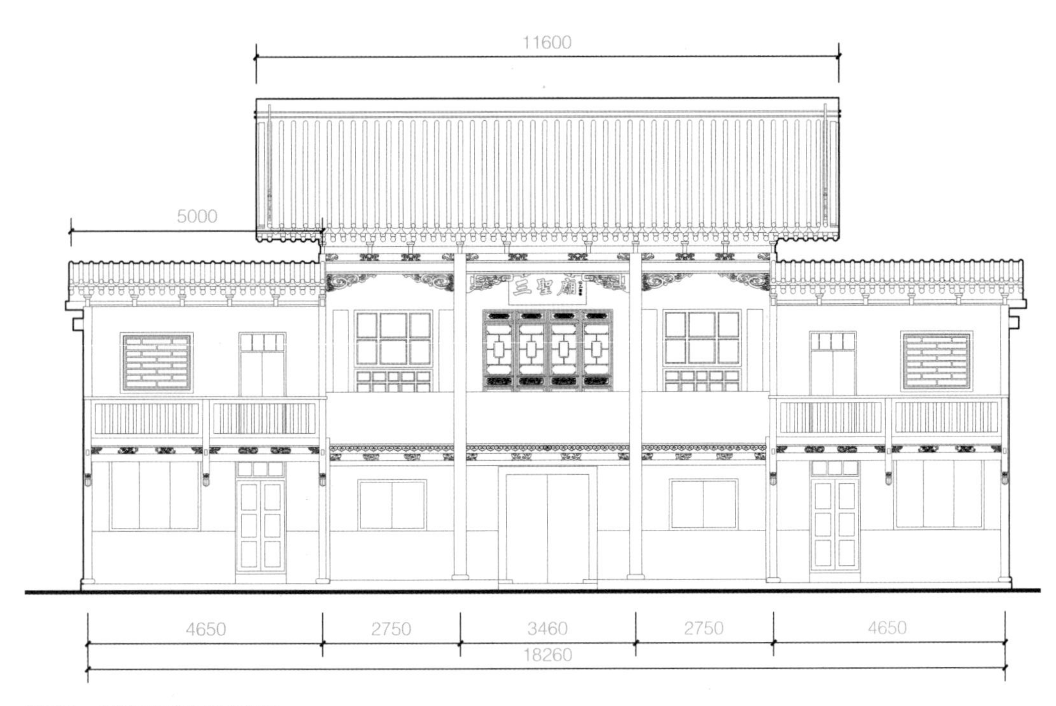

图2.29　金崖三圣庙入口立面图

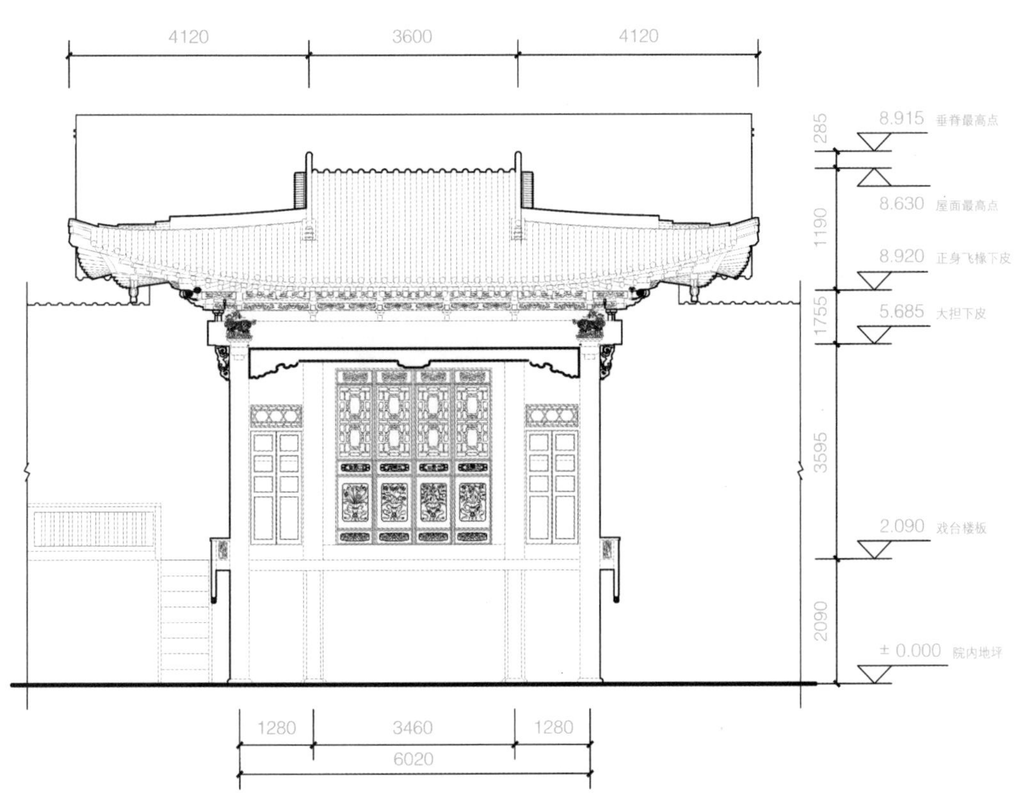

图2.30　金崖三圣庙戏台立面图

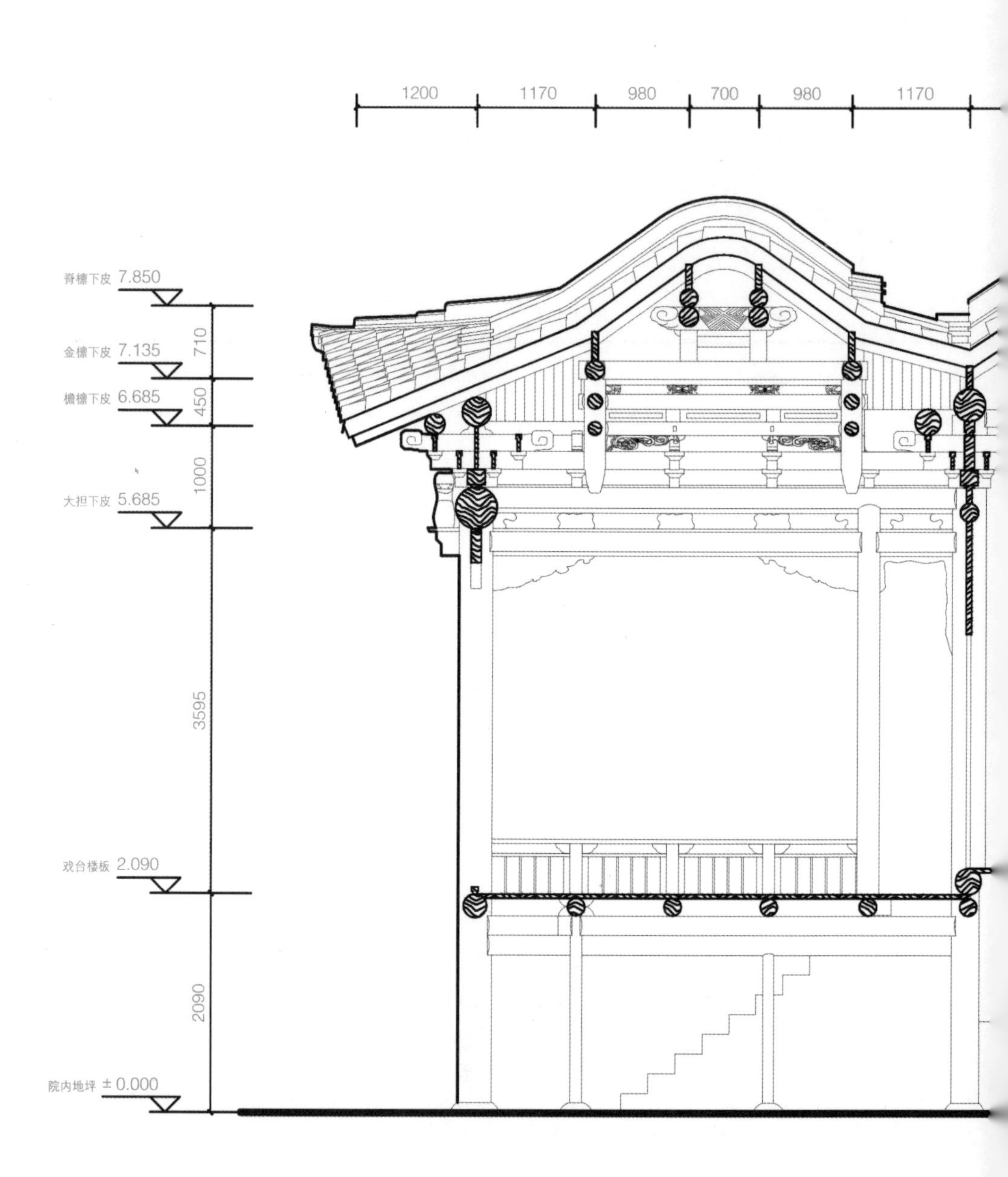

图2.31 金崖三圣庙明间横剖面图

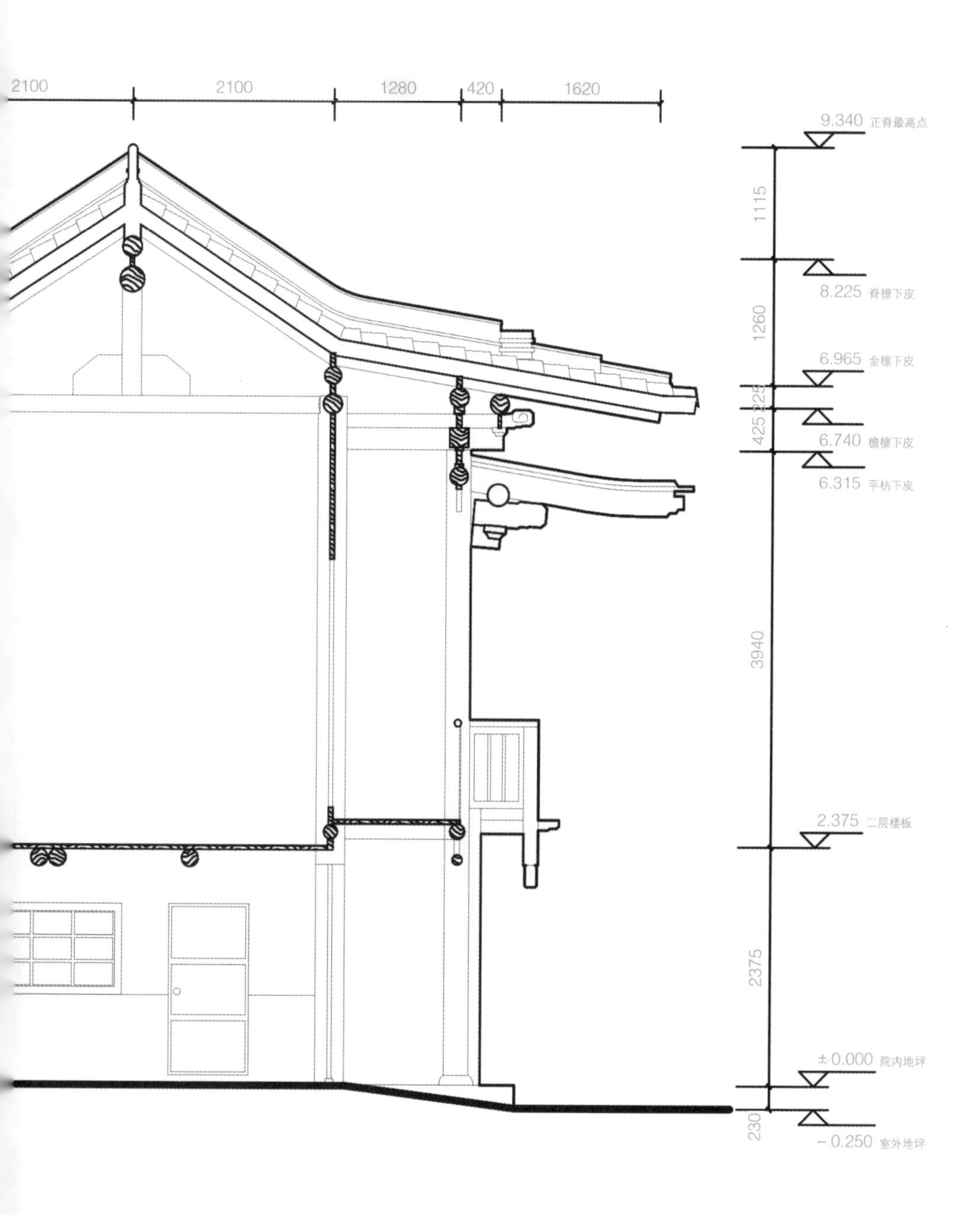
2100
2100
1280
420
1620
9.340 正脊最高点
1115
8.225 脊檩下皮
1260
6.965 金檩下皮
225
6.740 檐檩下皮
425
6.315 平枋下皮
3940
2.375 二层楼板
2375
±0.000 院内地坪
230
−0.250 室外地坪

斗栱做法在本地区传统建筑木作营造中至关重要，斗栱类型的选用直接决定了檐下承托结构的选用，二者相辅相成，难以割裂。故本节放置在其他大木构件做法之前进行论述。

兰州地区传统建筑中檐下斗栱的设置非常具有地方特色，称为『摆彩』。『摆』即设置；『彩』即兰州地区做法中『斗栱』的意思，应通明清官式斗栱做法中的『踩』，另外还有装饰华丽的含义。然而，兰州地区传统建筑中，除了形制与明清官式斗栱有一定类似之处的各种『彩』之外，还有两种简单的斗栱形式：一种是『栱子』，一种是『担子』。另外，与明清官式做法计算斗栱层数按照几跳来计算类似，兰州斗栱按斗栱出挑几次称为『几步』斗栱。本章从斗栱承托式样入手，详细论述了各种常见与非常见斗栱的形式与做法，并给出『拱子』『彩』的经验尺寸。

第3章

兰州传统建筑檐枋及斗栱制作要点

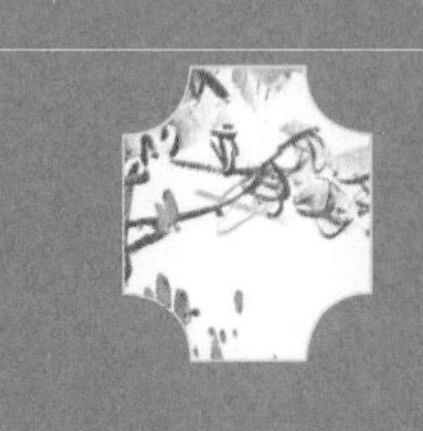

3.1 — 摆彩檐口式样

兰州斗栱没有出昂，结构功能简化，从这一点看，兰州斗栱的形成时期当在明清。“栱子”实际上是兰州地方斗栱的构件名。从斗栱平面来看，除去斗和升，所有竖向的类翘构件都被命名为“栱子”，所有竖向的类要头或麻叶构件都被命名为“云头”；同时，由于形式类似挑担，所有横向构件都被命名为“担子”；另外，兰州斗栱并无升、斗及其他细微的划分，除了坐斗被称为“大斗”外，其上所有斗、升，无论何种形状都称为“小升”。基于以上，所有突出了竖向结构，而简化了横向结构将其变为花板的斗栱，也都被称为“栱子”（图3.1）；没有栱子和云头的斗栱，实际上就是一斗两升形式的斗栱，也被称为“担子”；只有竖向、横向结构都完备的斗栱才被称为“彩”（图3.2）。

由于用材较小的原因，为了提高承担垂直荷载的能力，兰州地区建筑的梁架结构通过牵、大担、替、大小平枋等结构的层层累加来达到与官式用材较大同样的效果。所以，檐下结构较为琐碎，与官式由大材的额枋、由额垫板、平板枋相叠的简明大气的做法不同。为此，兰州地区传统建筑营造技艺中，通过在牵、大担、平枋之间增加雕刻精美、形态各异的荷叶墩来凸显建筑的精巧华丽。不同等级的檐下承托结构层和雕刻层的用材大小及数量是不一样的，常见的兰州地区大式建筑檐下承托结构有四种。

除了不施斗栱的无平枋檐下承托结构外，兰州地区传统建筑施用斗栱的檐下承托结构分为无大担的一般做法和有大担的高级做法两类。其中，无大担的做法又分为一层平枋单彩式、一层平枋栱子式以及有上下两层平枋的重平枋重荷叶式三种。前者一般放置四、六角单彩；而后者，由于“栱子”的花牵板受力性能较弱，为了提高横向受力强度而设置一根平枋穿过“栱子”的第一步，是无大担做法中的高级形式（表3.1）。

另外，有大担的形式分为无束腰的和有束腰[1]的两种结构。后者在前者的平枋和大担之间又增加了“束腰子”这一特色构件层，并且增大了结构用材，使得建筑檐下更加玲珑而且大气。有大担做法的建筑在平枋上多置六角单彩，且一般情况下多出三步以上。同时，有大担与无大担的建筑檐下特征区别非常明显，在柱头和大担交接处，会设置兰州地方特色构件“包担云子”，是一块紧贴大担表面的精美雕板，一方面起装饰作用，另一方面起到保护重要结构关联点的作用。

1　束腰是指形状类似莲台的一种荷叶墩，因构件中间常雕刻一条丝带束住莲花而得名。

图3.1　白塔山三台大殿“二步栱子”

图3.2　白塔山二台牌楼“二步方格彩”

兰州地区传统建筑檐口分类表 表3.1

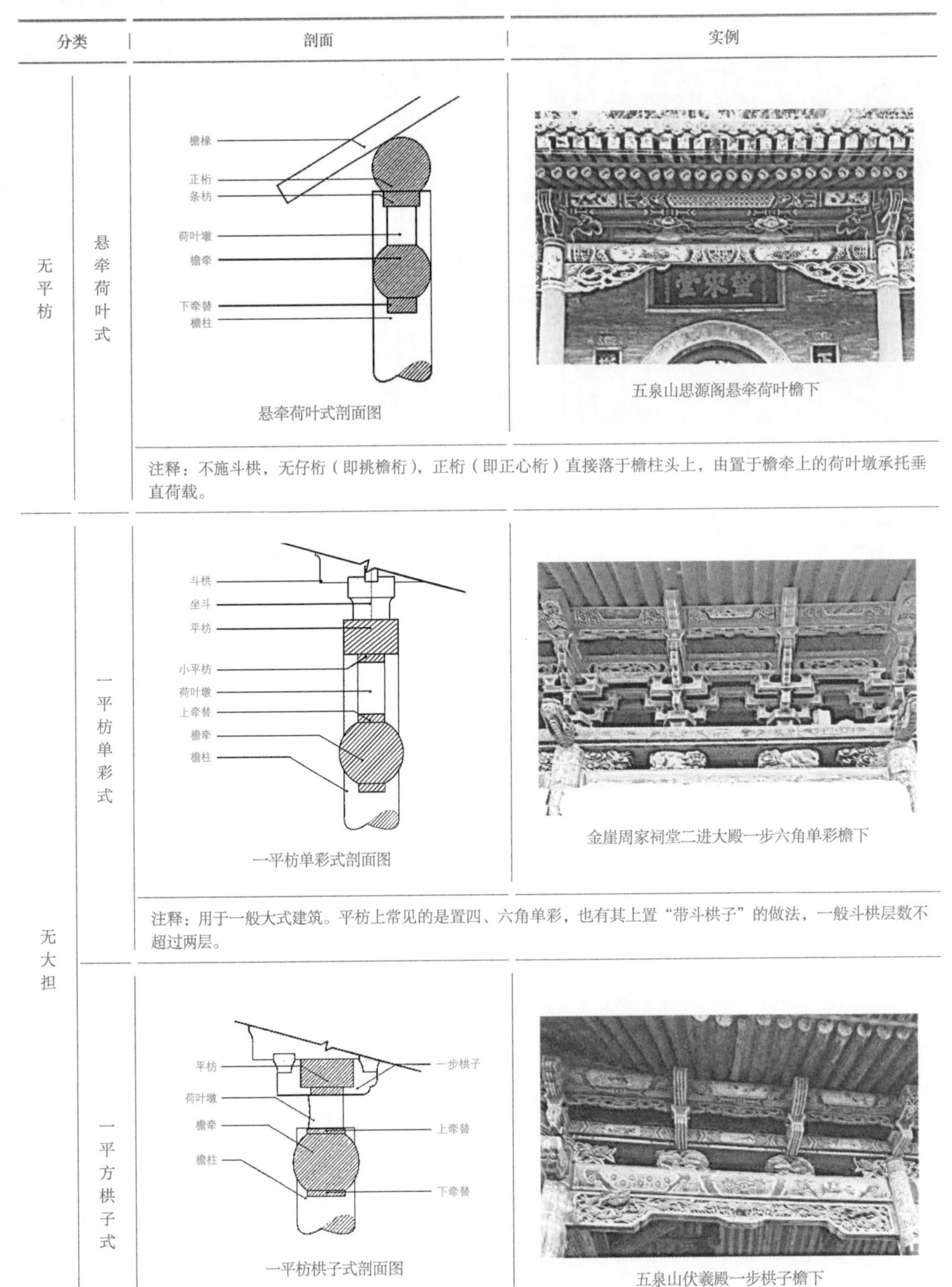

分类		剖面	实例
无平枋	悬牵荷叶式	悬牵荷叶式剖面图	五泉山思源阁悬牵荷叶檐下
		注释：不施斗栱，无仔桁（即挑檐桁），正桁（即正心桁）直接落于檐柱头上，由置于檐牵上的荷叶墩承托垂直荷载。	
无大担	一平枋单彩式	一平枋单彩式剖面图	金崖周家祠堂二进大殿一步六角单彩檐下
		注释：用于一般大式建筑。平枋上常见的是置四、六角单彩，也有其上置“带斗栱子”的做法，一般斗栱层数不超过两层。	
	一平方栱子式	一平枋栱子式剖面图	五泉山伏羲殿一步栱子檐下
		注释：平枋穿过“栱子”的第一步放置在柱头上，斗栱的垂直荷载经荷叶墩直接传递到檐牵上。这种檐下形式由于节省材料，是兰州地区传统建筑中最常见的有斗栱承托结构。	

分类		剖面	实例
无大担	重平枋重荷叶式	重平枋栱子式剖面图	金崖周家祠堂一进大殿二步栱子檐下
		注释：用于一般大式建筑。柱头上搁平枋，其上多置荷叶墩承托的二步栱子，有时该层荷叶墩会做成束腰形式，同时再置一平枋穿过“栱子”的第一步，是檐下置“栱子”做法的高级形式。	
有大担	无束腰单彩式	无束腰单彩式剖面图	五泉山浚源寺一进大殿二步六角单彩檐下
		注释：用于较高等级的大式建筑，上多置六角单彩。有一些建筑出于省材的考虑，可能会省略平枋，把斗栱直接放置在大担上，如五泉山嘛呢寺大殿。	
	有束腰单彩式	有束腰单彩式剖面图	榆中三圣庙大殿一步六角单彩檐下
		注释：用于最高等级的大式建筑或牌坊。当牌坊结构很高时，可能会再增加一根檐牵和一层荷叶墩，如白塔山二台牌楼。	

3.2 简化斗栱——担子、栱子

3.2.1 担子

担子作为兰州斗栱中等级最低的形式，用于民居显得不够美观，用于殿堂则显得不够庄重，使用的情况比较少。结构与一般的一斗两升几乎一样，平板枋上置大斗，大斗上置担子，担子两端各置一小斗，若置于柱头，则在担子中间压梁头，多作云头状，若置于破间[1]，则无梁头（图3.3）。

1 兰州地区传统建筑营造术语中“补间”的意思。

3.2.2 栱子

由于明清时期甘青地区木材稀缺，且完整的斗栱形式非常耗材，导致了“栱子”这种用花板代替复杂斗栱结构的地域性做法的衍生。而在兰州周边，有临夏地区的“苗檩花牵”以及河西地区的“花牵代栱”等具有类似特征的斗栱形式存在，尤与“苗檩花牵”在结构上有很多相似点，三者之间可能存在渐进演变的关系。

栱子是兰州地区传统建筑中运用最多的斗栱形式，大大简化了坐斗和栱，主要结构是两个类翘的垫木。翘左右不施栱，代以花牵板相连，结构被简化，但雕刻繁复精美，形成了玲珑华丽的风格。其整体性由于透雕花板较实木栱纤薄而有所下降，为此不得不增加翘、昂的宽度以更好地承托上部构件。该类斗栱的坐斗形式有两种：一种是使用了不同形式的荷叶墩代替坐斗，其上不开斗口，翘直接搁置其上；另外一种使用了斗口加宽的大斗。综上，“栱子”这种斗栱做法并不遵守斗口制，自有其固定的模数关系。

1. 荷叶墩“栱子”做法

荷叶墩“栱子”做法最重要的特征是用荷叶墩代替坐斗，翘直接搁置在荷叶墩上，为了提高稳固性，使得斗栱上部结构不至于错动，遂将一根平枋从第一跳的翘中垂直穿过（图3.4）。该类斗栱做法常见的是翘出一至两跳，称为“一步栱子”“二步栱子”（图3.5）。

2. 带斗“栱子”做法

“带斗”栱子的特征是平板枋上置大斗，其上承托翘和云头，因为翘是卡在斗中的，不存在错动的问题，故不需要增加平枋穿过翘中（图3.6）。该形式较“荷叶墩”做法节省了大斗的雕刻，节省了穿翘而过的平枋，在等级上较前者略低。兰州现存实例非常少，从复杂、精美的程度上推测，应该早于荷叶墩“栱子”的做法，是在兰州地区斗栱发展过程中衍生出来的形式还未完善、纯粹的做法。

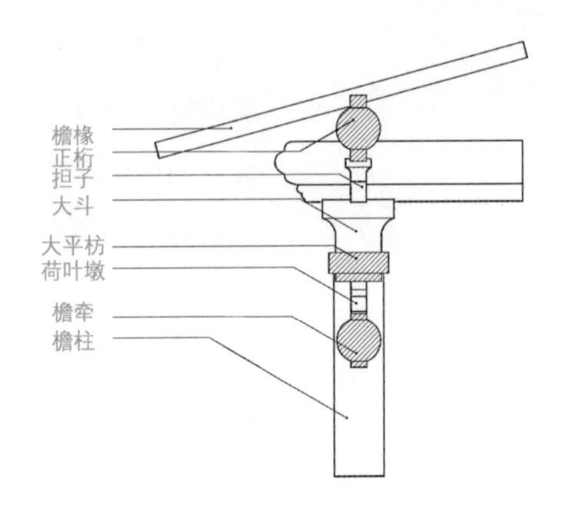

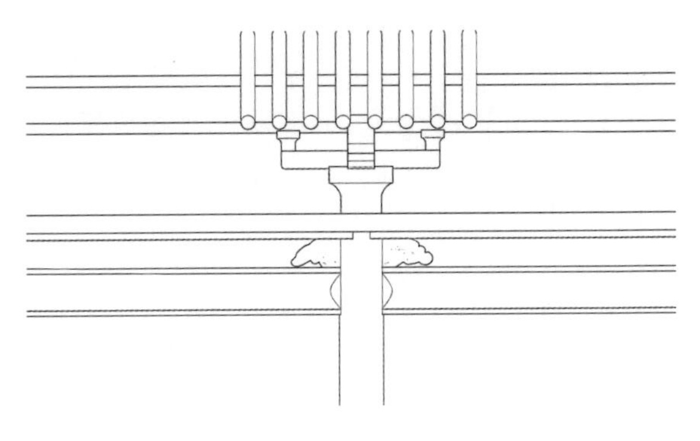

图3.3　担子做法剖面及正面图

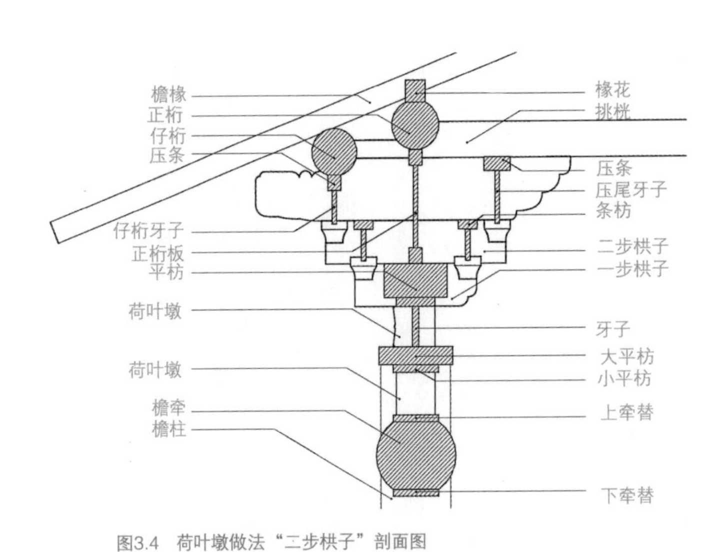

图3.4　荷叶墩做法“二步栱子”剖面图

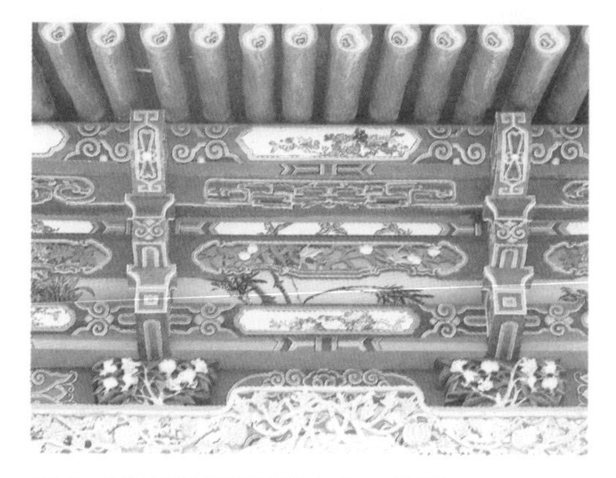

图3.5　白塔山三官殿荷叶墩做法“二步棋子”

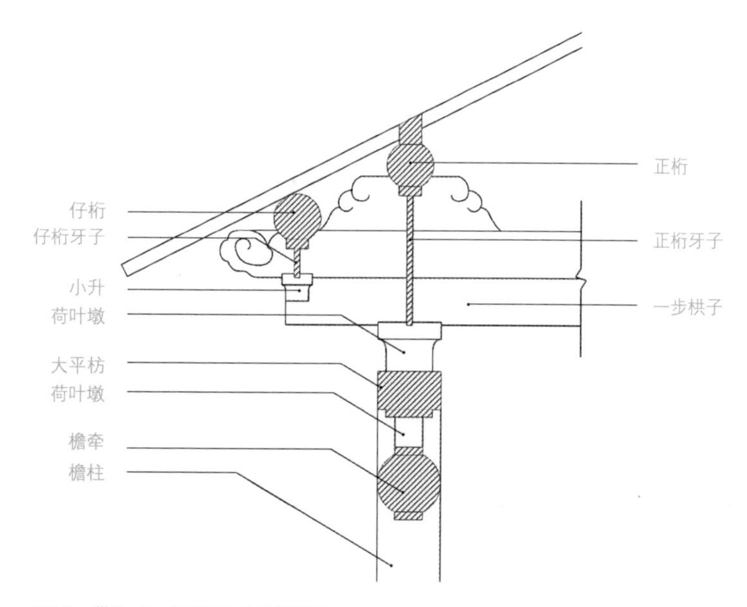

图3.6　带斗“一步棋子”做法剖面图

3.3 正式斗栱——『彩』

“彩”作为兰州斗栱中等级最高者，常在大殿、牌楼、亭等重要建筑中使用。其在功能结构上与清官式斗栱几乎一致，柱头上搁置平板枋，枋上置大斗。但在细部做法上差异很大：大斗平面为正方形或六边形；升、斗的形状与官式不同，除了正方形，常见六边形、菱形和五边形小斗，而且造型更加高挑，高度占材厚的一半；不出假昂，竖向结构中承托小斗的构件称栱子，其上置云头[1]，虽然该构件不托举升、斗，但是实际上起到了官式斗栱中昂的作用，其左右仍出栱，托起中间一部分条枋[2]；云头上置托彩栱子，实际作用类似官式做法中的耍头；托彩栱子上搁置云头梁，在破间做法中，是假梁头；有几层栱子称为“几步”斗栱，不过考虑到栱子上云头起到的作用与栱子相同以及铺作层数和条枋数量，实际跳数在用材计算中应该再加一；斗栱中的横向结构统称为担子，按不同层数称为“几步”担子，并不细分为瓜栱、万栱、厢栱等；担子的栱眼部分不像官式做法那样是实心雕刻的，而是镂空的。

在雕饰上，“彩”在条枋下会增加牙子[3]，主要是挑檐枋下的仔桁牙子和正心枋下的正桁牙子，在斗栱层数较多，导致穿枋数量过多，正心枋位置靠内，装饰作用不显的情况下，会在外拽枋下作花板装饰，而且一般都会在里拽对称位置的条枋下也做牙子，一方面是为了美观，另外也起到一定的增强内外横向拉结结构的作用，但有时为了省材省工，内拽的牙子可能会省略。

1 云头，起到栱子作用的斗栱构件，因前后出头常雕刻成云纹而名，也有雕刻汉纹、虎口纹、羊尾巴的形式。

2 条枋，指正心枋、外拽枋、挑檐枋等穿枋，有时也称为压条。

3 牙子，即兰州地方营造术语中“板子”的意思，置于檐下意指花板。

3.3.1 单彩

“单彩”即兰州地区对于平身科斗栱的地方称谓，意思是单独施用的斗栱，对应“补间铺作”，又称为“破间彩”。做法有平面造型呈四边形的“方格单彩”以及平面造型呈六边形的“六角单彩”两种。

“方格单彩”也叫“四角单彩”，比起官式做法的紧凑，其几何形构图更加舒展（图3.7），同时由于升斗高度占足材材厚的比例较官式做法增大为1∶2以及栱眼部分的镂空做法，整体形象更为玲珑，但实际受力性能会有所降低，有时会缩短最上一层正中的担子与前后平齐，来加强稳定性。在平面形制上（图3.8），同等材的六角单彩比方格单彩紧凑，担子左右挑出的长度较短，受力更加集中；担子出头斜杀以符合正六边形构图，整体形象更加精巧。

从侧视图上看（图3.9、图3.10），二者出挑距离都是由云头梁的长度决定的，在层数相同的情况下，两者出挑距离相仿，方格彩稍长。但在现存的传统建筑实例中，方格彩的一般仅有一步，二步的情况非常少，挑出较长檐口的建筑多使用二步及以上的六角单彩。把二者与官式斗栱作对比，以自身栱之材广为斗口时，官式斗栱的栱间轴线间距为3斗口，方格单彩的间距有2.5斗口和3斗口两种，六角单彩为2.375斗口，由此可以得出官式建筑挑檐桁外挑距离比方格单彩和六角单彩都要略远。这或许是为了弥补单彩追求构图形式美而在受力性能上较之官式斗栱略逊而导致的。

另外，单彩正桁下的垫木有时会向后延长尾部出挑栿，形同官式斗栱挑斡的做法，以平衡前檐荷载（图3.11、图3.12）。前檐出挑的深远与否，在斗栱构件比例确定的情况下，主要与斗栱层数有关，层数越多，相应云头梁出挑加长，挑檐檩位置越靠前，出檐越深远。偶尔在勘测、考察过程中发现，有些建筑为了使得前檐出挑更远，导致云头梁出挑长度过长，而斗栱里拽由于檐下间距的问题而不够长，不能很好地平衡挑檐桁荷载，从而导致建筑屋架前倾变形的情况。

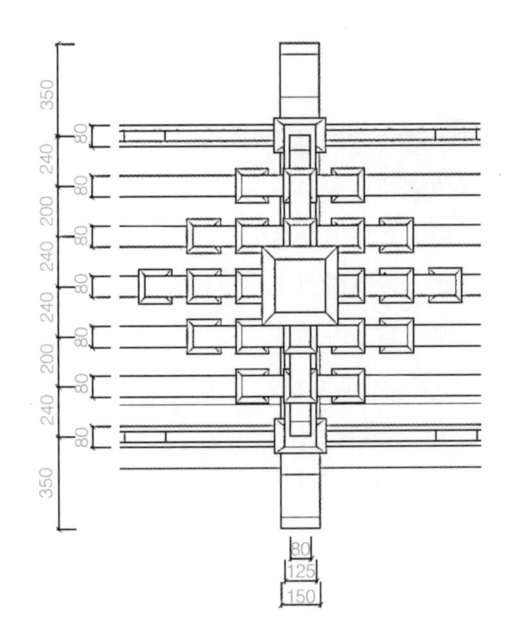

图3.7 二步方格单彩仰视平面图（单位：mm）

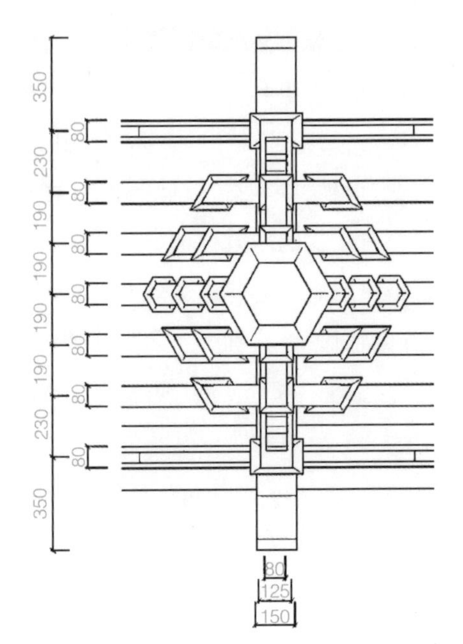

图3.8 二步六角单彩仰视平面图（单位：mm）

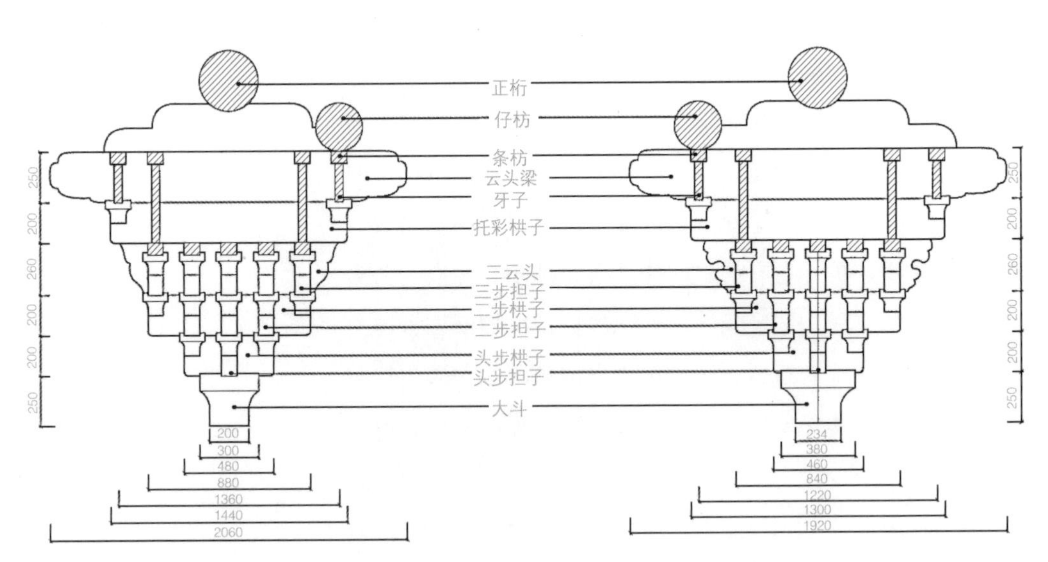

图3.9 二步方格单彩侧视图（单位：mm）

图3.10 二步六角单彩侧视图（单位：mm）

① – 大斗；
② – 一步栱子；
③ – 一步担子；
④ – 二步栱子；
⑤ – 二步担子；
⑥ – 三云头；
⑦ – 三步担子；
⑧ – 托彩栱子；
⑨ – 内测花板；
⑩ – 云头梁；
⑪ – 仔桁牙子（花板）；
⑫ – 条枋；
⑬ – 仔桁

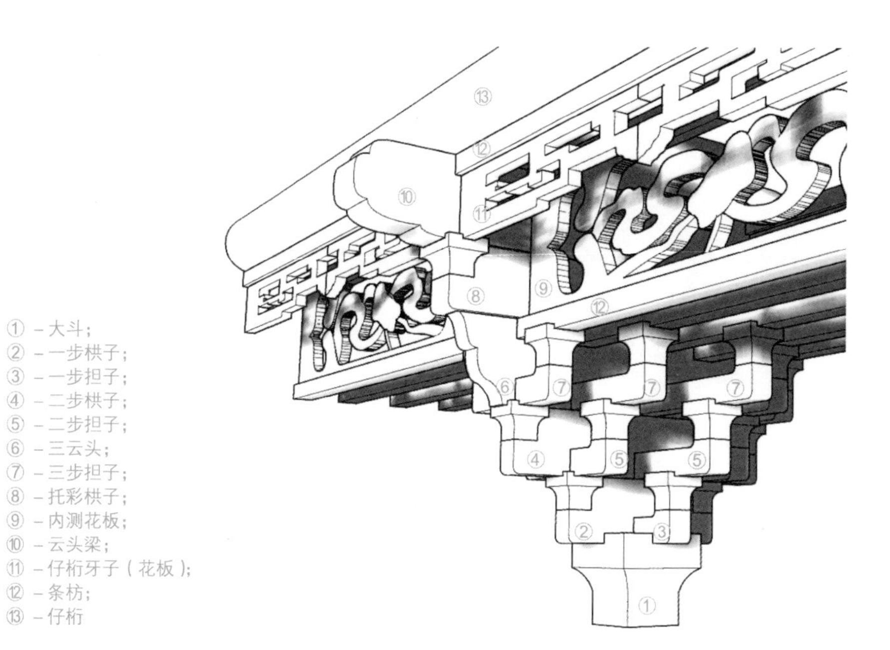

图3.11　二步方格单彩透视图

① – 大斗；
② – 一步栱子；
③ – 一步担子；
④ – 二步栱子；
⑤ – 二步担子；
⑥ – 三云头；
⑦ – 三步担子；
⑧ – 托彩栱子；
⑨ – 内测花板；
⑩ – 云头梁；
⑪ – 仔桁牙子（花板）；
⑫ – 条枋；
⑬ – 仔枋

图3.12　二步六角单彩透视图

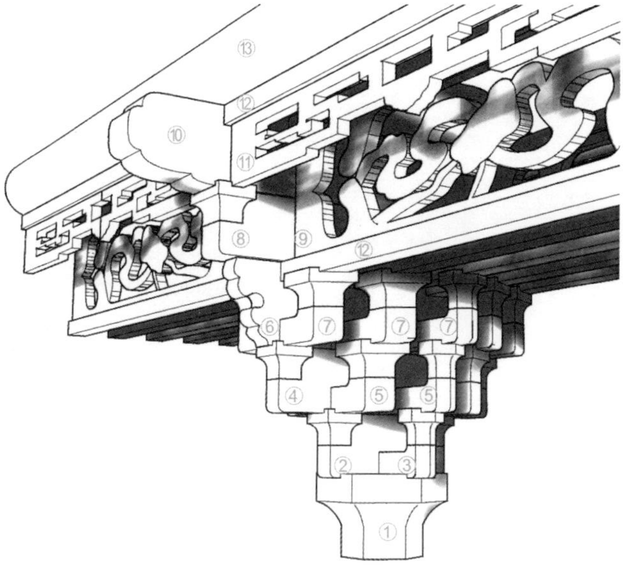

匠师在修缮过程中不得不增加挑桄或锯短椽飞，如兰州白塔山三星殿大殿。

3.3.2 角彩

“角彩”即官式之角科，亦称“蛤蟆彩”。除了歇山顶建筑翼角部分常施用方格彩的角科形式外（图3.13），兰州的殿式建筑多为前檐施用斗栱，山面和后檐的屋架层常省略斗栱层，直接搁置在柱网层上。所以，矩形平面的建筑一般不施用角彩，一般在亭类建筑和攒尖顶建筑等多边形平面建筑的角部柱头上使用，破间仍然用“方格单彩”“六角单彩”等。与之前单彩中四角、六角的命名规则不同的是，角彩虽然名为三角、四角、五角等，但实际上，在平面形制上都是菱形（图3.14）。角数是指运用该类斗栱的多边形建筑的翼角数。同时，以此数目确定斗栱平面菱形对外角的大小，从而确定斗栱平面。角数越多，斗栱平面对外角度越大。

以五角角彩为例解析兰州地区做法。传统营造技艺中使用了朴素的数学方法来确定菱形平面的对外角度的大小。把菱形平面左右对称分开，成为两个对称的三角形，取其中之一，从对外角的角点作一垂直线a到对边，把该三角形再次分割为大小两个直角三角形，二者另一直角边分别为b、c，假定a（实际上a就是内外侧条枋中心线间的垂直距离）为1的情况下，b为0.7285，c为0.3238，由此可以确定，整个菱形的数据如下（图3.15）。

然后按照步数把该菱形平行于斜边进行等分，n跳角彩即平行斜边分为$2n+1$份，二步角彩是三跳斗栱，应进行七等分，再把a置换为实际数据（通常条枋轴线间距为0.2m），可得以下结构线图（图3.16）。

其他不同角数的角彩在斜法计算原理上与之相同，仅仅是随着角数的增加，通过分割三角形确定系数、进行计算，进而增大角彩菱形平面对外角的度数。根据上述原理，代入材广，可得以下五角角彩底视平面图（图3.17）。

3.3.3 牌坊斗栱

牌坊建筑上施用的单彩（图3.18）出于稳定性考虑，在装饰性上进行了简化，以二步六角单彩为例（图3.10），省略了第三步的三云头以及靠三云头上的一层牙子，直接把最上层云头与托彩栱子层层下降，以加强抗风荷载的能力。同时，把云头、托彩栱子的厚度减小到与一、二步栱子相同的程度，以避免减少装饰层后带来头重脚轻的观感。

六角一方格角彩是运用于牌坊建筑的一种特殊的彩，置于牌坊柱头上，由两种斗栱形制折中而成。该斗栱有两条中线，左侧的为六角单彩的中线，右侧的为方格角彩的中线，二者拼合于柱头（图3.19）。左侧相对保持六角单彩的完整性，大斗落于枋上，被柱头侵占的部分掏空，在形式上与破间斗栱呼应。右侧出于功能性要求，做成便于转角的方格角彩从柱中穿插而过。其正身云头与右侧相同，前后对称一体，但其斜云头部分没有穿过柱中形成对称结构，而是仅做了翼角斜出的这一半，尾部做成榫卯结构穿插于柱中，这与一般的角彩是不同的。

图3.13　五泉山浚源寺大雄殿方格角彩

图3.14　白塔山三角亭四步三角角彩

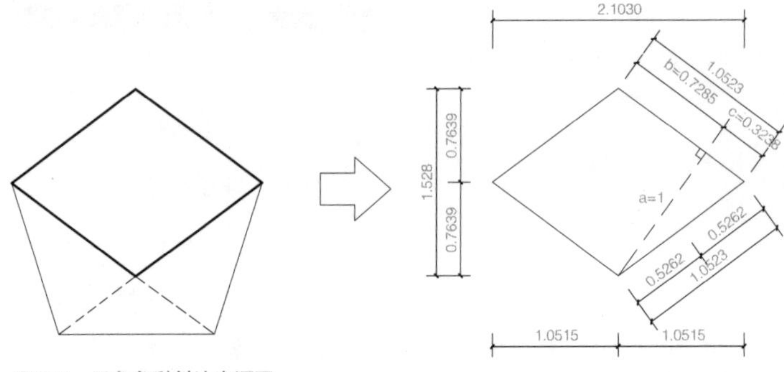

图3.15　五角角彩斜法来源图

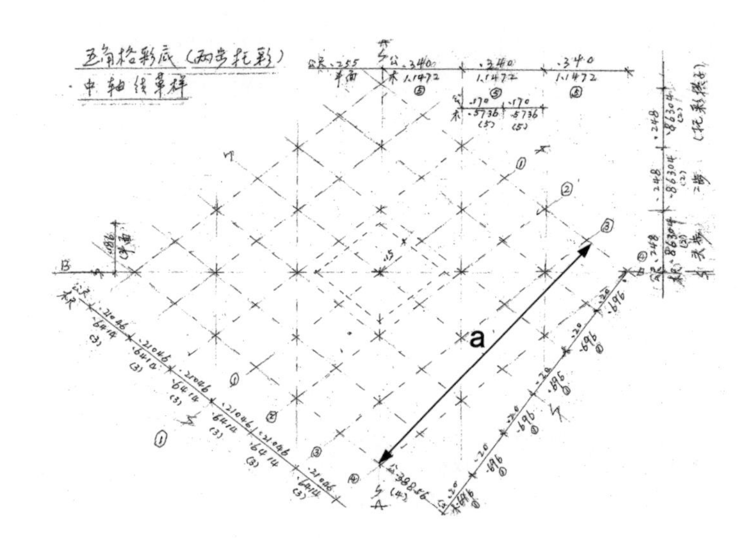

图3.16　五角角彩轴线图

图3.17　五角角彩底视平面图

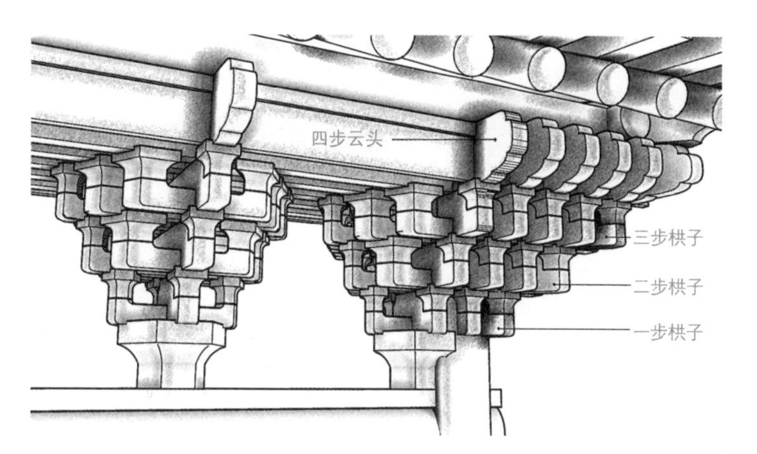

图3.18　牌坊六角单彩（左）和六角一方格角彩（右）透视图

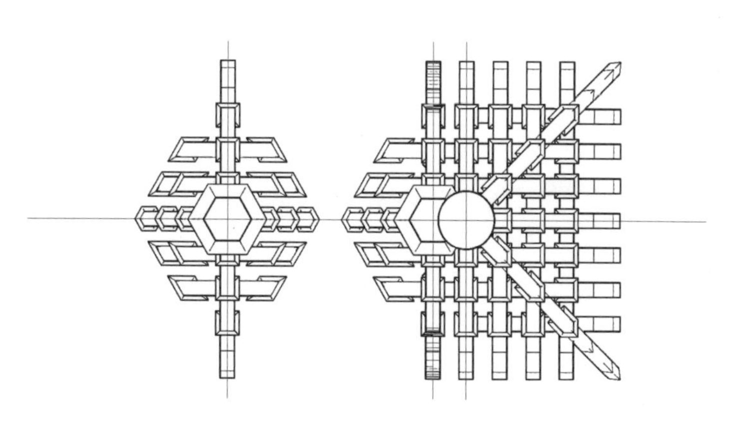

图3.19　牌坊六角单彩（左）和六角一方格角彩（右）底视图

3.4 — 攒尖斗栱——天罗伞

天罗伞斗栱是运用在攒尖类建筑关心垂中的串联构件，同时其精巧的结构也颇具装饰性。天罗伞按照所属攒尖建筑的翼角数来确定平面角数，常见的为六角天罗伞（图3.20）。

以三步六角天罗伞为例（图3.21、图3.22），六角天罗伞第一层从关心垂中出三组六个一步栱子，形成一个正六边形；第二层、第三层以同样的方式出二步栱子、三步栱子；同时，从第二层开始，按照六角星形的平面出担子，担子与担子的交接处即放小升的位置；第三层的担子也是按照六角星形平面来组织的，但是由于担子出头不能超过该层栱子形成的六边形区域，最终各担子两端不能与其他同层担子形成尖角。其他角数的天罗伞构图规律与六角的相同，不过需要注意的是，该构图形式仅仅适用于翼角数为偶数的攒尖建筑。

天罗伞斗栱除构图形式外，其用材尺寸的规律与一般的彩是相同的。

图3.20 兴隆山六角亭六角天罗伞

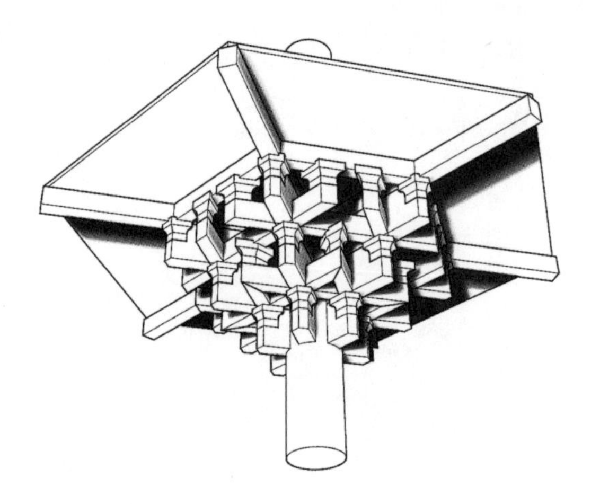

图3.21 三步六角天罗伞透视图

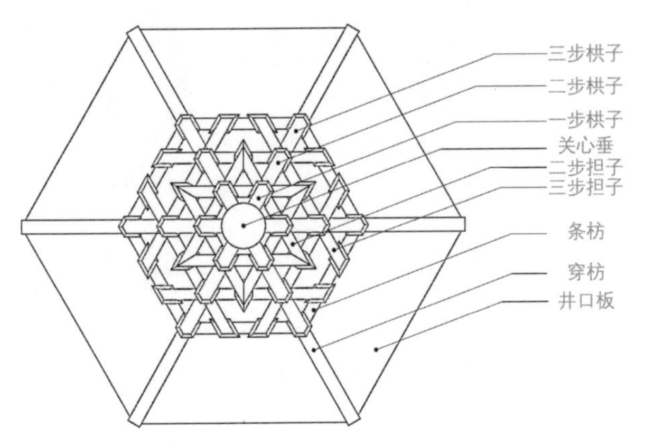

图3.22 三步六角天罗伞底视图

3.5 — 用材尺寸

“栱子”这种形式的主要结构就是承托正桁、仔桁的栱子和云头梁，一般栱子的材广为10cm左右，云头材广为12cm左右。

“彩”的斗口以担子的材厚、材广为高、宽。常见宽为65mm及80mm左右的斗口，若按木工尺计算则大致为2寸、2.5寸，恰合清制八、九等斗口。但单材宽高比多为1：1.25，与清式的1：1.4比略低；足材为1：2.5，与清式的1：2比略高。若按最常见的80mm×100mm的斗口来计算，不同形状的小斗，斗底各面都收25mm，占斗总宽的1/6，顱10mm，斗耳宽20mm，斗总高是100mm加上斗耳之高12mm；不同形状的大斗，斗底各面内收比例与小斗相同，也占斗总宽的1/6，斗耳宽度没有固定比例，是用总宽减去斗口宽度得出的数值，斗高是250mm加上斗耳高度12mm。可见，大、小斗的制作规律都是在去掉斗耳固定高度12mm的情况下，确定各自斗高，再都以4：3：3的比例分割斗底、斗顱、斗腰的高度；然后确定斗宽，以1：4：1的比例确定斗底内收；接着通过固定斗耳高度12mm以及材广确定斗耳数据；大、小斗斗顱都向内杀10mm；最后把以上数据代入各斗平面，就可以制作出三段式的兰州斗栱大、小斗了（图3.23）。与官式各斗相比，除了平面形状各异之外，还可以发现兰州地方大、小斗斗身很高，槽口很浅，斗顱和斗底两部分加起来占比很大，这就更凸显了兰州斗栱高挑、玲珑的视觉效果。

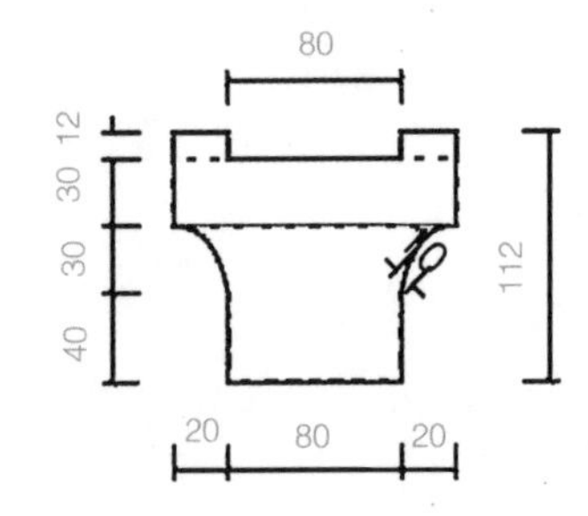
80
12
30
30
40
112
20
80
20

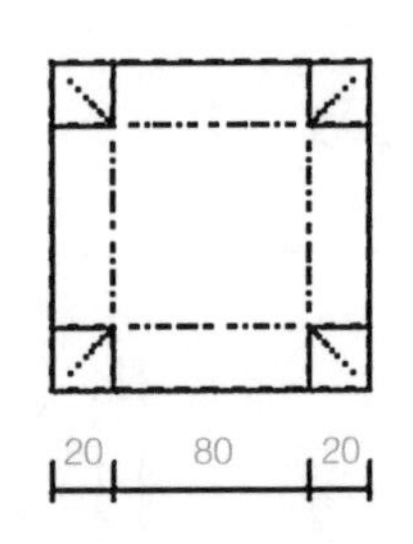
20
80
20

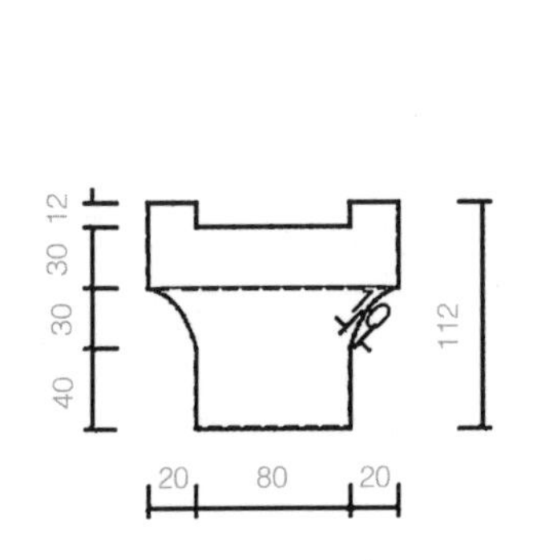
12
30
30
40
112
20
80
20

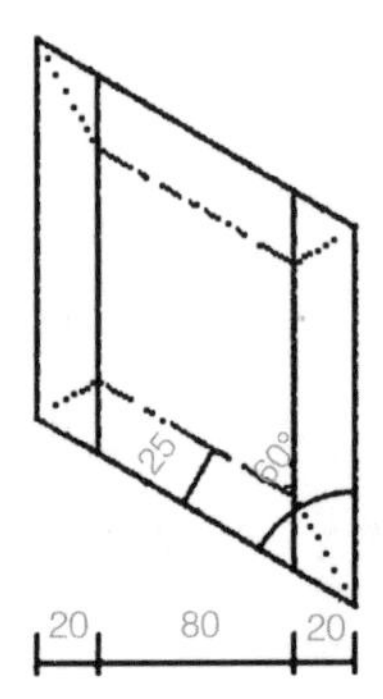
25
60°
20
80
20

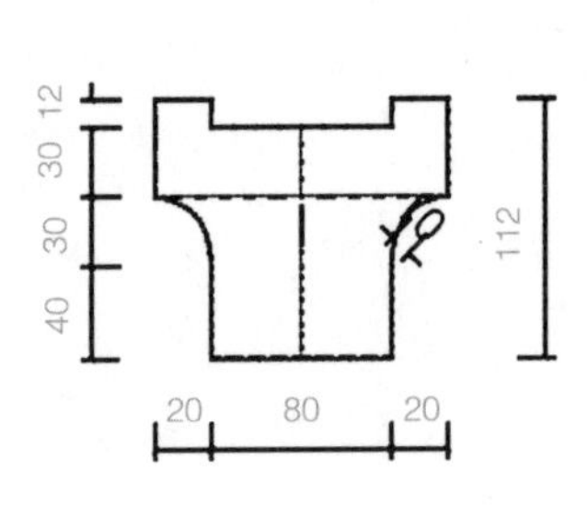
12
30
30
40
112
20
80
20

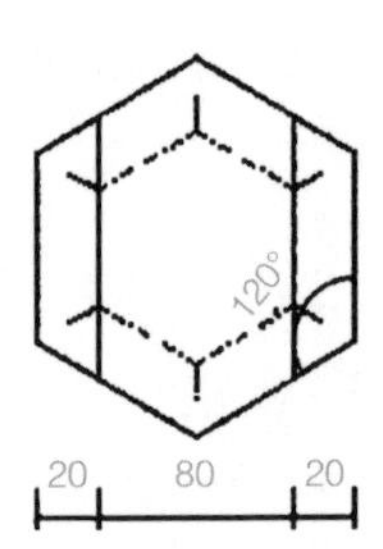
120°
20
80
20

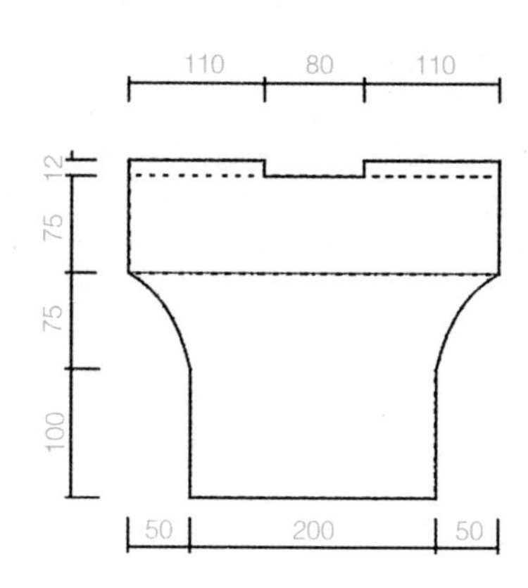

110
80
110
12
75
75
100
50
200
50

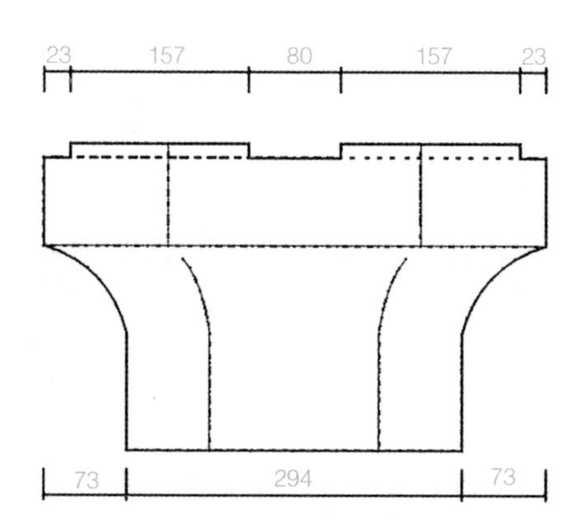

23
157
80
157
23
73
294
73

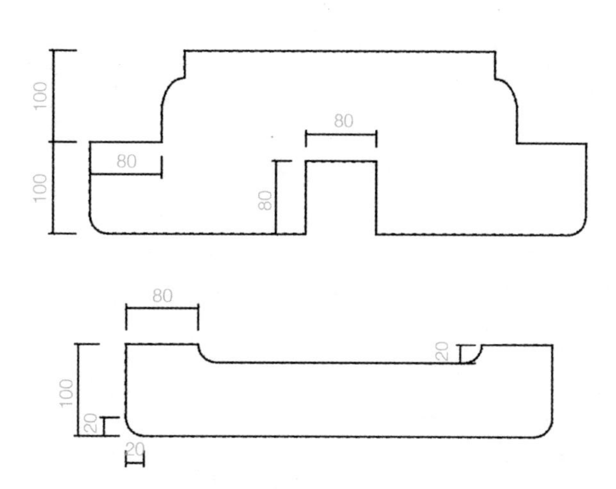

100
100
80
80
80
80
100
20
20
20

图3.23　用材尺寸图

在对木构件进行加工制作之前，除了要对构件形制了然于胸外，还要掌握熟练使用各类工具的技艺。随着各种先进工具的发明与使用，很多传统工具与其相对应的技艺已经很难见到，在强调『原工艺』修缮的遗产保护语境下，对其进行记录、展示，既有史学价值，也有现实意义。

本章分为三大部分，从『量划工艺』涉及的工具、手法开始论述，总结了本地区『推、拉、砍、凿』四门木工技艺的要点与常见传统工具类目；严格遵循木构件加工流程，较为完整地展示备料、施工现场整理、下料、精加工等一系列流程；最后回归到重点构件的形制做法上，详细说明了梁、柱、枋等重要大木构件的画法、榫卯结构及安装要点，主要以图示的形式表达。

第4章

大木制作要点与典型构件制作

4.1 — 木作要则与工具使用

按照当地匠诀，对木构件的加工要求是“光严紧稳，规矩准绳”，以达到“方圆平直”，要严防“斜张松活凸扁凹洼”，这对工具的使用要求比较高。另外，对木构建筑的修缮、搬迁可以分为“换扶挪拆”[1]四种形式，在具体施工中使用“截撑拉斡翘戗顶接”等手段，要严防“扭栽散斜断掉倒折”。不过“换扶挪拆”并不常见，而且具体情况具体分析。

4.1.1 量划工艺

1. 画尺

画尺实际上是一套工具，由方尺、墨桶和竹笔组成。方尺类似于现代的90° 角尺，只是下端的木靠部分更长、更厚，该工具是保证木材方直的关键。在施工过程中，还会根据需要制作45° 的方斜尺和60° 的六角斜尺。墨桶是用来盛墨水的，而竹笔是把竹篾一端劈成类似油画笔状，注意篾丝不能太细，会导致画的线太粗，篾丝也不能过粗，会使得笔尖不好蘸墨（图4.1）。

2. 掖尺

掖尺一般都是现场制作的，形似一个木柄，上面有刻度，记载了需要大量使用的数据，使用时，一手握柄，用凹槽卡柱方料的边缘，把笔尖卡在所需刻度上，人向后退，便能画出一条流畅的直线（图4.2）。因为该尺是临时制作的，所以需要反复验证刻度数据与画出来的直线，以确保线正是所需的。

3. 丈尺

丈尺在旧时是进行大木划量必不可少的工具，一般也是临场制作的。根据施工图纸会选用几根一寸五见方的长直木条，把

1　换，抽梁换柱，换檩换牵……扶，扶正戗端……挪，整体搬……或抬高、降低……拆，拆除复杂……构建筑。

进深、开间、柱高方向的构件节点都标注在若干根丈尺上，在制作与施工时，便按照丈尺上的数据直接比对，不需重复测量。然而在20世纪七八十年代以后，木工使用钢卷尺代替了不便携带的木尺，仅在特别重要的大型木构建筑施工时才会偶尔制作丈尺以确保误差得到控制。使用丈尺特别需要注意的一点是使用后要妥善保管，使用前要检查一番，确保刻度数据前后一致。这是防止有居心不轨者偷偷锯短丈尺，以破坏施工、败坏掌尺的声望，该类事件在过去的木匠行业中时有发生。

4. 墨斗

墨斗是各地大木匠人必不可少的一件工具，与上述工具一样是掌尺的标志性配备。因为使用墨线的构件一般都是大构件，所以弹墨线是关乎建筑整体用材处理的头等大事。弹墨线时应把木料需要弹线的位置摆到明面，然后把线两端绷紧，扯线后再放松。弹的位置与具体处理的木料和需要得到的构件有关，详见下文（图4.3）。弹线时，墨绳两端要压紧，弹线要稳、平、准。

4.1.2 推拉砍凿

“推拉砍凿”是本地区大木匠人的四大基本功的概括，其中并没有“削”的雕刻技艺。一方面，施工量较大的情况下，雕刻一般是交由专门的“削活匠”来处理的；另一方面，“削”的技艺要求比较高，要把雕刻做得形象生动，需要一定的天赋、悟性，很多大木匠并不能完全掌握这项技术，故不算在基本功里。

1. 推

推，指使用各种刨子进行平木、开槽处理。推是使用刨子的基本动作，动作要领是双手握住推柄，食指前搭刨子上沿，拇指后扣刨身，下盘扎好马步，弓腰沉肩，双臂前推，靠本身的力量与推刨的惯性可较为轻松地刨平木构件，切忌使用蛮力（图4.4）。针对不同的构件，使用的刨子大小和刃口形状不一样，见表4.1。

2. 拉

拉，指使用各种锯子对木构件进行截木、开豁口处理。一般由两人进行锯子的使用，锯子刃口向下略作倾

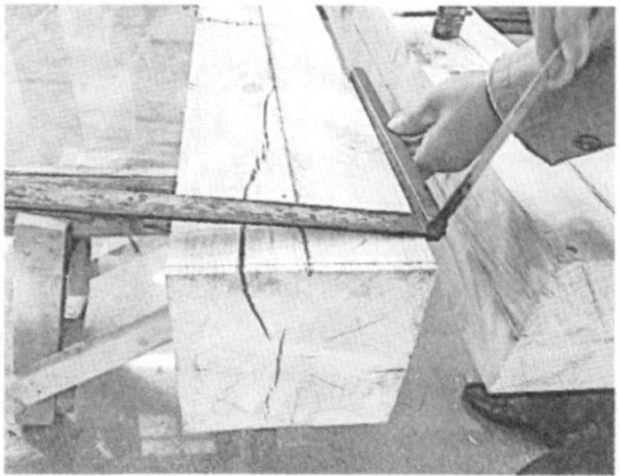

图4.1　方尺、竹笔、墨桶及其使用示范

图4.2　掖尺使用示范

图4.3　墨斗使用示范

图4.4　刨子使用示范

图4.5　锯子使用示范

图4.6　锛子使用示范

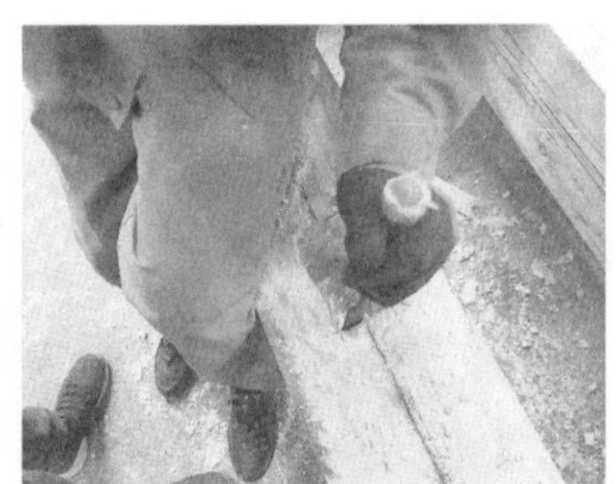

图4.7　凿子使用示范

斜，由经验丰富的木匠作为掌锯手站在上手位置持锯，配合拉锯的人站在下手位置。由掌锯手放好位置并平放锯子轻拉几下，拉开豁口后，下锯手再开始用力拉动锯子。需要注意，在拉的过程中要控制好节奏，不能一味使用蛮力，防止锯条跑偏（图4.5）。

锯子的型号也比较多，除了一些单人使用的锯子较小外，主要是锯齿大小和锯条宽窄的区别，锯齿大、锯条宽的通常用于截木，锯齿小的用于开比较精细的豁口，锯齿小、锯条窄的方便在拉动的过程中转向，常用于拉曲面（表4.1）。

3. 砍

砍，指使用斧子或锛子对木材进行粗加工。两者在功能上相似，但是使用方法有很大区别。斧砍一般是对较小的木料进行加工，通常单手持斧去除木料多余部分，讲求“狠、准、稳”。锛砍一般是对较为粗大的木料去除多余部分时使用（图4.6），把木料平放在地上，一端顶住，动作要领是双手持锛，跨站在木料未固定端，前抬锛头，借用锛子下落的惯性把刃面切入木料，人先向后退，把木料向另一端砍出刃口，再反过方向操作，便可轻松把木料多余部分砍除。

4. 凿

凿，指使用各种型号的木凿对木料进行开孔、打眼等穿剔处理。本地匠人有使用凿子的口诀：“凿一凿，摇三摇；凿两下，挑一下。”由于凿子很容易在捶打的过程中嵌入木中，故此，需要凿一两下就前后左右摇晃一番；同时，在凿眼的过程中会产生很多碎木，需要凿几下就挑动凿子把碎木挑出，以免碎木遮挡视线导致眼被凿歪。在凿木眼时，需要视所凿木眼的情况调整凿子的方向。通常凿直眼的情况居多，在凿边沿时，凿子需要时刻保持与面垂直的情况。另外，当使用凿子凿刻较小构件时，使用者常侧坐在构件上，以固定构件，防止位移（图4.7）。

4.1.3

常用工具汇总

常用工具汇总表　　表 4.1

种类	名称	图片	说明
尺	方尺	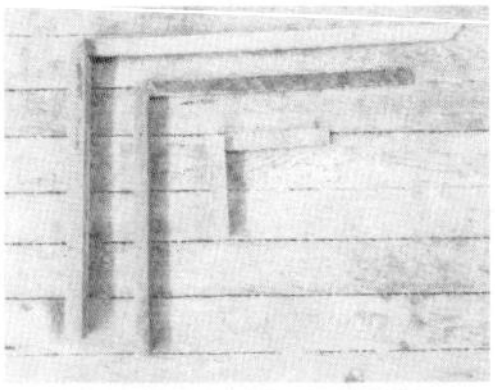	方尺由两部分组成：一部分是用来卡边的方木条，另一部分是用来靠着画线的扁木片，二者形成直角。方木条上常有尺寸刻度。根据不同使用情况，方尺有大有小。
	斜尺		斜尺的组成部件与方尺相同，但是木条与木片形成的角度不同。常见的有方斜尺（45°）和六角斜尺（60°）。
	活斜尺	 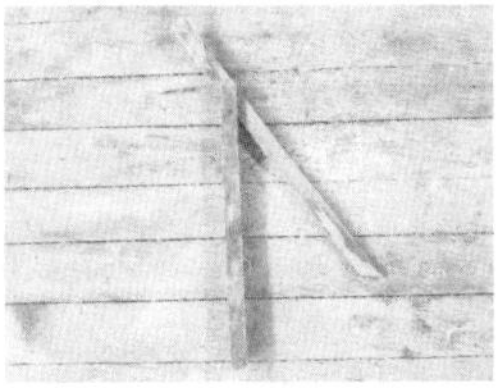	活斜尺的组成部件与方尺、斜尺相同，但木条、木片不是用胶水固定死的，而是用铆钉固定，可以随意更改角度。
	掖尺	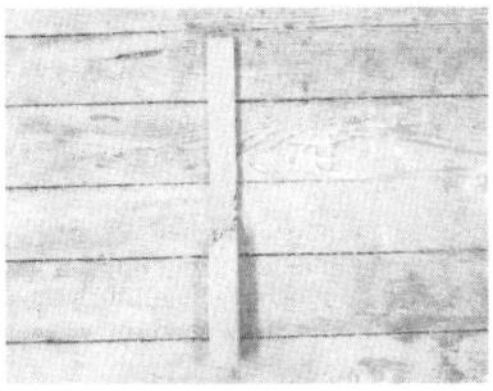 	掖尺前端为木片，上有刻度凹槽，后端为木柄，用以卡住木料边缘。多在方料画线时使用。
墨斗		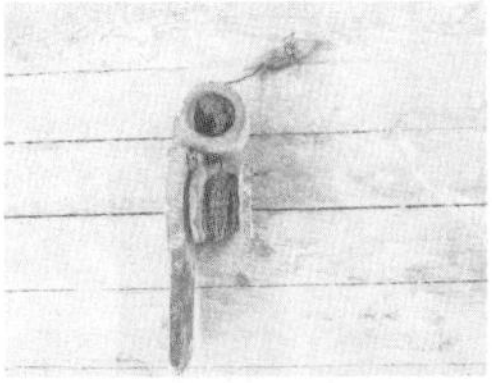 	墨斗由轱辘、墨线、墨盒、尖端组成，使用时，在墨盒中倒入墨汁，并掺入一定量的水，以免墨汁过于黏稠。还需避免墨水过量。
刨子	圆刨	 	圆刨底面与刨刃为圆弧形，主要用来开斗顱圆槽。常见的圆刨除了大小上的差异外，主要有带柄和不带柄的两种。不带柄的单手使用，运用灵活，开的圆槽较窄；带柄的双手使用，开的圆槽较宽。木料通常需要平放。

续表

种类	名称	图片	说明
刨子	圆刨		  圆刨底面与刨刃为圆弧形，主要用来开斗顱圆槽。常见的圆刨除了大小上的差异外，主要有带柄和不带柄的两种。不带柄的单手使用，运用灵活，开的圆槽较窄；带柄的双手使用，开的圆槽较宽。木料通常需要平放。
	撩刨		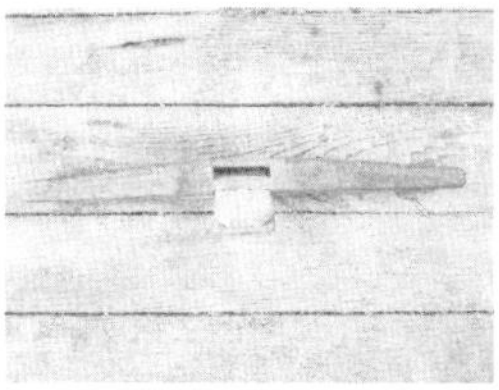 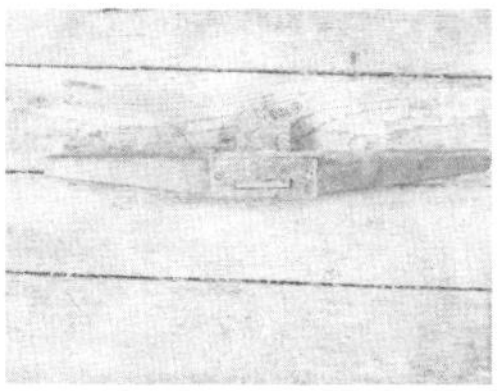 撩刨没有木块刨身，使用起来惯性带来的推力小，常用于小构件的精细加工。
	槽刨		  槽刨是用来给木料开直槽的工具。刨刃一般较窄，且可以随需求更换不同宽度的刨刃。前端有木制活动卡扣，用以固定边沿到刨刃的距离。
	七分线刨		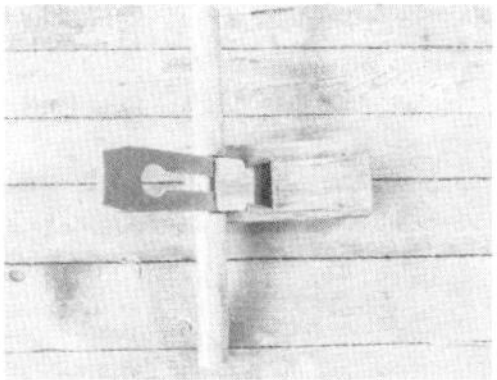 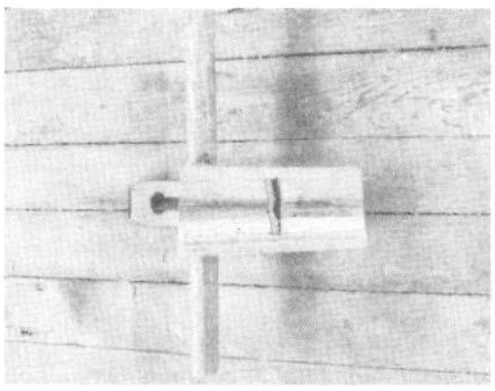 线刨是用来加工门窗木棂线的工具。刨身与常见的刨子类似，但刨子底面和刨刃随棂线凹凸变化而变化。七分为常用宽度。
	滚圆刨		  滚圆刨是用来加工弧面的工具。刨身前薄后厚，底部形成弧形。
	边刨		  边刨是用来在木料边缘开出槽口的工具。边刨在构造上与槽刨基本相同，而刨身加长，刨刃略宽。

种类	名称	图片	说明
刨子	紧刨		紧刨又称光刨，是常见的用来修平面的刨子，一般在木料表面处理的最后一道工序中使用。刨身长短在20cm左右。
	长刨		长刨刨身比紧刨长得多，50cm左右，其他构造与紧刨并无不同，是木匠用来平整木料表面的最常用的刨子。
锯子	搜锯		木板打眼后常用搜锯来锯掉多余部分，形成镂空。
	搂锯		搂锯常用于木料上的浅槽。
	二锯		二锯锯齿大小适中，锯条较宽，但锯身较短，为50cm左右，一般是单人使用，用于截料。
	牙锯	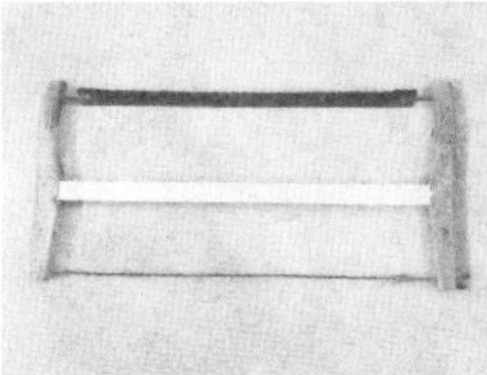	牙锯锯齿较小，锯条较宽，锯身70cm左右，一般双人使用，用于锯细料，开精细的榫头等。
	弯锯	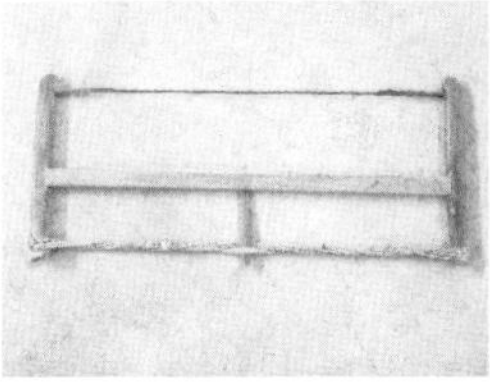	弯锯锯齿大小适中，锯条较窄，锯身80cm左右，一般双人使用，用于锯弧面。

种类	名称	图片	说明
锯子	大锯	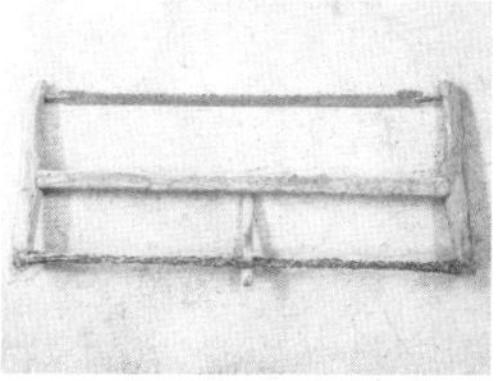	大锯锯齿大小适中，锯条较宽，锯身80cm左右，一般双人使用，用于截料。
	截锯	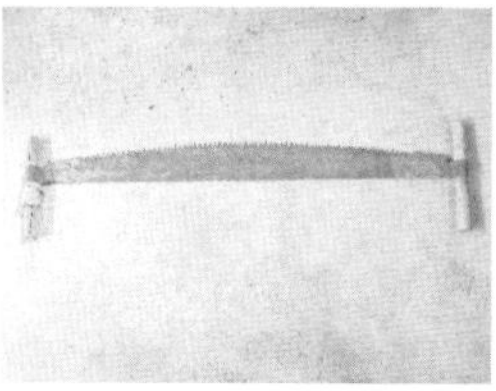	截锯锯齿巨大，锯条非常宽，最宽处达到了十几厘米，没有木制锯身，两端有握把，锯长1.2m左右，两人使用，用于截断大料。
	改锯	 	改锯锯齿很大，锯条很宽，锯身1.2m左右，两人使用，用于截断大料、更改大料规格。
斧子		 	斧子用于砍料，握把弯曲。斧头是一面平整，另一面有弧度的楔形，便于入木。
锛子			锛子形似锄头，用于砍大料，握把弯曲，握把端头有增重木块，前端安装了一个楔形铁头。
凿子		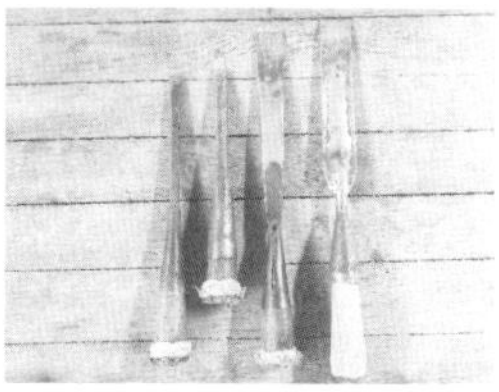	凿子常用于穿剔工艺，长短不同，但刃身都特别厚，便于穿凿受力。按宽度有三分到一寸五的各种型号。
铲子	平铲		铲子在构造上与凿子基本相同，主要区别在于刃身没有凿子厚，用于雕刻、修边。平铲即刃身前端为平的铲子。

续表

种类	名称	图片	说明
铲子	圆铲	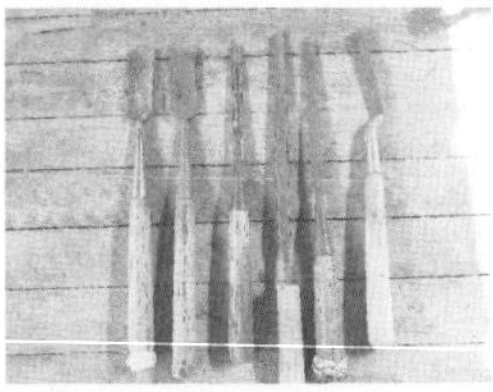	圆铲为刃身前端为圆弧状的铲子，用于雕刻弧线。
	斜铲	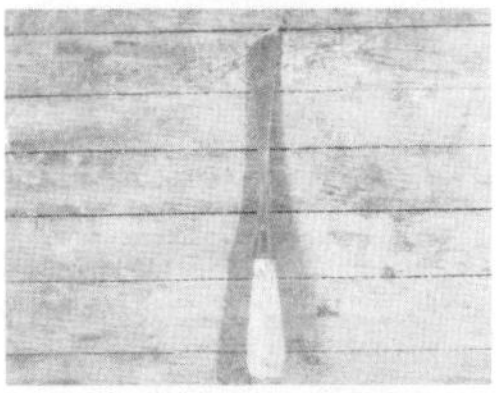	斜铲常用于平铲难以修整到的槽口死角，前端较宽，刃口倾斜。
削刀			削刀是雕刻最常用的工具，刃长而薄，不用时开口端插入鞘中，用时拔出把刀把端插入鞘中，把鞘当作握把使用。
树皮刮刀		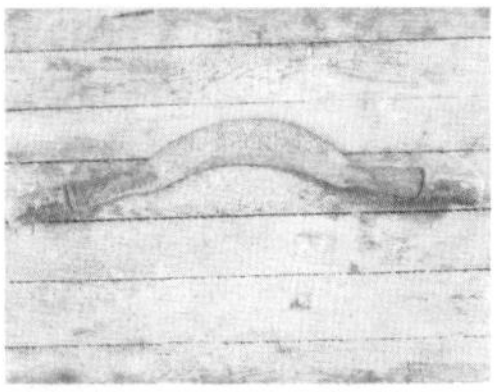	用于刮树皮。
料拨		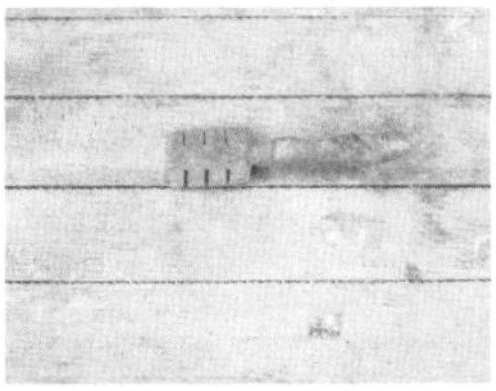	根据锯条薄厚，选用不同的空当来掰弯锯齿，使锯子的锯齿一个隔一个偏向左右两侧。

4.2 —— 大木制作流程

4.2.1 备料

1. 用料计算

精确的用料计算既能保证施工进度，同时也能避免浪费材料。算料时，需先把各构件尺寸、数量誊抄好，然后计算出总量（图4.8）。兰州匠诀："长木匠，短铁匠，滴滴答答泥水匠"，意指木构件在算料和制作过程中应留出一定的尺寸余地，以免算小、做小后难以更改。因此，构件尺寸一般按照实际尺寸多给10%～20%进行计算。

2. 木材选用与购置

旧时木构建筑用材，特别是大型建筑的梁柱用料，除了少量为本地出产外，多数产自临夏、甘南等地区，利用洮河等水系进行运输，结合陆运，总体来说，取材困难。梁、枋、柱、斗栱等受力构件的木材选用以白松、云杉等木质较为致密的松木为主；花板等雕刻构件选用油松等木质均匀、耐久性好的木材；望板大多选用杨木、柳木等柔韧性好的木材。

要把大料、小料的种类分开。柱、梁、枋、大担、牵、檩等大构件在购置时，按其直径进行分类，精打细算，不要购买超过直径的木料，因为直径越大的材料价格越高，而且当料远大于实际需求时，后期处理起来也会增加很多不必要的工作量。挑选时要尽量选直的、树结少的木料；木料在要求的长度内，其大头、小头要符合预期计算的直径大小，例如需要4m的柱子，大头（柱底）预期最少36cm、小头（柱头）32cm才可使用，但木料大头达到了40cm，而4m位置的小头却只有30cm，则该木料不合用。

兰州师范专科学校稿纸

大平方条：370×30×14＝4条

340×30×14＝4条

350×30×14＝2条

200×30×14＝2条

小平方条：380×30×0.4＝6条

300×20×0.4＝2条

150×20×0.4＝2条　小木条：35×11×0.4＝8条

头步拱子条：80×18×0.9＝22条

斜拱子条：110×18×0.9＝4条

二步拱子条：115×18×0.9＝22条

斜拱子条：160×18×0.9＝4条　鸡翅子条：60×18×0.9＝8条

云头条：165×25×14＝10条

抽楂云头条：270×φ25＝4条　?

″　″　″　″　240×φ25＝8条　4条　?

斜云头条：330×φ23＝4条

鸡翅子条：80×23×14＝8条

[illegible]：220×24×16＝4条

第　页

兰州师范专科学校稿纸

大[illegible]条：450×24×16＝4条

[illegible]条：320×20×16＝2条　一拉＝4条

[illegible]条：230×12×13＝4条

[illegible]条：180×12×13＝6条

[illegible]条：370×φ20＝4条

340×φ20＝2条

340×φ20＝2条

200×φ20＝2条

子[illegible]条：420×φ15＝4条

340×φ15＝2条

380×φ15＝2条

250×φ15＝2条

斜[illegible]条：320×φ20＝4条　随[illegible]

大[illegible]条：620×φ35＝2条　320×φ15＝2条

二[illegible]条：280×φ30＝2条　二[illegible]条：

二随[illegible]条：280×φ18＝2条　250×φ20＝4条

二[illegible]条：340×φ20＝2条　250×φ15＝4条

第　页

图4.8　小西湖螺亭用料计算表（此为其中二页）

小料一般指斗栱、花板等使用的木料，一般直接购买板材或者小方材进行加工，这样，既省材料，又省去了把原木加工成需求大小的工序。假如没有现成的板材或者小方材而迫不得已需要选用原木时，需要注意原木加工成方材的出材率为70%左右。

另外，购买旧房屋上拆除下来的木材可能是一个不错的选择。因为新木材买来后不能直接使用，而是需要静置在避雨处3年左右，等待木材足够干燥并定型后才能用于大木营造。而旧木材已经基本定型，不需要长久地静置，并且旧木料价格便宜，能省去相当多的材料费。但是，在挑选旧木料的过程中需要注意：①尽量挑选年代短的木料，时间长的木料容易出现朽烂、虫蛀、应力变形等问题；②挑选保护得当的木料，风吹、日晒、受潮的木料应当避免挑选；③不要贪图便宜去挑选粗大、超规格的旧木料，后期加工耗费人工，得不偿失，应选择尺寸合宜的旧木料。

4.2.2 整理施工现场

1. 围合场地

场地围合是入场后的首要任务，能有效避免废料污染、噪声污染等情况，并且能给施工人员一个稳定、独立的工作空间。旧时没有彩钢板、钢管等构件搭建起来围合场地，常使用未加工的椽木、板材以及麻绳来进行场地围合，施工结束时要把围合材料使用完，方便、环保。

2. 制作工作台

工作台的制作是入场后的第二要务，所有木料的加工都离不开工作台。一个工作台是由两个马凳组成的，一个施工现场会有若干个工作台，方便不同工作组、不同类型构件的加工。马凳通常是在未加工的檩条上钉上条木（图4.9、图4.10），制成长凳状，两个马凳左右摆开，把需要加工的木构件两端放置在左右马凳上就形成了一个工作台，在工作台上可以进行构件加工（图4.11、图4.12）。马凳制作需要保证平稳、牢固，左右马凳应保持同高。

图4.9　马凳制作中

图4.10　马凳制作完成

图4.11　在工作台上进行构件加工

图4.12　在工作台上进行构件组装

3. 整理木料

工作台制作好后，应围绕工作台所加工构件的类型及加工的先后顺序整理木料。类型分为大构件与小构件。大构件的木料放置在中心位置的工作台附近，方便运输与加工；而小构件放置在稍远的工作台附近。加工顺序一般为柱、牵、枋、檩条、斗栱、雕板同为大构件，柱子的原料首先抬上工作台，其他构件的木料放置在旁边，等候取用。加工设备（现代一般指台锯）一般也采取就近原则，靠近工作台与原料堆一同放置，但加工工具必须每天整理，使用完就及时收拾起来，避免遗失。在工作台布置的过程中需要注意保持道路通畅，不妨碍物流。

4.2.3 下料

下料即对木材进行初步加工，以达到一定的规格，方便下一步的处理。

圆料是制作柱、梁、大担、檩条、椽子等构件的基本材料，圆构件除了大小、长短不同外，对木料的处理步骤是一样的。到手的都是原木，通常的处理方法都是传统的“割方求圆”法，一般分为四步（图4.13）：①找到原木的大致圆心，画垂线与水平线，并按需求圆料的直径画方。②在画方的基础上寻找方形的各边四等分点，并按八边形进行连接，求出八边形，弹上墨线，用锛子、斧子把八边形外多余的部分砍掉，砍成八棱柱。③与前一步方法相同，求出十六边形，弹上墨线，再用大刨子刨成十六棱柱。④最后把十六棱柱用刨子修成圆柱体，并用粗砂纸进行打磨。

上述步骤看似简单，实际上存在一些问题。第一，原木的截断面并不是齐整的垂面，可能是斜面，针对这种情况，在确定垂线与水平线时需要借助铅锤等工具。见图4.14、图4.15，先把原木抬起，两端架在马凳上以方便划量；在原木截面上用尺粗量一下，大致确定一个中心O；保证视线正对截面，右手握笔，左手提起铅锤，使铅垂线过中心O，并在铅垂线落于截面的正投影上虚画两点a、b（a、b两点距离O点长度为所需圆面半径*r*，可在铅垂线上标记好a、O、b三点位置来求得）；此时，放下铅锤，用直尺过点a、O、b画线L_1，即为需求圆面在原木上的中垂线；倘若原木截面左右两侧较为平整，则使用直尺过O画线L_2，并确定c、d两点位置，若原木左右截面不平整，则把木料滚动90°再次使用前述方法求得L_2（现在也有不滚动木料直接使用水平尺求得L_2的方法）；同理，过a、b、c、d四点画L_1和L_2的水平线L_a、L_b、L_c、L_d四条线。综上步骤，可得原木截面不平整情况下所需面的投影面与“割方求圆”所需的方形。

第二，原木并非是笔直生长的，可能会有弯曲、扭动的情况。对此采取的处理方式称为“偏中”，即通过观察寻找到避开弯曲部分的圆柱体中线，调整大、小头圆心位置。针对木材上的腐朽、破损、木节过多等其他状况，也可以使用该办法。假如实在避不开，或者避开后该木料达不到预期尺寸要求，则

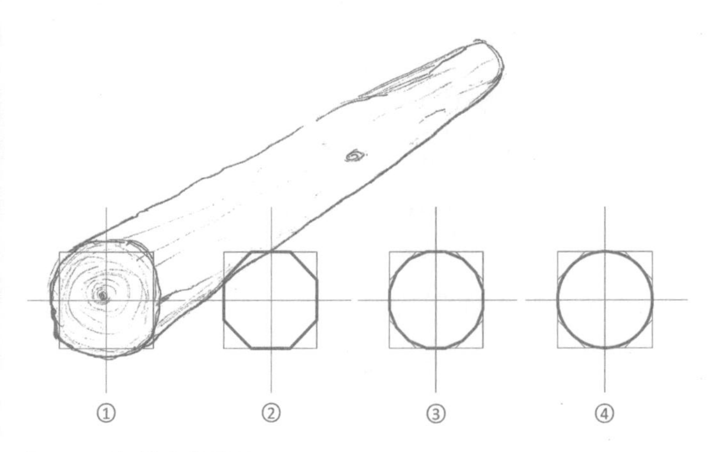

图4.13　原木“割方求圆”法

该木料改作他用。对原木进行划量时非常考验眼力、经验，兰州匠人称之为“眼功”，眼力不准、经验不足常常会导致判断上的失误、划量上的偏差。

方料的加工在划量上相对简单。假如是用板材、方材进行加工，则只要保证线直、绳准即可，在画线时，常留0.5cm的高宽余地以待锯后刨光，留5cm以上的长度余地以免锯坏。假如是用圆材加工成方料，则前期步骤与上述加工圆料时基本相同，仅仅是把所求的方形缩小至原木截面以内，先制作出方材，再按方材加工成方料的步骤进行裂解。

4.2.4 精加工

所有大构件下料完成后就开始精加工，其中第一步是给各构件开榫卯，本地区常见的榫卯结构有银锭榫（燕尾榫）、直榫、透榫、半榫、箍头榫以及不同层数的绞口等，在种类上可能没有官式做法的榫卯结构多，但具体到各构件的组合方式上，复杂程度并不逊色，详细组合方式见下文各构件做法；第二步是进行雕刻装饰，大构件常见的雕刻部位有梁、大担、牵、平枋、垂柱的出头部位，小构件作雕刻的主要是荷叶墩、雀替、各种花板、博风板、合楷等。

大木构件的安装方式和安装次序与构件的榫卯做法有直接联系，大的要则是从下往上安装各构件，先搁置柱子，其上安装牵、枋，枋上设置斗栱，再抬梁置檩，铺椽架板，各构件具体的安装方式见下文。

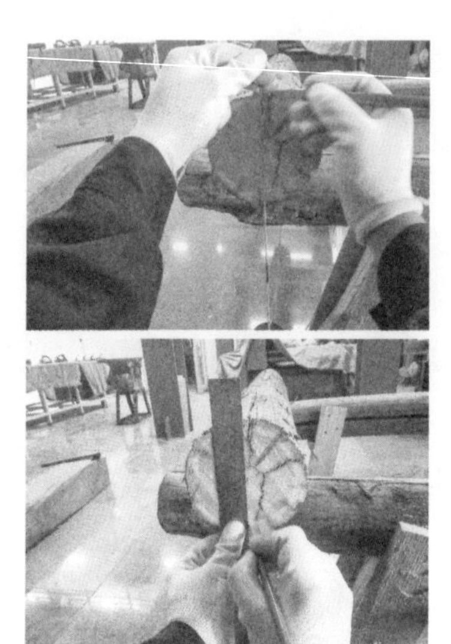

图4.14　圆截面画中示范

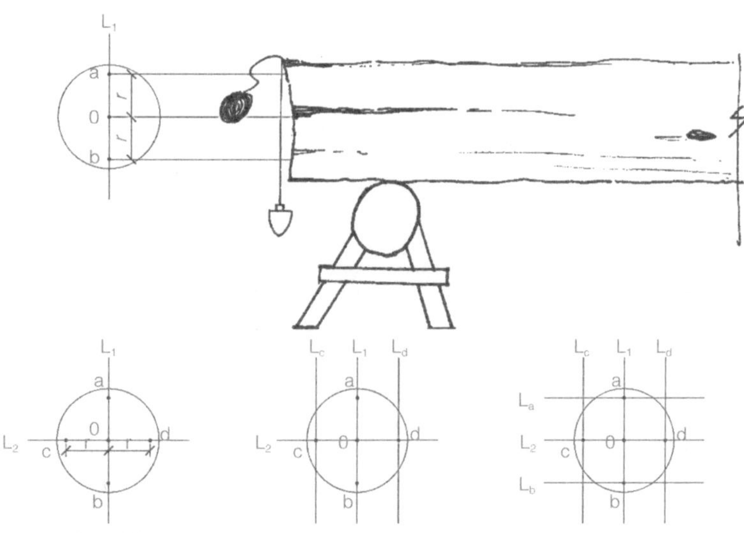

图4.15　不平整截面画线方式

4.3 — 大木构件

4.3.1 柱

兰州地区传统建筑上使用的柱子种类较少，有檐柱、金柱、瓜柱、垂柱等几种。柱子的制作方法基本相同，只是在柱头安置不同类型构件时会有榫卯方式上的差异。把加工好的柱子圆料两端平放在马凳上，先把大小头上的圆心找到，并画好十字中线，然后对应大小头上的十字中线在边缘的位置弹好柱中线；确定柱的长度，在柱顶、柱底位置画上断线，把多余部分截去，柱身便完成了（图4.16）。下一步便是开榫卯。

1. 檐柱

兰州地区檐柱大小见通则，柱底不做管脚榫之类的结构，直接斫截后立于柱顶石上，主要在柱顶部位开榫卯与各横向构件进行搭接。见图4.17，檐柱做法分以下几大步：

（1）首先在圆料上下底面确定柱中心并画上十字中线；顺上下截面中线画出柱身中线（图中红线）。这一步称为画中。

（2）在柱头上依照水平中线画银锭榫卯口线，檐牵银锭榫根宽为1/5牵高，头宽为根宽左右各加1cm，即（1/5牵高+2cm）；依照水平中线上下平移画小平枋卯口线，宽度为小平枋宽，即柱顶宽度（同大平枋宽度）左右各减D/6；依照垂直中线左右平移画梁头的箍头榫卯口线，该榫为直榫，宽度为1/4梁头宽。

（3）柱头上各卯口的断线画好后，在柱身上从上往下画环绕柱身的三道透线（图中虚线）：第一道位置为小平枋下皮，与柱顶距离为小平枋厚度，即D/6；第二道位置为梁头下皮；第三道位置为下牵替下皮。

（4）把柱顶各榫卯断线，沿柱顶边缘向下垂直顺延，则得到图中柱头部位画线式样。

（5）依照银锭卯在柱身上的竖线，先用锯子竖向拉通银锭卯两侧，用凿子凿掉根部，最后再用长凿从柱头上竖向凿去银锭卯中心多余木料，则可得到银锭榫的卯口。

（6）依照梁头的箍头榫卯口在柱身上的竖线，先用锯子竖向拉通两侧，再用凿子凿去根部，则得梁头箍头榫卯口。

（7）依照小平枋卯口在柱身上的竖线，先用锯子竖向拉通两侧，再从银锭卯口中把锯条横置，用锯子横向左右拉平小平枋卯口，则整个檐柱头卯口制作完成。

在图中可见，依次在檐柱中落下牵及钉在牵上的上、下牵替，左、右荷叶墩，假梁头（假梁头起到十字绞口的作用，锁死上部构件，有时也确为挑尖随梁梁头，前部常作类龙首状，称为鳌鱼头），平枋及钉在平枋上的大平枋。

此处需要补充说明的一点是各构件与其他构件上下相叠时，常在构件两端的相合面上凿两个小槽，用另外制作的木销子插入其中，以防相叠构件错动。木销子一般宽5分，上下各高出约1/5构件高度，小槽规格适应销子。比如梁与随梁相叠，随梁嵌入柱头中，而梁并没有，假设没有两端的销子，梁则容易错动移位。而销子多在构件两端不受力的位置，具体位置不定。为何不在中间位置或者多设置几个销子孔？为尽力避免打孔对构件受力性能的破坏。此外，当构件比较薄时，如小平枋、牵替等，有时不做销子，而是用铁钉钉上；而当构件比较短时，如荷叶墩，则只在构件上下面中心位置设置销子。

2. 金柱

金柱径算法与檐柱相同，高度由举架高度决定，按实际情况计算。做法分为两种，主要由搁置在金柱上的梁决定。当梁为单梁时，梁的用材较大，在梁上作箍头榫一方面会破坏梁的受力性能，另一方面，过大的梁径难以归入柱头。因此，对该种情况的梁，常在金柱柱头上作直榫，类似官式做法的馒头榫，插入梁头中。最常见的情况是梁下有直径稍小一些的随梁叠置，此时梁的受力被分摊，梁与随梁的用材都远小于单梁的情况。面对这种情况，可以在金柱柱头上作箍头榫卯口，把随梁搁置在柱头上，使柱头与随梁上皮平，梁搁置在随梁上，用销子加强二者的联系。

同时，金柱柱头上通常会有加强横向拉结的牵作银锭榫插入，单梁、叠梁的卯口画法有所不同。

1）单梁金柱（图4.18），其做法步骤如下：

（1）画中。

（2）在柱头截面上依照中线，按榫头、卯口尺寸画断线，其中银锭卯尺寸算法同檐柱，柱头直榫宽度同银锭卯柱根宽。

（3）在柱身上从上往下画环绕柱身的一道断线，位置是柱头直榫的高度，常为构件高度的1/5；再画一道透线，位置是牵底。

（4）把柱顶各榫卯断线，沿柱顶边缘向下垂直顺延，则得到图中柱头部位画线式样。

（5）依照柱头直榫在柱身上的竖线，把直榫四侧拉通到第一道断线为止；横向沿柱身断线把直榫四周多余的木料截去，则得到柱头直榫。

（6）使用凿子，垂直于柱顶银锭卯断线，沿线下凿，凿除多余木料，得到银锭卯卯口，即得到制好的单梁金柱柱头。

在图中可见，依次在金柱柱头中落下左、右牵，再落下开有直卯卯口的大梁。

2）叠梁金柱，见图4.19。其做法步骤如下：

（1）画中。

（2）在柱头截面上依照中线，按卯口尺寸画断线，其中银锭卯尺寸算法同檐柱，随梁箍头榫为直榫，宽度为1/4随梁高（上、下平宽度为1/3随梁高）。

（3）在柱身上从上往下画环绕柱身的一道透线，位置为牵下皮。

（4）把柱顶各榫卯断线，沿柱顶边缘向下垂直顺延，则得到图中柱头部位画线式样。此处随梁、牵恰好同高，因此只画一道透线，若不同高，则应画两道，还有一道在随梁底的位置。

（5）依照竖线将其拉通，用凿子凿掉箍头榫卯口根部，得到箍头榫卯口；再用长凿从柱头上竖向凿去银锭卯中心多余木料，则得到银锭榫的卯口，最终得到制好的叠梁金柱柱头。

在图中可见，依次在金柱柱头中落下左、右牵，再落下箍头榫的随梁及叠置其上的大梁。

3. 瓜柱

瓜柱通常指搁置在梁上承托上部梁檩的短柱，一般并不单独设置，而是以一根方木为底座，左右配有两块合楷板作斜撑，组合成一个类三角形构件，称为“马架”。瓜柱径为1/10的柱间距（与前后柱或者梁头的距离）。如图4.20，先把马架垫木两端用销子固定在梁上，马架垫木上开槽，瓜柱头上也开卯口，合楷上端直榫先插入柱头卯口，与瓜柱一起向下；瓜柱底部开了一个直卯和两个直榫，中间卯口穿过马架中，两侧榫头紧紧嵌入梁中。柱头、柱底画线开口步骤如下：

（1）画中。

（2）在柱头截面上依照中线，按卯口尺寸画断线，随梁的银锭榫根宽为1/5随檩高，头宽为根宽左、右各加

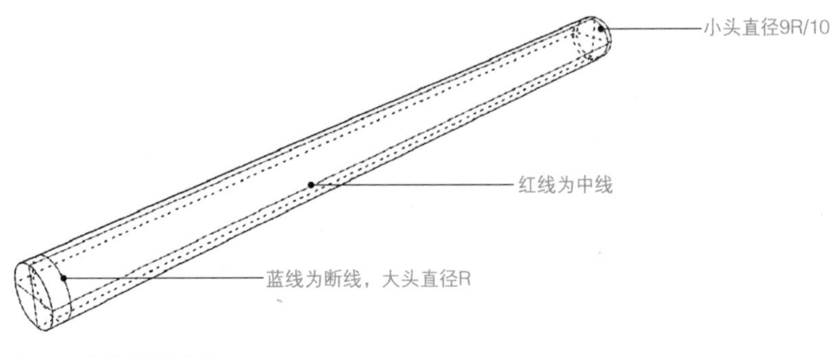

图4.16　柱子墨线示意图

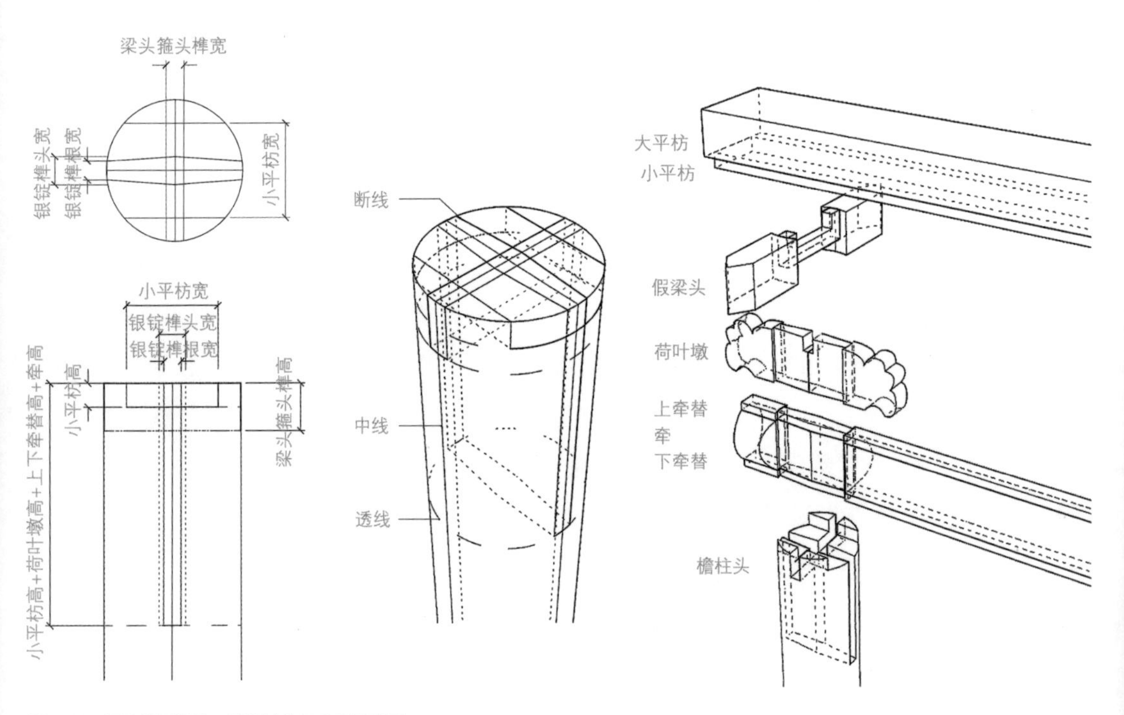

图4.17　常见檐柱画法、榫卯结构及安装示意图

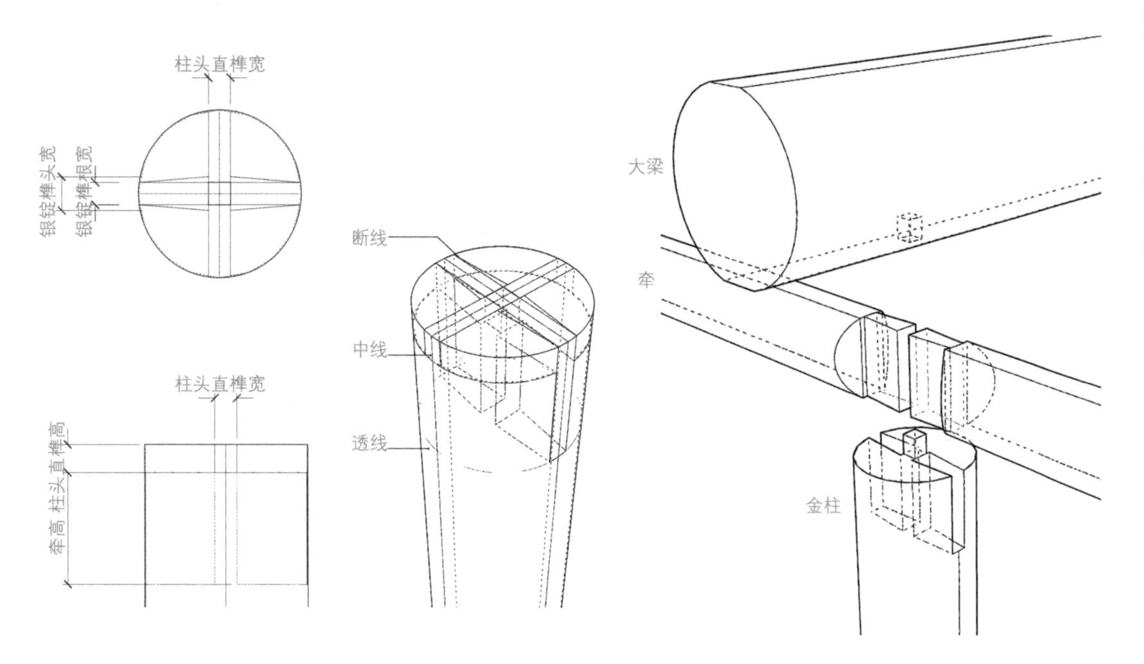

图4.18　单梁金柱画法、榫卯结构及安装示意图

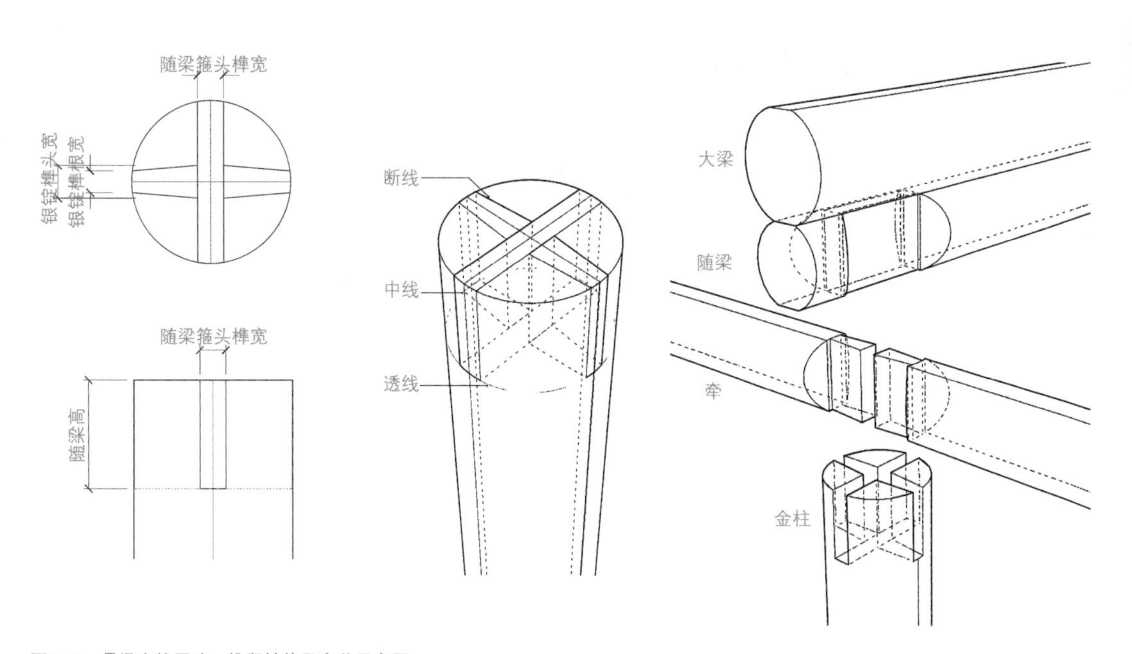

图4.19　叠梁金柱画法、榫卯结构及安装示意图

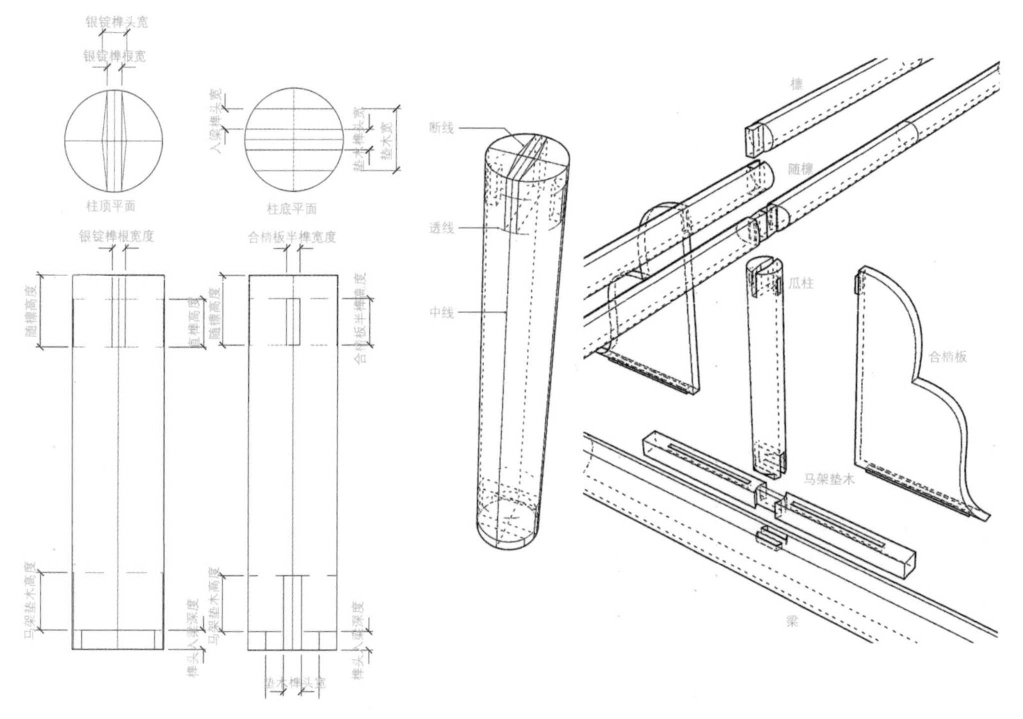

图4.20　瓜柱画法、榫卯结构及安装示意图

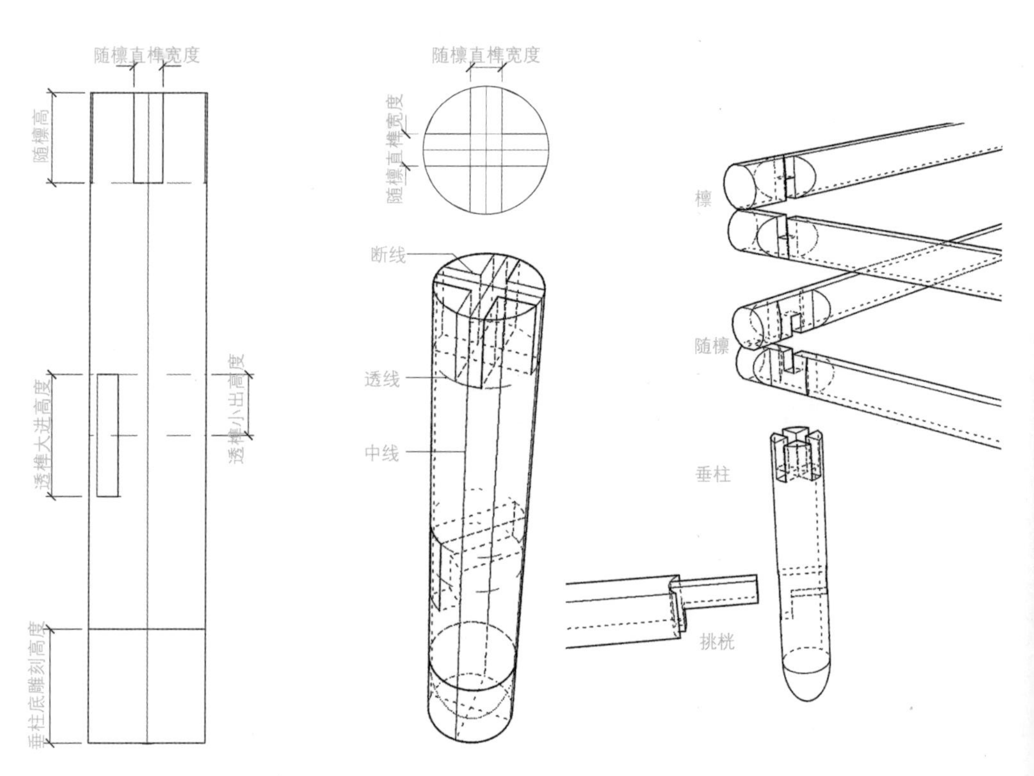

图4.21　垂柱画法、榫卯结构及安装示意图

1cm，即（1/5随檩高+2cm）；平行于水平线画直线，把柱底五等分。

（3）在柱身上从上往下画环绕柱身的两道透线，第一道的位置为合楷板直榫的上平线，第二道的位置为随梁的下平线，即合楷板直榫的下平线；在柱底从下往上画两道透线，第一道的位置为瓜柱入梁直榫的高度，第二道的位置为马架垫木的高度。

（4）把柱顶各榫卯断线，沿柱顶边缘向下垂直顺延，则得到图中柱头部位画线式样；把柱底各榫卯断线，沿柱顶边缘向上垂直顺延，则得到图中柱底部位画线式样。

（5）柱头银锭卯的处理方式同檐柱做法；柱底两侧直榫，用锯子沿线截断即可，中间直卯，用锯子拉通两侧，再凿掉根部；柱头前后两侧的直卯则用小凿子凿开，开凿时要注意不能凿得太深或太浅，使用小木条探查深度。如此则可得到图中瓜柱。

4. 垂柱

垂柱作为歇山建筑的结角绞结构件或亭类建筑的悬挑支撑构件，在本地区传统建筑中比较常见。其结构相对简单，下部由挑桄提供上挑力，上部托起牵、檩，由于处于绞点，柱头受到来自前后左右的约束，故多作十字直卯（当作为亭类建筑的井口垂时，卯口角度随亭的角度变化而变化）。当仅承托一个方向的构件时，卯口才作银锭卯状。

以柱头为十字卯的垂柱为例，其做法步骤为（图4.21）：

（1）画中。

（2）在柱头截面上依照中线，按十字卯口尺寸画断线，宽同檩条上平宽，即1/3檩高。

（3）在柱身上从上往下画环绕柱身的四道透线，第一道位置为随檩下平，第二道位置为挑桄上平，第三道位置为挑桄下平，第四道位置即下部垂柱头雕刻部位的上沿。

（4）把柱顶各榫卯断线，沿柱顶边缘向下垂直顺延，则得到图中柱头部位画线式样；确定挑桄大进小出榫位置，宽为1/3到1/4挑桄宽，正面大进口高同挑桄高，背面小出口高为1/2挑桄高。

（5）柱头沿卯口两侧断线拉通成十字状，再用凿子凿断根部；用宽厚得当的凿子凿穿大进小出卯口，大进口深度为1/2垂柱径，小出口则贯通垂柱。

（6）把下部垂柱头砍成椭圆形，按照图样雕刻，常见的造型有莲花、佛手、葡萄、石榴、金瓜、寿桃等（图4.22）。

4.3.2 牵

牵，在兰州匠人手中写作“杴”（本音xiān，兰州方言读作qiān），指代檐下的类额枋构件、随梁、顺梁等。截面为椭圆形上下砍平，牵高为2D/3（檐柱径），上、下平宽为1/3牵高，即2D/9（图4.23）。截面画法为：先在圆料截面上找到中心点O，画中；按照上、下平宽左右平移中垂线，与水平中线相交得到O_1、O_2并画出上、下平的断线；以O_1为圆心，O_1到对角点的距离为半径r，画圆，在圆料截面上得到牵的右边圆弧。同理，得出牵截面的左边圆弧。按照牵截面把圆料的多余部分砍去，刨光，得到未开榫卯的牵料。牵的榫卯结构主要分为两种：一种是银锭榫的牵，牵头嵌入柱中；另一种是箍头榫的牵，榫中仍作银锭榫状，常置于山面柱头上，出头为1.5D左右。两种榫头虽然位置不同，但此处的箍头榫实际上是由两个相同的银锭榫对接，画法是完全一样的。一般檐牵会配置上、下牵替，替与牵上、下平同宽，高为D/10，牵替榫卯随牵；作为梁来使用的牵，一般不配牵替。牵与其他构件的结合与安装方式详见前文“檐柱、金柱”的小结。

以箍头榫牵的做法为例（图4.23），分为以下步骤：

（1）把加工好的牵料两端平放在工作台上，画中。

（2）画出银锭榫的位置，银锭榫尺寸计算方式在“檐柱”一节中已经详细阐述，此处不再赘述。

（3）在牵的上平找到柱中心在牵上对应的位置，以该点为圆心，以柱头直径的1/2为半径，画圆，得到牵头月子的断线。

（4）在圆弧与上平线的交点处做记号，可在上平面得到四个交点，在下平面也作同样的处理，再连接左右两侧的四个交点，得到两条辅助线。

（5）把辅助线向圆弧外侧沿平线偏移1/6牵高，找到偏移该距离后辅助线与牵外沿线相交的位置，把（3）中得到的交点与该位置相连，在牵料的弧面上得到四条弧线，即为把子的断线。

（6）牵类构件的榫卯加工方式相对简单，只需要按断线用锯子截去即可，注意月子部分用窄锯条小心锯出圆弧。

4.3.3 平枋

平枋的形制与作用和明清官式建筑中的平板枋是基本一致的。檐柱上平枋榫卯做法简单（图4.26），用公母银锭榫相扣；山檐柱上的两个平枋，在绞接处各去1/2上下相扣。还通过在小平枋上钉钉子、插销子的办法避免移位，而小平枋完全嵌入柱头中，上皮与柱顶同高。另外，一般还会有假梁头作为辅助构件，前后扣紧平枋与小平枋。在山檐柱上，两绞接平枋的出头距离都是从檐柱中心线向外1.5D，出头距离与檐牵出头相同（图4.24、图4.25）。

4.3.4 梁

梁作为最重要的承重构件之一，两端通常置于柱头上，承担上部屋架荷载，为了避免应力变形，在选材上越大越好。因此，本地区的匠人在对梁材进行处理时，会尽量少地砍截梁材，保持原有梁材的大小。故本地区的梁不像官式做法中那样截面为方形，甚至保留了原有梁材的弯曲度，看起来不太规矩。其中，随梁截面常为圆形砍去上下平，平宽为1/3随梁高；梁截面为圆形，通常仅仅砍去下平，以便叠置在随梁上，平宽为1/3梁高。见图中大梁侧面画法，砍去下平后，假设梁材小头高为270mm，已满足设计梁高，大头高为320mm，在梁的上皮会形成一个斜面（图4.27）。此时并不砍去上平，而是按照原上平弹出墨线，在搁置檩条处挖出碗口，在设置马架处砍出凹槽，使碗口、凹槽下皮仍然处在大梁的设计上平位置，从而保全梁材的完整性。当使用单梁时，梁的处理方式相同，仅砍出下平以便放置在柱头上。

随梁的箍头榫月子、把子的画法与牵相同，仅箍头榫中间榫身由银锭榫改为直榫，不过，有时随梁头两侧不出头，则改用银锭榫做法。此处，对于箍头榫的做法，便不再详述。梁与柱的结合方式见前文“金柱”一节；大梁靠销子与随梁结合；在梁头上开银锭卯使得随梁落入梁中，上叠檩条，用销子结合。

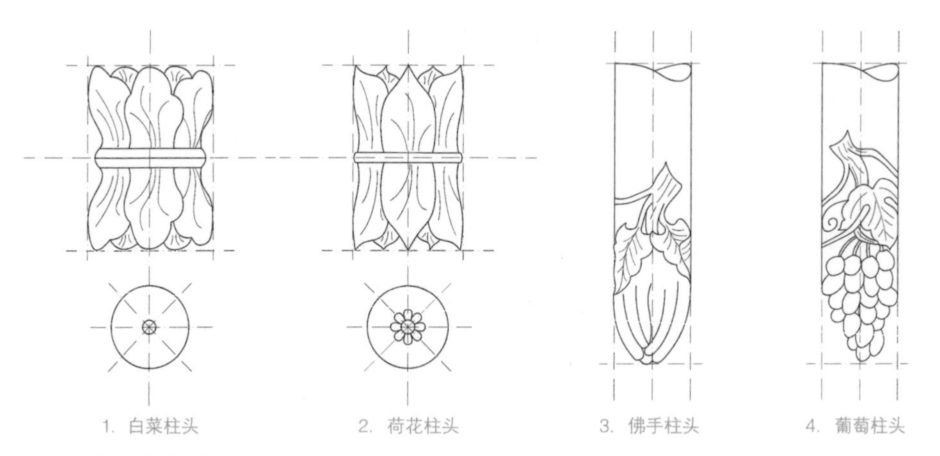

图4.22 常见垂柱头示意图

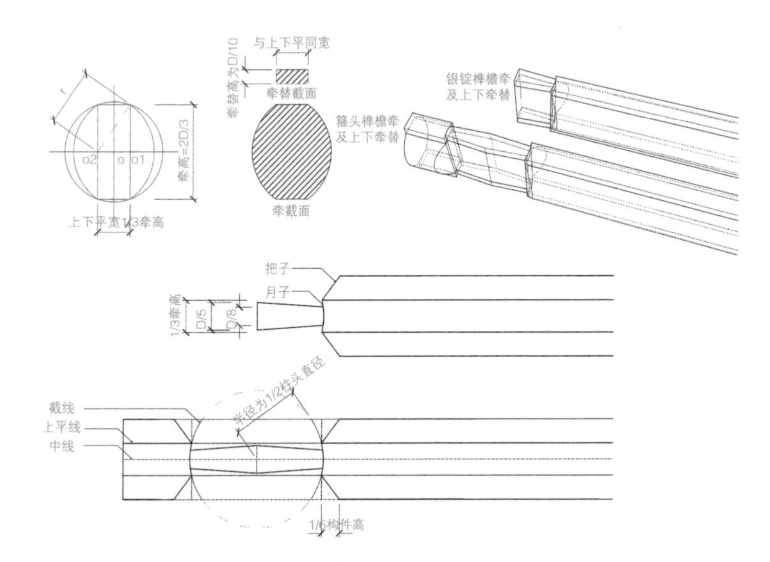

图4.23 牵画法、榫卯结构及安装示意图

图4.24 八角亭角柱平枋结构图

图4.25 明间檐柱平枋结构图

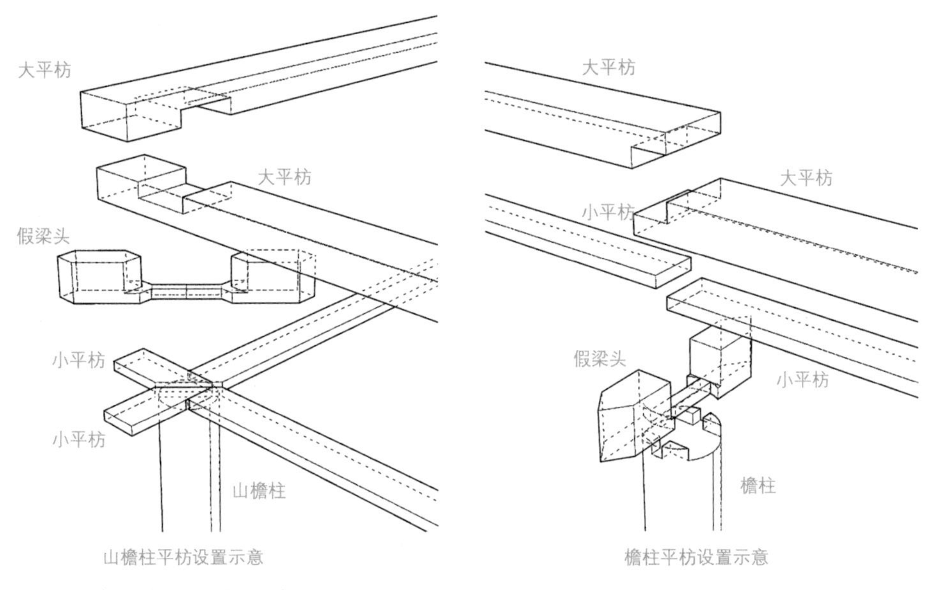

图4.26　常见平枋榫卯与安装示意图

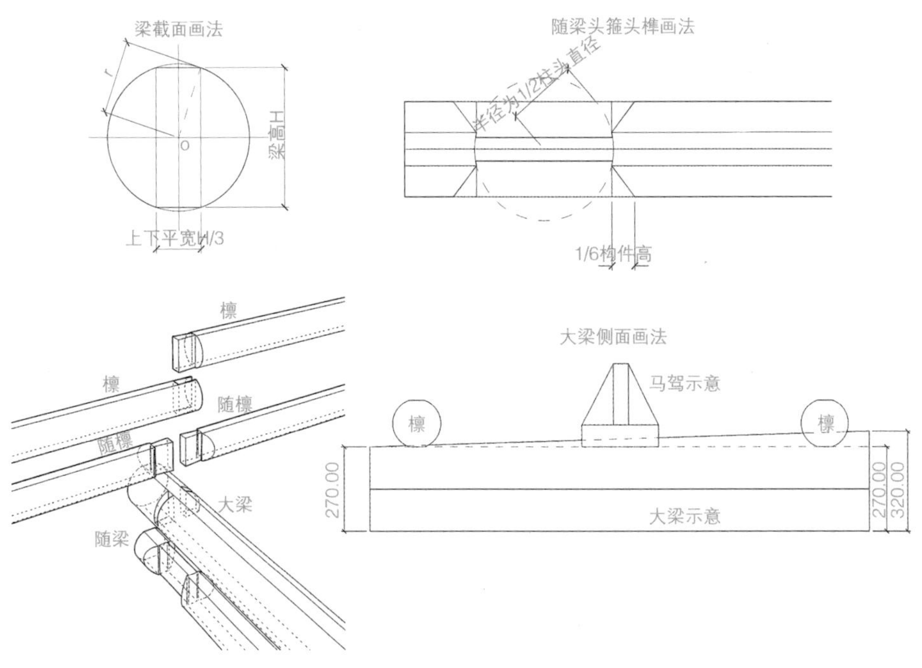

图4.27　常见梁画法、榫卯结构及安装示意图

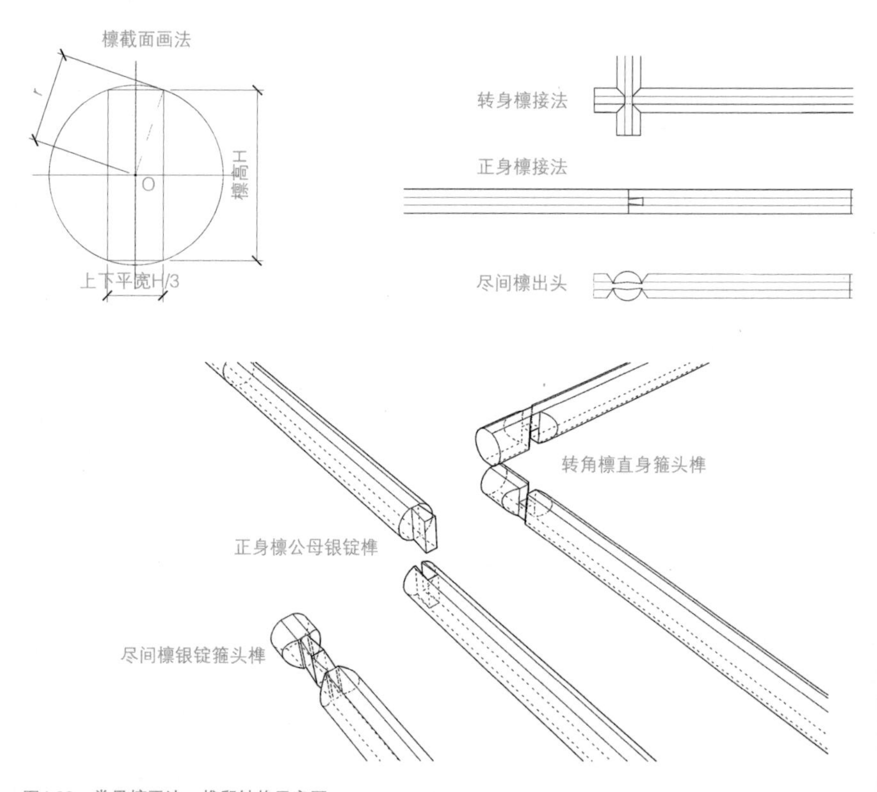

图4.28　常见檩画法、榫卯结构示意图

4.3.5 檩条

檩条置于檩上，上承椽望，是截面为圆形的构件，上下砍平，平宽为1/3檩高。檩一般高为D/2，这与官式做法中檩径与檐柱径基本相同的区别很大，为了弥补受力上的缺陷，常在檩下叠置随檩，用销子固定。随檩规格与檩相同，二者叠加的高度为D，使构件高度与明清官式檩条做法接近。不同位置的檩条，其榫卯结构具有一定的差异，但总体来说，榫卯做法相对简单（图4.28）。山面檩出头1.5D，其上钉博风板。

4.3.6 大担

大担是高等级檐下做法中搁置在柱头上代替平板枋的构件，但大、小平枋也并未省略，而是叠置于大担上。大担截面为圆形，圆截面砍去上下平后高为D，上、下平宽同小平枋宽度。大担下置下担替嵌入柱头中，做法、规格与小平枋相同；上平置上担替，有时省略，直接置小平枋。大担的榫卯做法比较简单，不同情况的实物绞接方式见（图4.29）。

4.3.7 椽望

椽的做法主要与举架相关，前檐部分相关构件搭接做法见通则（1.3.4节）。此处主要说明的是椽与椽相接时的结构做法。通常在檩条上叠置一根扶脊木[1]，扶脊木用销子固定在檩条上。扶脊木截面一般为正方形，尺寸为D/2，有时用于脊檩上的扶脊木因坡度需要会倒角成“⌂”形。上下椽头作银锭榫状，嵌入扶脊木中。椽径（此处椽径指椽小头）通常为D/3，椽与椽水平间距为2倍椽径，明间椽档坐中，向两侧延伸。椽头榫长为1/2椽径（此处椽径加以椽大头为准，一般是椽小头加2cm左右），其高同椽径（图4.30）。

兰州匠人称望板为“踏板子”，旧时踏板制作有两种方式。一种是用斧头竖劈50～60cm的松木段，劈出长50～60cm，宽5cm左右，薄厚4～5mm的松木片。该种方法比较考验技术，制作效率一般。另外一种是用特制的踏板刨子（图4.31），把木料固定在工作台上，两人相对而坐，一人推刨，一人拉刨，刨出与上述规格相同的木片，此时还有一人负责在边上捡起踏板片。使用的木料不是松木，多为浸水泡软的杨木、柳木，也是使用50～60cm的木段用于加工制作。这种方式的技术难度相对较低，效率快。踏板两端用小钉子固定在椽上，间距一般为两到三档椽，从下往上一层层铺压上去。然而，随着时代的改变，现在木工都使用木工板来代替踏板子，踏板刨子这样的工具也难以找到了。

1　兰州匠人称其为扶脊木（见名词解释），青海、临夏匠人称该构件为椽花，然而在兰州地区，椽花另有所指（见名词解释中“塞口板”）。

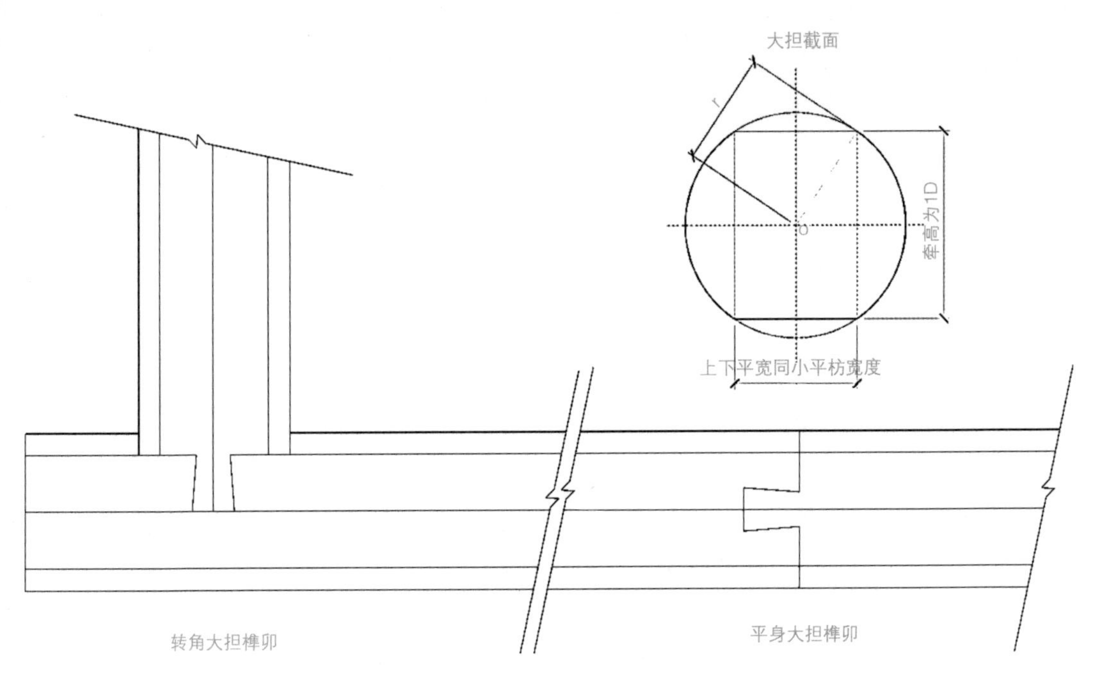

图4.29　大担画法、榫卯结构俯视图

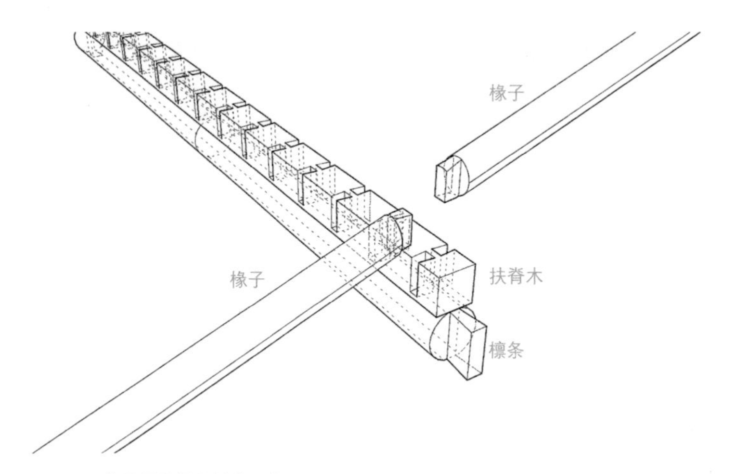

图4.30　椽子搭接榫卯结构示意图

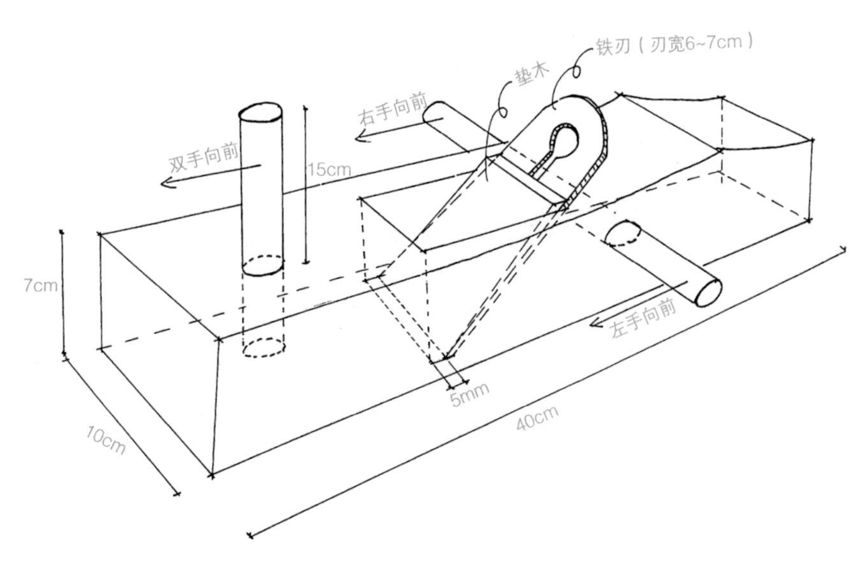

图4.31　踏板刨子示意图

繁多的雕刻是兰州地区传统建筑的一大标志性特征，常用精美繁复的雕刻弥补用材较小、构件复杂叠加造成的整体形象不够大气的缺点。兰州木雕活称为『削活』，刀削是主要的制作技法。这在其他地区匠作体系中是难以想象的。如果没有一套对应、趁手的工具来配合各种技法，如何处理坚硬细腻的雕刻木材呢？实际上，一方面，兰州地处偏远，雕刻木料质地较差，常用杨木、松木、桐木等性质较软的木料；另一方面，雕刻工具较为落后，几把凿子、铲子加上一把锋利的削刀就是一套标准雕刻工具，其中凿子、铲子比较笨拙，仅是雕刻的次要工具，精细活全靠削刀。故兰州地区木刻的主要技法为刀削也就不足为怪了。正是在这样的工具简陋、手法相对单一的情况下，本地区的匠人能创作出如此精美独特的木雕装饰才更显得难能可贵。

本章从兰州地区传统木构建筑使用的主题纹样和常见雕刻部位的典型做法两方面入手，进行类型划分和形制总结。

第5章

雕刻构件要点与典型构件制作

5.1 — 纹样分类

在兰州传统木构建筑中，很多构件的雕刻并没有具象化的装饰主题，构图形式主要是各种纹样的运用。常见的基础纹样大致可以分为云纹、回纹、夔龙纹、蟠草纹（即卷草纹）。这些纹样在使用上存在单独使用和多种组合的情况。兰州地区木雕常用的“云子”和“汉纹”即由这些基础纹样组合而来，对二者追本溯源，可以看到先秦时期“云”“雷”两种纹饰的影子，一个作类圆形的连续构图，另一个作类方形的连续构图。在实际使用中，两种纹饰经常交替、间隔使用，从兰州地区传统木雕技艺中传递出了“方与圆”的中国传统审美意趣与哲学思维。

5.1.1 “云子”

云纹是在本地区木构建筑雕刻上最常见的一种纹样，常在梁枋头（图5.1）、博风板和斗栱云头上单独使用；也与蟠草纹、夔龙纹三者结合使用，这种组合纹样常运用于花板、雀替、荷叶墩上。在主体纹样为云纹时，上述两种纹样都被称为“云子”。

把下图相互比照可以发现，梁枋头上单独施用的“云子”为一朵云气纹，其中通常是若干小卷云簇拥着一个大卷云，构图主次分明。而云子花板、云子雀替（图5.2）的构图则是多种图案的折中形式，在构图元素上，主要运用的是连续舒展的云气纹，与先秦云气纹比较类似；在组织形式上，更接近蟠草纹（图5.3），且部分连接节点上的云气形成了“叶”的形态；另外，在旋心部位用的是类似夔龙纹的龙头形式。

5.1.2 “汉纹”

回纹是本地木构建筑中使用最为频繁的另一种纹样，单独使用的情况和云纹是一样的，多用于梁枋头（图5.4）；也与蟠草纹、夔龙纹组合使用，常见于花板、雀替、荷叶墩上（图5.5）。

比照图片，发现“汉纹”单独使用时构图方式与“云子”基本相同，只是汉纹的基本组成元素换成了回纹，以若干小回纹簇拥一个大回纹。图5.5中有三列图示，在实际营造过程中，常选用的是左侧两列的纹样，一方面省时省工，另一方面，右侧纹样过于琐碎，在用材较小的梁枋上选用这样的纹样难显大气。汉纹花板图样是典型的以回纹为主要构图元素的图样，其构图形式与“云子”类似，在旋心上也使用了夔龙纹的龙头形式。不难看出，汉纹与商周青铜器上的回纹存在传承关系，同时，与年代较近的夔龙纹存在很大的相似性，但线条更为朴实、有力，给人的感觉更为古朴。

综上所述，“云子”“汉纹”仅仅在纹样要素的选择上有一圆一方的区别，在构图形式上是一脉相承的。结合兰州大木匠师的讲解，可以把二者组合纹样的构图分为“根、枝、叶、头”四大部分。

以“云子”花板为例（图5.6），一般端头与斗栱连接部分为“根”，阴刻简单云气纹，引出一到两条“主枝”（花板通常为两条主枝，雀替常出一条）。按照藤蔓生长的规律，下方主枝上出较细的次枝，次枝再出最细的末枝与上方主枝的末端相接，以主次关系层层延伸，形成和谐的构图。在“枝”延伸的过程中，在枝蔓生长发端与中间部位点缀由云气纹组成的“叶”。“叶”的设置，一方面以符合植物生长规律的方式点缀构图空白处，另一方面增加连接点以弥补透雕技法下“枝”容易断裂的缺陷。每条“枝”的末端称为“头”，这也是纹样运用的重点，点睛之笔为主枝盘旋的末端，精雕细刻以云纹作龙头状，加上灵动的衍生枝蔓，犹如隐现云中的草龙。如花板这样左右对称的构图在中间部位会运用包袱将左右相接在一起，需要注意的细节是，包袱在雕刻时是一面压在另一面之上，再使用包袱绳子捆扎起来的。

图5.1　常见的云子梁枋头

图5.2　两种典型云子花板

图5.3　莫高窟第340窟唐代蟠草纹

图5.4　汉纹梁枋头

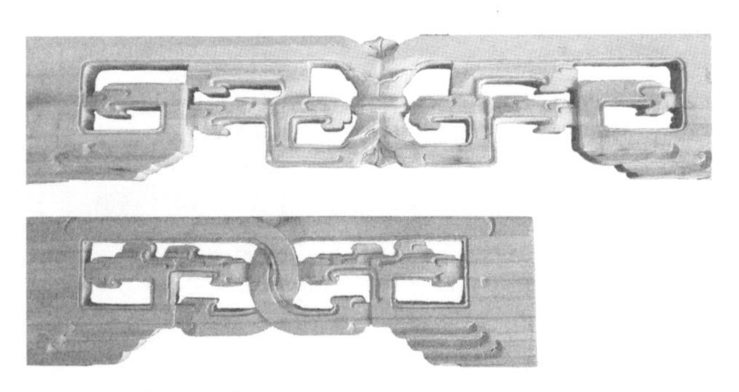

图5.5　两种典型汉纹花板

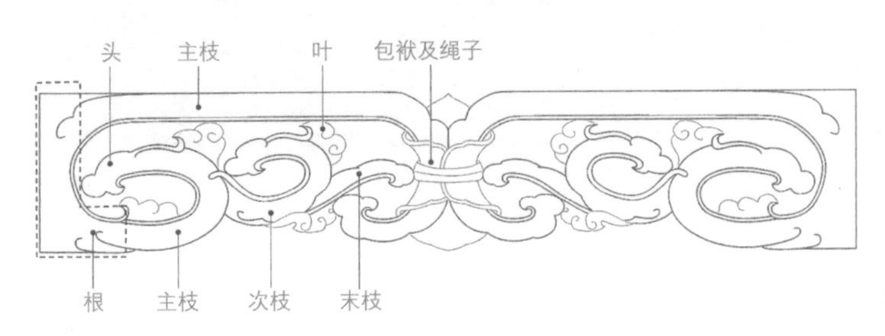

图5.6　云子花板“根枝叶头”图解

5.2 — 主题分类

兰州传统木构建筑中，部分雕刻构件拥有具象化的主题，其中以荷叶墩雕刻的主题最为多样，涵盖了除飘带以外的主要几种主题；其次是花板雕刻，除了两种典型纹样的做法外，少部分情况下也会有暗八仙、梅兰竹菊这两种主题；考究的门窗腰板上会做飘带、暗八仙、文房四宝等主题雕刻。

需要注意的是，在本文末附录B中展现了很多雕刻图样，其中有些类型的构件，由于篇幅限制或匠师所传图稿的限制，仅仅展现了一部分常见纹样，实际上不同类构件的纹样主题大部分是相通的，可以相互借鉴。比如角云是附录B中纹样、主题最全的，但是严格来说，它是门窗上的一个小木构件，本章节甚至并没有起一个专门段落讨论角云，但是角云的纹样、主题是可以借用到花板、雀替上的。

5.2.1 荷花荷叶

荷花、荷叶是最常见的荷叶墩雕刻主题，可以分为“白菜荷叶”与“带花荷叶”两类；在垂柱头上有时也会雕刻荷花，其形式与其他地区的相差仿佛。

白菜荷叶以形似白菜而得名（图5.7～图5.9），实际上是对自然生长的荷叶造型进行细致观察后的造型模仿。在设计与雕刻的过程中，采用的构图方式同样是“根枝叶头”依次延伸递进，只是此处的“根枝叶头”不再是模仿藤蔓植物。图中可以看到，雕刻中非常注意荷叶的阴阳翻折，在保持大体造型不变的情况下，叶头翻转的情况是不一样的，宛若微风吹拂的荷塘，荷叶造型千姿百态。同时，拟物雕刻需要符合原物比例，有部分兰州传统建筑木雕为了凑结构间距对雕刻比例作了调整，使得雕刻失其灵动、真实。白菜荷叶会通过增加叶的翻折次数来使其更精巧，更复杂的做法还会增加一枝荷叶的茎，盘旋缠绕其上（图5.10）。

带花荷叶通常是在白菜荷叶的构图基础上添加一朵荷花（图5.10），有坐中位置绽放的，也有与根茎穿插、含苞待放的，增加了很多雕刻工作量，因此比较少见。

5.2.2 飘带

飘带作为一个独立的主题来说相对比较少，严格意义上应作为配饰（图5.11、图5.12），仅在门窗腰板上有单独使用的情况，其配合其他主题使用的情况非常普遍，并且会在构图中占据比较大的比例。随着一代代削活匠和大木匠的改进，近代的飘带造型更趋于飘逸灵动。然而，到了今天，由于前辈匠师的逝去与技艺传承的断绝，如今修缮工程中的木雕飘带造型变得呆板僵硬，令人惋惜。

图5.7　浚源寺大雄殿前檐白菜荷叶与汉纹浮雕雀替

图5.8　至公堂有茎缠绕的白菜荷叶（茎作红色以示区分）与云子透雕雀替

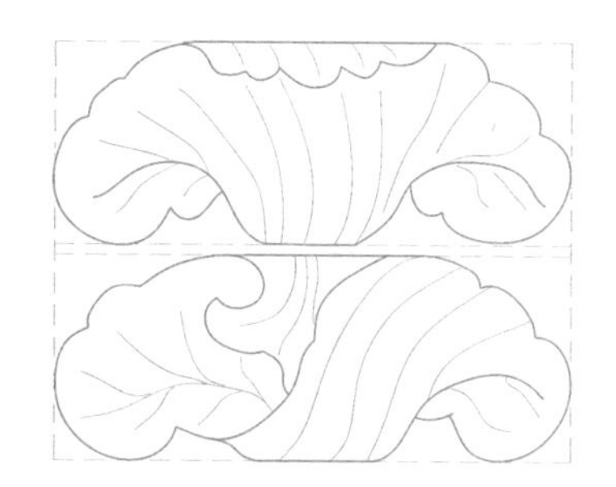

图5.9　两种简单的白菜荷叶图示

图5.10　有茎缠绕的白菜荷叶与一种带花荷叶图示

5.2.3 瑞兽

瑞兽在本地区传统建筑中主要运用在荷叶墩、梁头等部位（图5.13、图5.14）。最常见的是龙类的和狮子类的（包括麒麟等），本地匠诀“恶龙笑狮子”，意指龙类雕刻表情要凶恶，狮子类的表情要面带微笑。前者是水系神兽，越凶恶越能避祸（辟火）；后者常施用于门楣、荷叶墩、檐柱头彩画等位置，是趋吉的象征。其他常见的瑞兽还有天马、神牛、白象等，其中象头被选作梁头的情况仅次于龙头。

5.2.4 常见题材

在本地建筑木雕中的常用主题还有果实、暗八仙、文房四宝、梅兰竹菊、“轮螺伞盖花罐鱼长”八宝、如意等。这些主题中的大部分在运用于花板、门窗腰板等构件上时多与飘带一起使用。飘带赋予这些主题一种如临天界的飘然出尘的意味，所以，这些题材和瑞兽题材一样，一般是在祠、庙、观等建筑上使用。

5.2.5 宗教题材

尽管兰州地区传统建筑的使用性质以宗教建筑为主，然而宗教题材的雕刻非常少。最典型的是浚源寺大雄殿的罗汉荷叶墩，形态各异，用浅浮雕的手法生动地传递了罗汉的神意。由于建筑开间的缘故，十八罗汉中选取了十六位，可见，在营造佛教寺院氛围的时候，对宗教含义的追求相对不是那么严苛。

图5.11　常见的飘带形式

图5.13　常见的雕龙梁头形式

图5.12　“飘带系汉纹”绦环板

图5.14　三圣庙大殿檐下雕刻

5.3 — 荷叶墩

荷叶墩是檐下装饰与受力的重要构件，常置于檐牵与平枋间，以减少横向拉结构件的净跨度，避免牵、枋等构件受力向下弯曲变形。其高同檐牵高，为2D/3；厚度同牵替宽度，为1/3牵高，即2D/9；宽度通常为1.5倍的高度，即D；出榫方式与大小和牵相同，为银锭榫。

荷叶墩做法最常见的是白菜及带花荷叶墩（见附录B）；其次是各种其他主题的荷叶墩，有瑞兽、果实、八宝等；在现存实例中已经找不到云子和汉纹两种纹样为构图主体的荷叶墩了。荷叶墩制作起来费工费时，仅作为一种技艺被工匠记载了下来（图5.15、图5.16）。荷叶墩雕刻常用深浅浮雕结合的技艺。

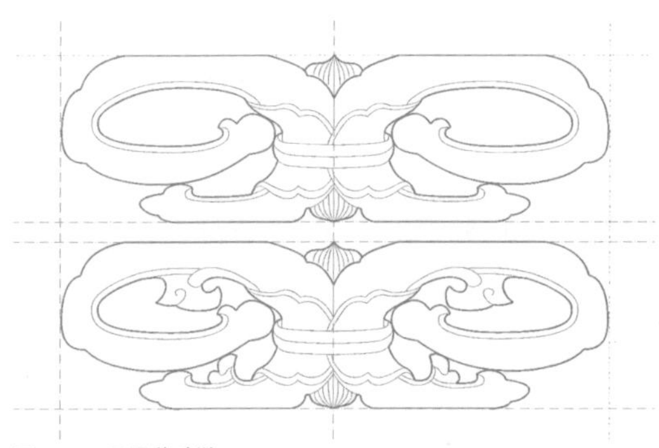

图5.15　云子荷叶墩

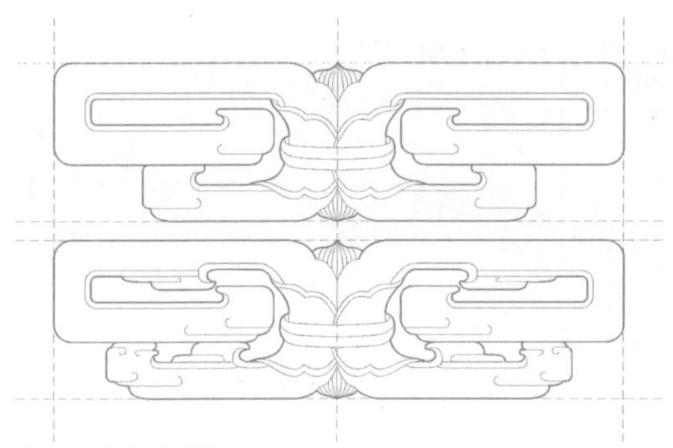

图5.16　汉纹荷叶墩

5.4 — 花板（牙子）

花板的类型比较多，最多见的是代栱板和檐檩下的花牵板，其实，二者的做法与作用是相同的，在檐下起到辅助拉结作用与装饰作用。花板长度、高度随栱间距和栱高的变化而变化，厚度通常为2cm，出榫为直榫，深度一般为1.5cm。

本节开头已经罗列过花板雕刻常用的两种纹样与几种主题。不同等级的建筑使用的花板的复杂程度区别很大，低级建筑如游廊、景观亭等建筑的花板，使用简单的平雕纹饰的手法（图5.17）；高级建筑如大殿、牌楼等建筑的花板，都作透雕处理（图5.18）。

图5.17　平雕花板

图5.18　透雕花板

152
153

5.5 — 雀替（戳木牙子）

雀替通常被置于建筑的横材（梁、枋）与竖材（柱）相交处，作用是缩短梁枋的净跨度从而增强梁枋的承载力，减少梁与柱相接处的向下剪力，防止横竖构材间的角度之倾斜。檐下雀替长度视雀替种类而定，厚度同牵替宽，高度同牵高，为2D/3，根部出直榫，入柱D/6左右。

雀替在雕刻手法上主要使用透雕、高浮雕手法，一般都以云子、汉纹两种纹样为构图主体（图5.19），也有采用双龙吐珠为主题的（图5.21）；有一些次要建筑，如大门、游廊、亭等上的雀替使用的是平雕手法，纹样也比较简单（图5.20）。长度与开间宽度相等的为“通口牙子”（图5.21、图5.22），长度占开间1/3的仍称为“戳木牙子”。在实例调查中发现，雕刻复杂的通口牙子现存实例远少于一般花牙子。其不仅雕刻难度大，耗费工、料更多，而且其设计构图难度明显远大于一般花牙子。构图加长加宽之后，“根枝叶头”的缠绕交错更加复杂多样。如何丰富构图又使各元素和谐排布？一般大木匠很难掌握这种包含艺术设计学问的技术。有时，这样复杂的构图设计会交给文人、画家去创作，而后由匠人拓样制作。

图5.19 透雕“云子”花牙子

图5.20 平雕“云子”花牙子

图5.21 白塔山二台牌楼云龙通口牙子

图5.22 榆中县周家祠堂夔龙云子通口牙子

本章从彩画整体概况、类型分析与形制特征三方面出发，对兰州地区传统建筑彩画进行了较为全面的考察。

首先，对国内建筑彩画的发展源流与兰州地区传统建筑彩画的流变进行了简要梳理。其次，从类型学角度出发，对研究区域内的各单体建筑与其对应现状彩画的类型、修缮时间与工匠来源进行统计与制图，分析得出兰州地区传统建筑彩画的类型与建筑的类型、使用性质及所处位置存在一定程度上的对应关系。最后，从彩画的比例构图、纹饰图案、色彩配置和绘制方式四个方面进行了汇总与制图分析，从细节上剖析了兰州地区七类传统建筑彩画的形制特点，并与清官式旋子彩画、宋《营造法式》彩画进行了对比。此外，本章末尾还整理、汇总了兰州地区几处较大规模古建筑群的彩画存留情况。

第6章

兰州传统建筑油饰彩画作概述

6.1 彩画作概述

6.1.1 中国传统建筑彩画流变

中国传统建筑彩画的源头可以追溯到先秦时期的建筑装饰，当时雕刻、壁画、织染、彩绘等装饰艺术杂糅不分。夏商时期张挂织物和金属包镶所产生的装饰构图对后来建筑彩画构图形式产生了一定的影响。春秋战国时期，油饰彩绘工艺已经相当成熟，出现了建筑彩画的雏形；同时期《谷梁传·庄公二十三年》：“秋，丹桓宫楹。礼：天子诸侯黝垩，大夫苍，士黄主……”可见当时在建筑色彩的运用方面已形成严格的等级制度，融入了阶级地位的属性。

汉代，木构建筑日渐成熟，出现了用金、玉、明珠、翡翠、锦绣等贵重材料作室内外装饰的现象。张衡在《西京赋》中描述长安建筑：“雕楹玉磶，绣栭云楣”“木衣绨锦，土被朱紫”，可见汉代的建筑已经开始综合运用绘画、雕刻等多种手法进行构件装饰，以求得到结构与装饰的有机组合。此时的纹饰题材大量增加，主要有神仙、云气、水藻、“琐纹”等。

从东汉末年到魏晋南北朝时期，连年动乱使得社会发展相对缓慢。但由于佛教的传入以及南北朝时期统治者的提倡，凿岩造寺之风遍及全国，影响到了建筑艺术，彩画又有了较大的发展：莲瓣、宝珠、飞天等佛数题材盛行，忍冬草等植物图案也开始兴起。

隋唐时期是中国封建社会发展的一个高峰，也是中国古代建筑的成熟期，而此时期的油漆彩画更是达到了辉煌壮丽的阶段。在纹饰图案上，唐代在众多画家的影响下，开始有了形象生动活泼、形态各异的飞禽走兽，这种鸟兽纹饰在明清时统称为异兽。除此而外，也将白描人物画在额或柱上，现存的唐佛光寺大殿的内额上有直接画在木质上的唐代白描人物残迹。在配色上，隋唐建筑的油漆彩画达到了辉煌壮丽的阶段，外露的木构部分一般刷红丹或土朱，同粉白墙相配合，朱白相衬，鲜丽悦目。现存的唐佛光寺、南禅寺、广仁王庙等多采用这种形式。在技法工艺上，初唐时期的装饰纹样已经出现了3～4层的叠晕色阶，利于色彩的调和与统一。

宋代建筑技术进一步发展，建筑形式更加繁多，彩绘的表现手法也更为丰富，并且形成了规范化、程式化的工艺标准。宋崇宁二年（1103年）刊行的《营造法式》，卷十四“彩画制度”中介绍了五彩遍装、碾玉装、青绿叠晕棱间装（三晕带红棱间装）、解绿装（解绿结华装）、杂间装、丹粉刷饰（黄土刷饰）等详细做法。构图上，梁枋彩画由枋心和“如意头”构成，形成了“三段式”的雏形。纹饰图案上，宋代宫苑和私园都偏重于水鸟渊鱼、汀花野竹的自然美，花草写生成为一大主题。配色上，以青、绿为主色，红、黄为衬色。技法工艺上，以线条轮廓和图案造型为主，退晕技法为辅，同时，由于宋代禁止民间私设金炉熔金，所以彩绘中很少用金饰，风格清淡雅致，这也成为宋代彩绘的一大特色。

元立国不到百年且战乱不止，现今留存的彩画实物极少。元代彩画，构图上承袭了宋代阑额彩画三段式的造型，对建筑构件两端造型进行了发展，开始出现“箍头”“盒子”。设色上也产生了极其重要的变化：由宋代的冷、暖色兼容并包，转向了青、绿冷色为主调，少量暖色为辅。这两点对明、清时期的建筑彩画风格产生了直接影响。元代彩画有旋子和海墁两类，以旋子彩画为主要类型，彩画等级有墨线点金五彩遍装、墨线青绿叠晕装和灰底色黑白纹饰三个等级。[1]

明清时期是我国古代建筑史上最后一个发展高峰。明代官式彩画沿袭元代旧制，继续创新发展，比例构成上进一步程式化、规范化。旋子图案的原型来自于自然界的旋子花，是在宋代如意头与宝相花的基础上发展演变而来的。设色方面，青、绿相间的冷色趋向已十分明显。斗栱彩画也改变了宋元时期绘制细密花纹的方式，转为统一的青绿大色刷饰加“退晕”，以追求色彩柔和、过渡自然的效果。

到了清代，我国的建筑彩画进入了一个新的巅峰时期，彩画的主要流派也分为官式和形式迥异的地方彩画，清政府于雍正十二年（1734年）颁布了《清工部工程做法》，高度统一了彩画作的各项法式标准，使得官式彩画得到了空前的发展，形成了如下特点：创造并划分了用于装饰不同功能建筑的五类彩画——和玺、旋子、苏式、宝珠吉祥草、海墁，尤以旋子彩画使用最广。此时，旋子的外形已由明代的椭圆形演化成了圆形，花瓣层次较多。比例构成上，创造了“分中”“分三停”的基本程序，构图严谨，配列均衡。表现工艺方面，大大增加了贴金量，创造了贴饰两色金，并以彩画是否贴金及贴金量的大小、晕色的多少来体现彩画的等级。

纹饰主题则多出现吉祥寓意的图案，植物纹和几何纹多采用对称形式。设色同图案内容一样也有严格的等级制度规定，青、绿为主，有浓淡与华素之分，一般为大面积平涂加以退晕手法。清末，由于国力的衰败、列强的侵略，随之而来的进口颜料对传统颜料造成了冲击，中国建筑彩画的天然矿物质颜料被诸多现代化工颜料所替代，使得素雅稳重的彩画效果变得强烈而刺激，中国建筑彩画开始走下坡路。

6.1.2 兰州传统建筑彩画流变

兰州地处黄河上游，为四周环山的河谷盆地，因其形势险峻，汉代取“固若金汤”之意，在此设“金城郡”。自古以来，“金城”兰州作为边塞之地，历经多民族文化的碰撞与融合，形成了独特的传统建筑文化。

明初，在朱元璋扶持伊斯兰教政策的影响下，汉族、回族文化进一步交融，兰州地区伊斯兰教建筑开始吸收中国古典园林殿宇形制的特点。于是，亭台楼阁兼备的清真寺不但结构雕饰古朴，也绘有精美华丽的彩画。当时兰州绣河沿等地的清真大寺就是比较典型的例子。

同时，受到明初戍边政策的影响，大量人口迁入兰州地区，当地经济文化逐渐繁荣。汉族以佛教为主的庙宇寺观，回族以伊斯兰教为主的清真寺及园林建筑愈加增多，彩画艺术也随之发展，如：明洪武五年（1372年）五泉山金刚殿的雕塑和彩画；明景泰年间（1450—1456年）白塔山白塔寺的彩画绘制；明弘治五年（1492年）永登红城子大佛寺彩画；明弘治十八年（1505年）安宁堡的神庙彩画等。

清代康熙、雍正年间（1662—1735年），兰州桥门街（今中山路）清真大寺礼拜大殿彩绘精美，亦属典型的古典形制建筑；西关清真大寺（今临夏路）为四层重檐开内井式邦克楼，层层彩画，玲珑精美；其他还有乾隆三十二年（1767年），兰州城隍庙彩画等。

此外，普照寺、庄严寺、榆中兴隆山等处的彩画同样极具特色。但随着岁月的流逝，兰州地区的诸多传统建

1 蒋广全．中国传统建筑彩画讲座——第一讲：中国建筑彩画发展史简述[J]．古建园林技术，2013（3）：16-18.

筑受到长期的自然侵蚀，加之“文化大革命”时期的人为破坏，十之八九已颓废不堪，更甚者已荡然无存。留存下的部分大多也经过了改迁、修复与重建。

中华人民共和国成立后，随着经济建设的发展，在党和政府的支持下，兰州地区古建筑与彩画艺术开始焕发生机。1956年，在兰州城建部门的领导下，由著名的城市规划专家任震英先生主持，对兰州地区现存古建筑逐步进行了规划设计，彩画的继承与革新工作也拉开了序幕。五泉山、白塔山、城隍庙、金天观等众多建筑群得到重新规划与整修，如此规模的建筑工程，其彩画工作之浩繁是前所未有的。从20世纪50年代到60年代初，来自周边地区的数百名民间彩画艺人及画师汇聚于此，为这黄土高原上的兰州增添了一笔笔瑰丽的色彩。当时，主要的彩画艺人有魏恕忠、魏宪忠、刘善勤、刘纪功、达建忠、魏兴贞等，画师有孔寿彭、曹陇丁、叶在简、李海舟、杨扶辰、张子明、段梦九、魏兴贞等[1]。

工程浩大的修建工作持续了多年，兰州地区传统建筑也重新焕发了生机。但随着人们物质生活水平的不断提高，建筑彩画技艺却日渐衰落，越来越多的年轻人不愿从事彩画作行业，许多老一辈彩画匠师的传承几乎中断。同时，传统建筑与彩画的修缮工作仍需大量从业人员，因此涌入了许多传承不同地区彩画技艺的匠人，甚至出现了许多一心牟利的非专业人士从事这项工作。继清末之后，兰州地区存留的传统制式彩画再一次遭受了冲击。

1　魏兴贞. 园林古建筑彩绘图案集[M]. 兰州：甘肃人民出版社，1993：前言.

6.2 — 类型分析

经过对兰州地区现存的传统建筑彩画进行考察、分析后得知，兰州地方彩画在规格制式上虽不如官式彩画清晰严谨、等级分明，但其同兰州地区的传统木构建筑一起发展延续多年，也具有自己的分类体系。笔者通过田野调查、相关文献资料的搜集以及对兰州地区传统画师的访谈总结得知，兰州地区传统建筑彩画以旋子彩画为主，但纹饰主题除去旋子之外，还存在不少“汉纹”主题，还有少数建筑涉及和玺彩画、苏式彩画等。兰州传统彩画制式共分为七个种类，每个种类依据等级划分，由高到低，其具体格式简要如下：

6.2.1 大点金

大点金旋子彩画是兰州地区传统旋子彩画中等级最高的，其特点是设色富丽、构图饱满、纹饰繁复，却不失灵活，用金量较大。以青、绿、红三色为主，箍头使用活箍头，箍头（箍头线及箍头内纹饰）、旋花部分的所有轮廓线、旋眼、菱角地均沥粉贴金，线条退两道晕色，枋心多绘制龙纹、锦纹等（图6.1）。

6.2.2 小点金

小点金旋子彩画等级较大点金次之，其特点是构图灵活、纹饰多样，用金量仅次于大点金。以青、绿、红三色为主，箍头（箍头线及箍头内纹饰）、旋眼、菱角地沥粉贴金，线条退一道晕色，枋心内多绘制龙纹、锦纹、万字纹、博古纹等（图6.2）。

图6.1　五泉山浚源寺大雄宝殿“大点金”

6.2.3 金青绿

小点金等级之下是金青绿旋子彩画，也是兰州地区使用最为普遍的彩画种类。特点是设色清雅、构图均衡。以青、绿二色为主，菱角地为红丹粉打底描金，箍头线、枋心线及旋花部分所有轮廓线、旋眼均为青、绿二色退一道晕色（图6.3）。

6.2.4 粉丝花头

粉丝花头彩画，即旋眼处绘制牡丹粉丝花状的纹饰，是兰州地区的一种极具特色的彩画种类，旋花极具美感，色彩热烈、明快。粉丝花头又分为五彩粉丝花头与青绿粉丝花头两类，菱角地为红色的即为五彩粉丝花头，以青、绿、红三色为主；菱角地为绿色的即为青绿粉丝花头，以青、绿二色为主。箍头线、枋心线及旋花部分所有轮廓线、旋眼均为青、绿二色退一道晕色，完全不用金（图6.4）。

6.2.5 五彩

五彩旋子彩画，其菱角地填红色，箍头线、枋心线及旋花部分所有轮廓线、旋眼均为青、绿二色退一道晕色，整体平画不沥粉、不用金，枋心多绘制山水、花鸟、植物、花卉等（图6.5）。

6.2.6 青绿

青绿旋子彩画设色清新雅致，其箍头线、枋心线及旋花部分所有轮廓线、旋眼、菱角地均为青、绿二色交替退一道晕色，完全不用金，枋心多绘制山水、花卉或空枋心（图6.6）。

图6.2　五泉山嘛呢寺大雄宝殿“小点金”

图6.3　五泉山廊亭“金青绿”

图6.4　观成堂“五彩粉丝花头”

图6.5　五泉山三教洞内檐“五彩”

图6.6　五泉山三教洞外檐“青绿”

6.2.7

素彩

素彩是地方建筑彩画中独有的一种彩画形式，以素净雅致而得名。素彩的等级较低，以绿色系和橙黄色系为主，多绘制于次要建筑及游廊建筑、亭台建筑的内檐部分。具体操作是以色度较浅的单色油饰涂刷内檐构件，并以此作为基底色，在刷饰好的构件所需位置，以基底色同色系较深的油饰再绘制纹样，最后用白色沿着深色纹样的轮廓线勾勒，勾勒位置并不与深色相贴，而是与深色纹饰之间预留一部分的距离沿轮廓画线，预留部分就自然成了浅色（即基底色）的填充。这样绘制完成后，纹样就形成了深色、浅色、白色的自然过渡。这是兰州地区建筑内檐彩画最常见的一种形式，在保留了彩画原本保护木构与装饰功能的基础上节省了人力、物力，也使得内檐的素净雅致与外檐的明快艳丽区别开来，令观者耳目一新（图6.7、图6.8）。

兰州地区传统建筑彩画以官式旋子彩画为母题，等级划分上同样以用金量、旋花晕色层数、纹饰复杂程度等为依据。但地方彩画活泼的共性更加突出，旋花在数量和组合形式上的灵活性促进了彩画比例的调整，或整或破，或分或合，在实际操作中可最大限度地适应木作构件的尺度，在本章的第三小节中将进行详细的分析与论述。

兰州地区传统建筑彩画大部分承袭以上七种彩画的规制，但由于地方彩画整体风格灵活多变，绘制水平良莠不齐，且兰州地区较大的人口流动与迁移带来了许多周边地区彩画的元素，因此，兰州地区现存彩画实例中还存在着许多对于上述7种传统彩画元素割裂、重组的情况，有些个案的彩画会涵盖其中的两种，甚至两种以上，以多种彩画格式结合体的形象出现（图6.9）。

图6.7　白塔山连廊内檐“苹果绿素彩”

图6.8　白塔山连廊内檐“米黄色素彩”

图6.9　白塔山白塔寺外檐“金青绿”结合“粉丝花头”

6.3 —— 特征分析

6.3.1 比例构图

兰州地区建筑彩画体系在长久的发展中，为适应建筑功能、审美需求等逐步分化出了七种不同等级的彩画，且在当地的许多传统建筑群中都有使用。经过前期大量的调研总结发现，除去多用于内檐的“素彩”，其余六种彩画均是以旋子彩画为母题演化而来，因此在彩画构图上拥有极为类似的骨架结构。因为兰州当地的梁枋较细，为避免彩画给人以过于狭长、不均衡的视觉感受，兰州的彩画匠师们设计出了多个枋心的传统构图形式，这也是兰州地方彩画与清官式旋子彩画最大的差异。要确定枋心的个数，主要依据的是构件的宽度与长度的比，比值若大于1/13，梁枋宽度相对合适，则做1～2个枋心；若比值小于1/13，梁枋宽度相对较窄，此时则应做2～3个枋心，使得彩画每一段落比例均匀。此处需强调的一点是，在兰州地区似乎并没有“盒子”这一部位名称，类似的彩画部位在当地也称为“枋心”。因此，兰州彩画的枋心长度占比也不固定，一般居中的枋心约占整个构件的1/5～2/5，两侧端头的枋心则占1/10～1/5，并不如官式一样占据1/3的定值。若宽长比值远远小于1/13，则根据尺度需要继续增添枋心。这种灵活多变的构图规律极大程度上弥补了兰州建材尺度小的缺陷，是兰州地区彩画匠人们的智慧（表6.1）。

匠师讲述：比值没有一个定数，如果长3m，宽20cm，那就做2～3个枋心，如果长3m，宽30多cm那就做1到2个就可以了。我估计约等于是三分之一左右，做2～3个比较合适。我们说的三个枋心，两侧枋心比较短。

枋心的确定很大程度上

决定了单个建筑构件的比例构图，但构件与构件组合而成的建筑是一个有机整体，梁枋彩画的构图方式同样受到建筑整体彩画规律的控制。

若是建筑有上下两层梁枋，即兰州当地的上置大担、下置牵的结构，则以明间为起始，上层做一个枋心，下层做两个，两侧次间则上下颠倒，上层做两个，下层做一个，以此类推，梢间再次颠倒，同明间构图一致。若构件长宽适合排布两到三个枋心，则明间上两个，下三个，边间相反，以此类推（图6.10）。但1∶13的长宽比例也并不完全固定，有时在宽长比接近该数值时，也存在缩小两侧枋心而成三枋心构图的情况，同样也可以与一个枋心形成上下搭配。不过，此类情况并不多见。若建筑仅有一层梁枋，即仅有一层牵的结构，那就省去上下颠倒，仅作左右交替，各开间的枋心数可以一样，但构图布局必须不同，从明间向次间、梢间等依次调换构图（图6.11）。

构图中的枋心数与构件尺度的关系　　表6.1

枋心个数	实物图例
1	 五泉山地藏寺“小点金”
2	 五泉山卧佛寺“小点金”
3	 五泉山地藏寺门楼“五彩”  五泉山嘛呢寺“小点金”
4	 五泉山文昌宫宫楼“金青绿”
5	 五泉山文昌宫宫楼“金青绿”

6.3.2 纹饰图案

兰州地区传统建筑彩画都遵循着统一的比例构图，但不同类别的彩画，其纹饰图案都有各自的特点，我们对彩画的整体造型元素、主体旋花格式与主题纹饰三部分进行比较分析。

1. 造型分析

剥离各式的纹样，彩画的基本造型元素同样是点、线、面等设计语言的应用。在几何学的概念里，点是只有位置没有大小的，但在实际造型设计上，点必须具有一定的面积或体积，同时，不同形状、大小、数量、空间及排列组合方式的点，也会产生不同的心理效应与情感。在彩画设计中，点同样承担着很强的审美功能。如各个旋花的菱角地、圆形的曲线点在造型上给人以完美、柔顺的心理感受，同时填充了旋瓣之间的空隙，使得整个旋花造型更加饱满充实，富于运动感。而直线点，如矩形点，则表现出较强的次序感、滞留感与静止感，因此在彩画设计中相对使用不多，有时会出现在锦纹部分。线充满变化，比点具有更强的心理效果，在造型设计中的表现力主要体现在它的长

图6.10 五泉山文昌宫——大担、牵双层结构构图

图6.11 五泉山中山纪念堂——牵单层结构构图

度、方向和流畅性上。通常来说，直线包括水平线、垂直线和斜直线，前两者在彩画设计中运用较多。彩画造型中，箍头、枋心等重要部位的分割都是通过水平线、垂直线的组合界定来传达这种硬直、静止与庄重的感受。曲线更是因其柔软、圆润、运动等造型特征将旋子的流动与丰满展现得淋漓尽致。

在造型学中，面是由轮廓线包围且比点更大、比线更宽的形象，面的表情总会随着面的形状、大小、虚实、色彩、肌理等的变化而形成复杂的造型。在建筑彩画艺术中，面的变化更多是与形状、色彩的结合。兰州彩画艺术中，箍头、柱头枋心等由直线围合的几何形面具有更强的秩序感，很好地把控了彩画的各部位构造，信号感强烈；而旋花之间由曲度不同的曲线围合而成的面，则更凸显灵动与丰富。同时，面的造型与色彩结合，承载着传统彩画艺术中青、绿交替用色的制式规则。

2. 旋花格式

兰州当地的六种传统建筑彩画（除去“素彩”）都以旋子为母题，其涡旋状的旋花造型依据特点分为两大类：一是大点金、小点金与粉丝花头；第二类是金青绿、五

彩与青绿。

1）大点金、小点金与粉丝花头

大点金、小点金、粉丝花头这三种彩画的旋花格式与布局极为类似，同样根据枋心个数进行分类，选取其中的典型格式进行制图分析（表6.2）。兰州地区的传统彩画由于段落划分多样、构图自由，也没有“藻头”这一部位名称，老匠人们简单地以“两端旋花”“中间旋花”这样的名称指代。另有“一整二破”这一名词，清官式旋子彩画的“一整二破”指一个整旋花与两个1/2旋花的组合图样，兰州地区同样有“一整二破”的叫法，但定义的是一个1/2旋花与两个1/4旋花的组合。

从图表中可以观察到，兰州地区旋子彩画的基本模数就是“一整”“二破”“3/4旋花”与“整旋花”，对这些基本单位进行分割与相互组合，搭配不同个数的枋心进行重复连续使用即可满足各种长度需求（图6.12）。

大点金、小点金及粉丝花头在兰州彩画之中属于造型繁复、工艺相对复杂的三种彩画类型，原因在于其旋花旋瓣个数多，旋眼均为两层花心，花心内纹饰精细：大点金与小点金花心内多绘菊花纹、石榴纹、云纹、卷草纹等，全部沥粉贴金；粉丝花头彩画的旋眼则绘制牡丹粉丝花，花叶丰硕、婉转，极具地方特色。兰州地区的旋花有三种典型造型，但为适应构件尺度，有时对旋瓣的数量、大小等也会作出些许的适应性调整（图6.13）。

2）金青绿、五彩与青绿

兰州彩画中的金青绿、五彩与青绿这三种的区别只在于菱角处的色彩与工艺，旋花的基本模数同第一类的三种彩画规律类似，同样以“一整”“二破”“整旋花”等作为单位。区别之处主要在旋花的造型上，金青绿、五彩与青绿的旋花旋瓣个数略少，旋眼以栀花为主，造型简洁（图6.14）。

当地的金青绿、五彩与青绿彩画还呈现出一个明显的特点——旋花或枋心头部分经常绘制“如意头”造型。宋《营造法式》卷三十三记述：“檐额或大额及由额两头近柱处作三瓣或两瓣如意头角叶……”“如意头角叶”之中的“合蝉燕尾”式与“三

旋花典型造型及构图　　表 6.2

枋心个数	图例
1	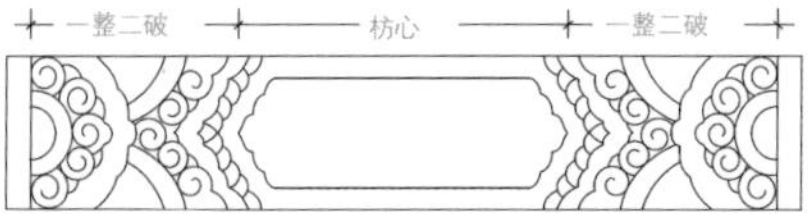 一整二破　枋心　一整二破
2	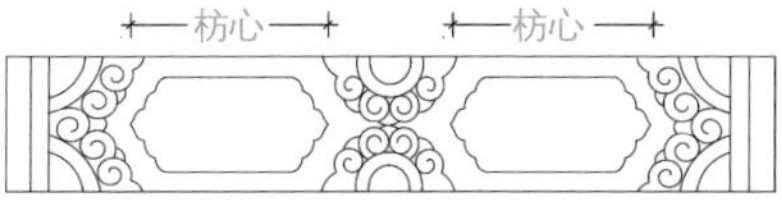   枋心　枋心 枋心　枋心 一整二破　枋心　枋心　一整二破
3	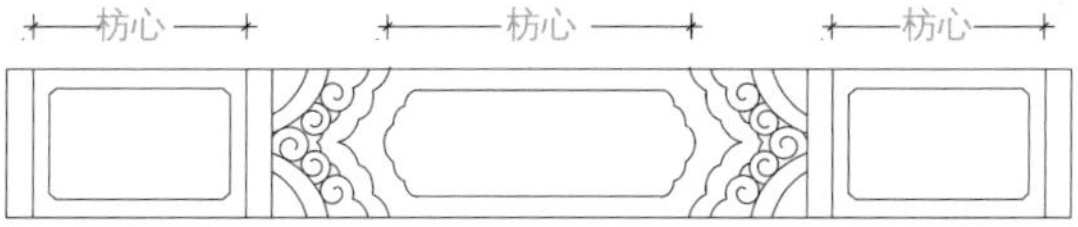 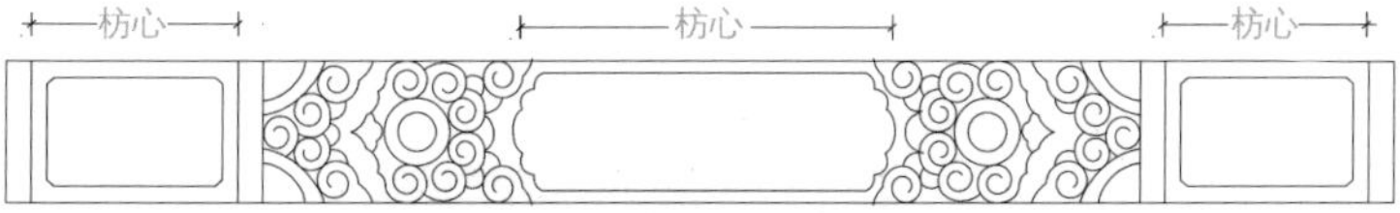 枋心　枋心　枋心 枋心　枋心　枋心

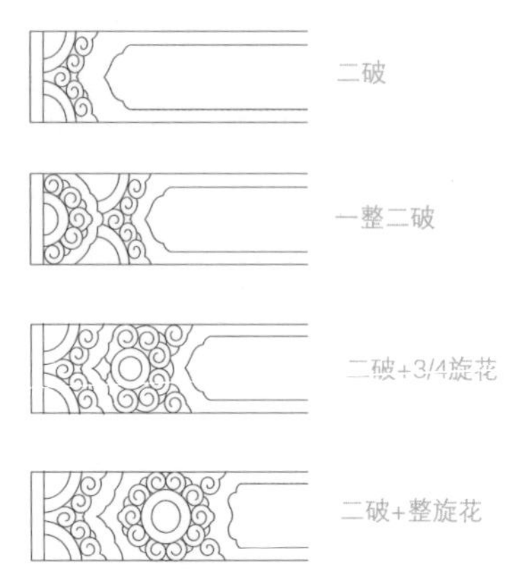

图6.12　旋花模数分析

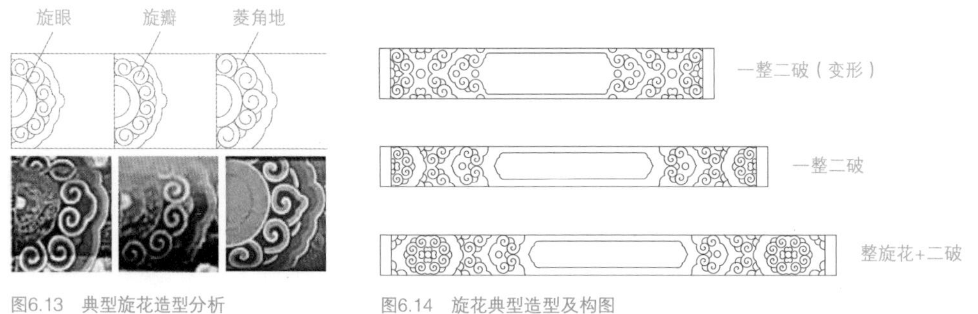

图6.13　典型旋花造型分析

图6.14　旋花典型造型及构图

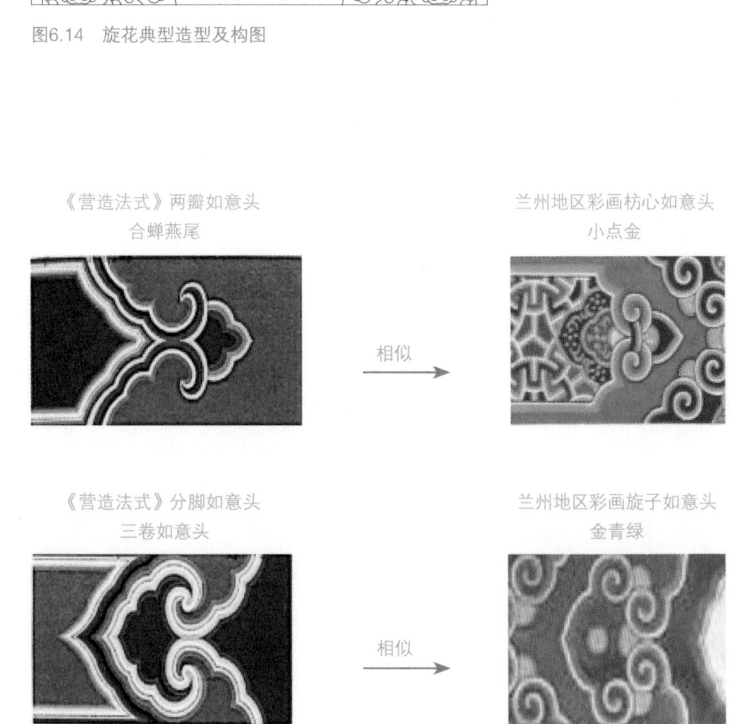

图6.15　宋“如意头角叶”与兰州彩画“如意头”演化对比

卷如意头”式在兰州各式“如意头”造型中都找到了极为相似的结构（图6.15），这也佐证了兰州地区的传统建筑彩画作为地域性彩画的一部分，不仅有与官式彩画一脉相传的历史价值，且在漫长的发展过程中很好地完成了继承与演变的融合，呈现出兰州彩画的独特风貌。

3. 主题纹饰

建筑彩画中最直接体现地域特质的部位，就是创作相对自由的枋心与内檐门窗之上的各式踏板了，作画面积大，是画师们发挥创意与画技的聚集区。兰州的每一个彩画施工队都有各自匹配的专业绘画人员，多为当地绘画界的知名画师，从小学艺且从事绘画事业多年，绘画时大多成竹在胸，一气呵成，从不在构件上起稿子。

在兰州，彩画的部分纹饰受到一定等级制度的限制，高等级彩画的枋心部分以龙凤、锦纹、万字、博古等图案为主，随着等级降低，则图案减少，山水、花鸟等绘画题材增多。如龙、凤，绘制于枋心处的行龙、飞凤盘踞于卷云之间，身姿英挺，骑马雀替的浮雕“二龙戏珠”等更是动势十足，这些主题多使用于高等级的大点金与小点金，偶有出现在次之的金青绿中，而之下的粉丝花头、五彩与青绿是不能搭配龙凤纹饰的，这与清官式彩画的纹饰规律也有相似之处。

诸多图案题材中，最精美、最繁琐的就是锦纹了，兰州传统彩画中的锦纹千变万化、造型多样，颜色更是丰富绚丽，因而最为耗时、耗工。锦纹的绘制中，构图与比例之间的控制，是最检验彩画匠师手艺的环节。宋《营造法式》彩画作中，将琐纹分为六品，从图案学的角度对比分析，兰州地区的部分锦纹与之存在着很多的相似之处（表6.3）。

对于水墨山水、植物以及工笔花鸟等绘画题材，自古就深受文人志士的喜爱，大山大水的气势磅礴、花鸟渊鱼的闲情野趣，自然也深得兰州民众的偏爱。兰州传统建筑最集中的两处大型建筑群——白塔山与五泉山，正是两处自然公园，这些主题与休憩、放松的氛围也更为相配。山水画中，除了一些名山胜景之外，兰州的画师们还经常在走马板上绘制

宋“琐纹”与兰州“锦纹”的演化对比　表 6.3

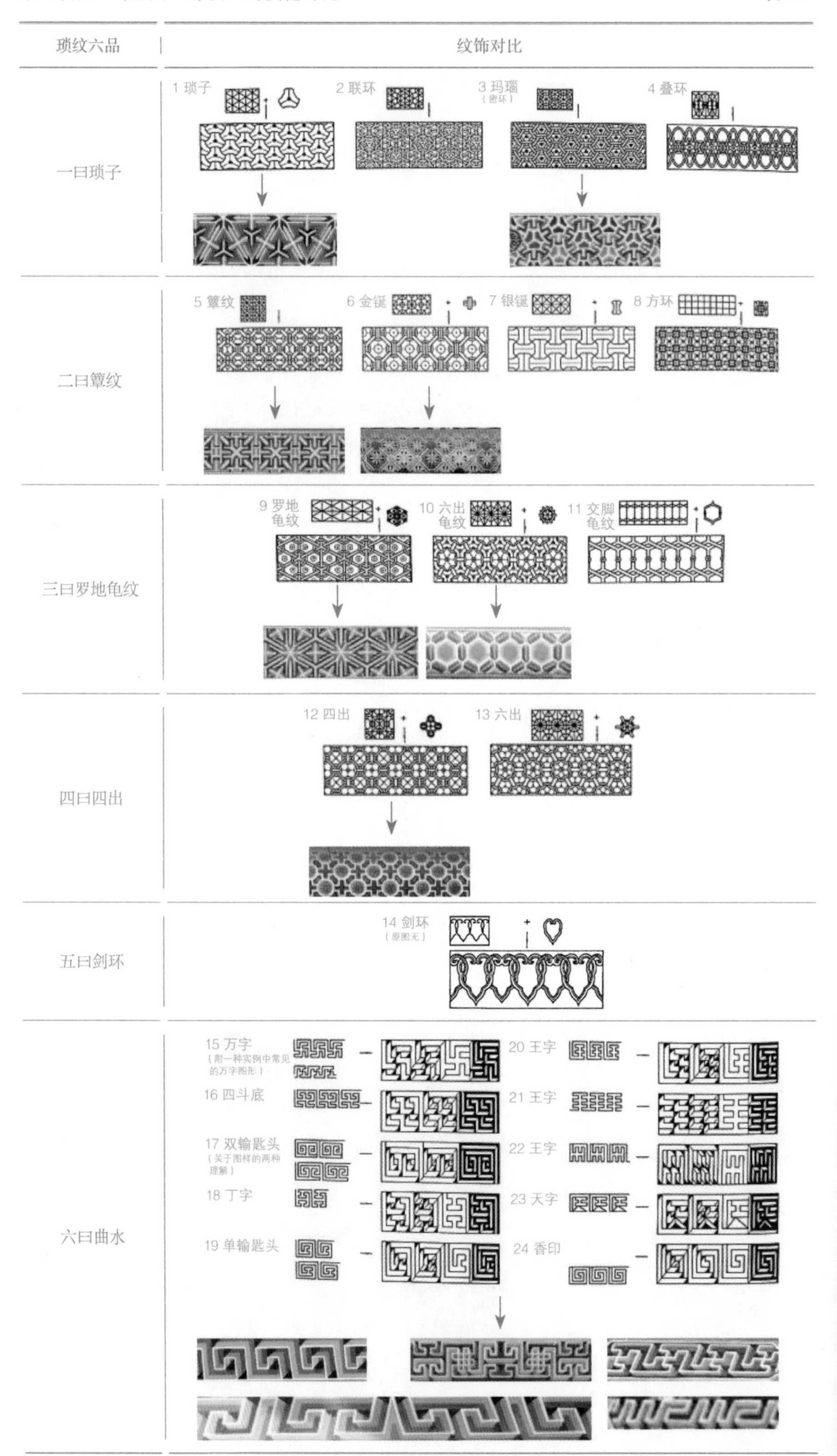

来源：作者根据“李路珂. 营造法式彩画研究［M］. 南京：东南大学出版社，2011：260”整理。

当地的独特景观——中山铁桥、白塔山、水车博览园、黄河风景线等（图6.16），在装饰、美化的同时，感受更多的是这些画师们对家乡兰州的热爱与赞美。花木与植物因丰富、灵活的骨干造型与蕴含的吉祥寓意，可在很好地填充画面的同时祈福纳祥，是民间艺术中最活跃的主题。

椽头彩画是另一个彰显地域特性的部分。兰州地区的椽头彩画也是风格多样，制式精美，但并没有清官式高等级椽头的沥粉贴金，最高制式的大点金彩画椽头使用的是当地最为典型的样式“四柱箭”与“孔雀眼”，二者也是兰州使用范围最广的两类。“寿”“福”“三柱箭”及各式栀花样式的椽头多使用在游廊、亭台、门楼等建筑之上（表6.4）。

6.3.3 色彩配置

四季分明的华北以蓝青色调为主，气候温润的江南则取素雅淡彩，不同的区域多有自己的彩画用色体系，这点在中国彩画南北两派的用色差异上就有很明显的体现。除去地域及民系的影响，彩画的种类与等级也是限定色彩的因素。依据清代官式建筑彩画的分类，和玺彩画、旋子彩画以青、绿二色为主色，整体形成了冷色的基调；苏式彩画多用于园林楼阁，明快淡雅，色调偏暖；宝珠吉祥草彩画构图、设色都含有浓重的满、蒙民族的艺术特征，以朱红或丹色为主色，青、绿只作点缀，热烈红火。

兰州的六类彩画因衍生于旋子彩画，色系上都以青、绿二色为主色，色调偏冷，尤以青绿旋子彩画为甚，其他不同等级的彩画用色差异不大。兰州地方彩画在包担云子、旋眼、枋心及个别彩画类型的菱角地等处配用红色，施色面积虽不大，但因红色本身明度与纯度较高，且为暖色，有较强的前进感，所以有时会给人以冷暖并重的感受。素彩因多使用在内檐，旋花的造型也没有固定形式，因此色调的选择主要依据相应建筑的外檐彩画而定。一般来说，兰州的素彩有两种色调：一是与外檐六种旋子彩画相配的苹果绿色系；另一种就是与白塔山新式“红五彩”相配的米黄色系，当地称之为奶油色。除了上架的彩画部分，兰州地区下架油饰还有一种传统黑红净的做法，出现在至公堂与观成堂中，装饰效果肃穆庄重，色调上与上架粉丝花头穿插统一，对比强烈，极具地方风格（表6.5）。

图6.16　中山铁桥、白塔山主题楣板纹

兰州椽头彩画典型式样　　表 6.4

四柱箭	四瓣栀花	四瓣花	五瓣花
	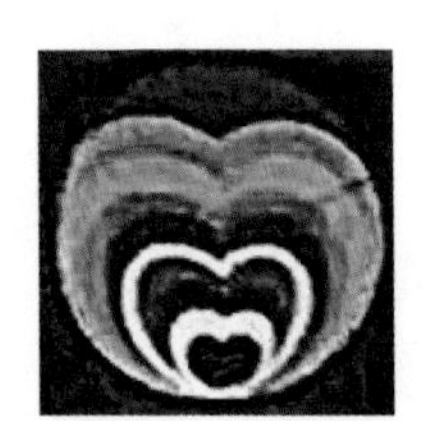	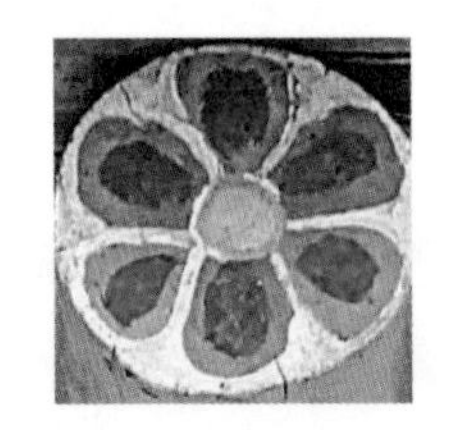	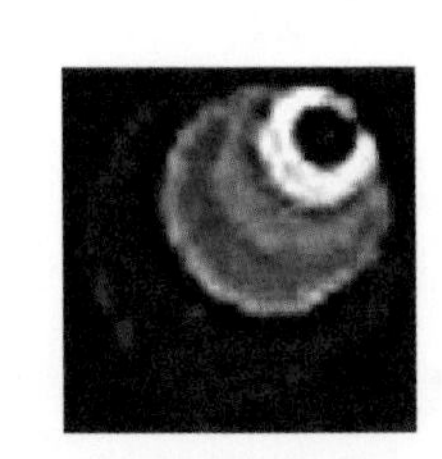
三柱箭	孔雀眼	六瓣花	虎眼
			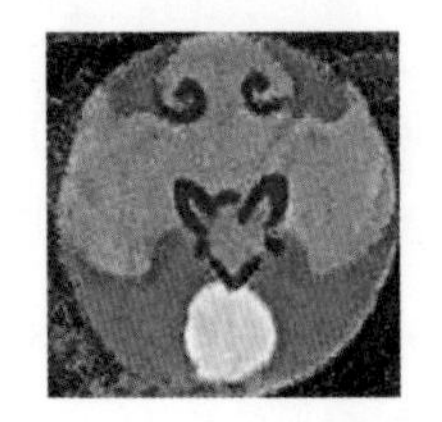
卍	寿	福	蝠

兰州地区传统建筑彩画色彩分析

表 6.5

种类	名称		色彩分析		
			主色调	陪衬色	点缀色
上架彩画	大点金		大青 二青 三青 大绿 二绿 三绿	大红 金	白 黑
	小点金		大青 三青 大绿 三绿	大红 金	白 黑
	金青绿		大青 三青 大绿 三绿	金	白 黑
	粉丝花头	五彩	大青 三青 大绿 三绿 大红		白 黑
		青绿	大青 三青 大绿 三绿		白 黑
	五彩		大青 三青 大绿 三绿 大红		白 黑
	青绿		大青 三青 大绿 三绿		白 黑
	素彩（绿）		苹果绿	大绿	
	素彩（黄）		奶油色	棕红色	
下架油饰	黑红净		大红 黑		

兰州彩画的设色同样存在一定的规律，整体上与清官式彩画相似。檩、枋、梁等构件中青、绿主色的设置是以木构件的箍头颜色为依据的，箍头色一经确定，其以外部分的颜色配置都以箍头色为起始，按照青、绿交替相间的设色规律进行配置（图6.17、图6.18）。大点金、小点金与粉丝花头的旋眼处为双层花心，前二者内层花心设红色，外层与箍头同色，两层皆沥粉贴金，粉丝花头则是双层同时绘制或红或绿的单色牡丹粉丝花。金青绿、五彩与青绿彩画的旋眼为栀花造型，一般栀花叶瓣与箍头同色，栀花心依据彩画种类配以红色或金色。

不同构件之间、建筑各间以及上下多层构件之间，都以明间牵箍头为基点，分别向建筑左右各间方向、各间上下垂直方向按照青、绿相间的规律配色。

6.3.4 绘制方式

建筑彩画艺术中，绘制方式历来是区分彩画等级的重要因素之一。等级高的彩画绘制工序复杂，方法多样；等级较低的彩画则工序相对简单，方法单一。兰州彩画不同等级之间的技艺差异主要体现在两方面：①工艺上，是沥粉贴金还是平涂填色；②方法上，彩画纹饰是退晕一道还是两道（表6.6）。

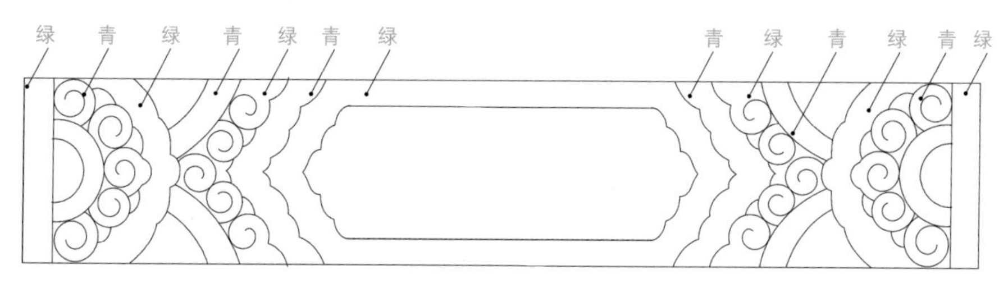

图6.17　大点金、小点金、粉丝花头的色彩配置

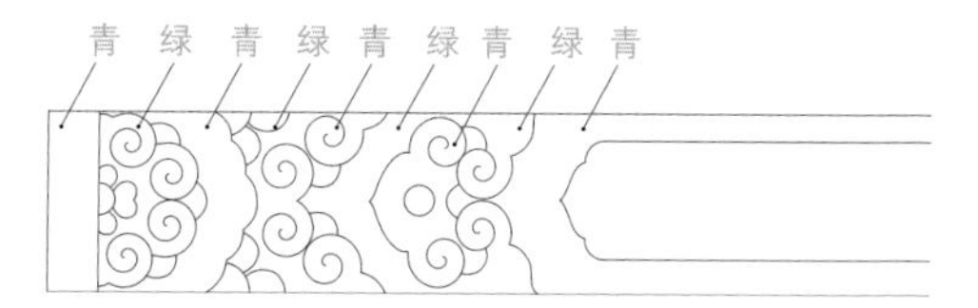

图6.18　金青绿、五彩、青绿的色彩配置

兰州彩画绘制规格

表 6.6

彩画种类	箍头	旋花部分轮廓线	旋眼	菱角地	枋心线	退晕
大点金	沥粉贴金	沥粉贴金	沥粉贴金	沥粉贴金	沥粉贴金	两道
小点金	沥粉贴金	墨线	沥粉贴金	沥粉贴金	沥粉贴金	一道
金青绿	墨线	墨线	墨线	平金	墨线	一道
粉丝花头	墨线	墨线	墨线+牡丹粉丝花	墨线	墨线	一道
五彩	墨线	墨线	墨线	墨线	墨线	一道
青绿	墨线	墨线	墨线	墨线	墨线	一道

兰州地区现存传统建筑彩画主要集中于白塔山与五泉山两处主要的古建筑群，另有白云观建筑群、金天观建筑群、原甘肃举院、庄严寺、城隍庙、肃王府（现甘肃省人民政府）、榆中县金崖镇周家祠堂、白马庙等处，现选取仍保留有兰州传统彩画制式的几处建筑群作为研究对象。

6.4.1 白塔山建筑群

白塔山位于甘肃省兰州市黄河北岸北滨河中路，海拔1700多米，山势起伏，有“拱抱金城”之雄姿。山巅白塔历史悠久，始建于元代，相传是为纪念一位欲拜见成吉思汗而中途病逝于兰州的喇嘛而建，山巅白塔垩饰如雪，白塔山由此得名并成为宗教圣地。可惜原塔至元末时塌毁，现存的白塔系明景泰年间（1450—1456年）镇守甘肃的内监刘永成重建。

当前的白塔山公园建筑群是1958年左右在坍塌的古建筑废墟上重建的，整体风格为明清古建，总建筑面积8000余平方米，1963年2月被甘肃省人民委员会确定为省级文物保护单位。整个建筑群前端沿中轴划分了一、二、三平台建筑群，其上有罗汉殿、三官殿、白塔寺、白花厅、喜雨亭、凤林香袅牌坊等各式古建筑，平台将两侧对称的石阶、石壁、亭台、回廊等与上层各处的建筑连在一起，上下通达，层次分明，结构严整。所有建筑物都集精巧的建筑结构和精湛的彩画艺术、雕刻艺术于一身，飞檐红柱，楼阁耸立，参差于葱郁之中，是中国古代建筑中别具风格的建筑形式。清人秦维岳有诗云：“北上环拥势嵯峨，塔影巍然最上坡。布地散金名宝刹，擎天一柱俯黄河。”

经过笔者实地踏勘以及对相关资料的搜集与考证，选取其中大部分比较具有代表性的建筑进行彩画类型的统计与研究（表6.7）。

本次实地勘测兰州白塔山8处建筑群，共计35个建筑单体，其中殿式建筑17处，门楼3处，牌坊3处，门楼1处，亭11处，连廊多处，对以上所汇总的建筑类型与所施彩画的对应关系进行二次整理制图（图6.19）。

除去最高等级的“大点金”彩画未曾见到，其余6种兰州地区传统建筑彩画均有使用。其中“小点金”彩画只在白塔寺的葫芦阁、地藏殿正殿两处使用，白塔寺位于白塔山山巅，坐落于白塔山建筑群中轴线，也是整个建筑群的制高点，与“小点金”彩画等级相符。等级次之的“金青绿”彩画，在白塔山建筑群中施用最多，共计21处，范围最广，殿、楼、亭、牌坊以及各处的连廊均有涵盖。等级较低的“五彩”4处，“青绿”3处，二者多施用于侧殿、牌坊、亭等建筑。最低等级的“素彩”则施用于各式建筑的内檐，以自身的雅致素净作为烘托，与外檐形成鲜明的对比。此外，白塔寺入口过殿的外檐彩画出现了“金青绿”与“粉丝花头”相结合的形制：构件表层彩画的基本制式仍为“金青绿”，但旋花花心处却绘制了“粉丝花头”所独有的牡丹粉丝花。这恰是上文所提到的糅合了两种制式的典型，体现了兰州地区建筑彩画灵活多变的特性。

经过勘察发现，除去兰州地区七种传统建筑彩画外，白塔山建筑群还出现了一种以橙红色为主要基调的彩画形式——“红五彩”（图6.20、图6.21）。据本地一些老彩画匠师的口述，“红五彩”是20世纪50年代初期白塔山建筑群大面积修缮时，画师在兰州彩画的基础上改革、创新的

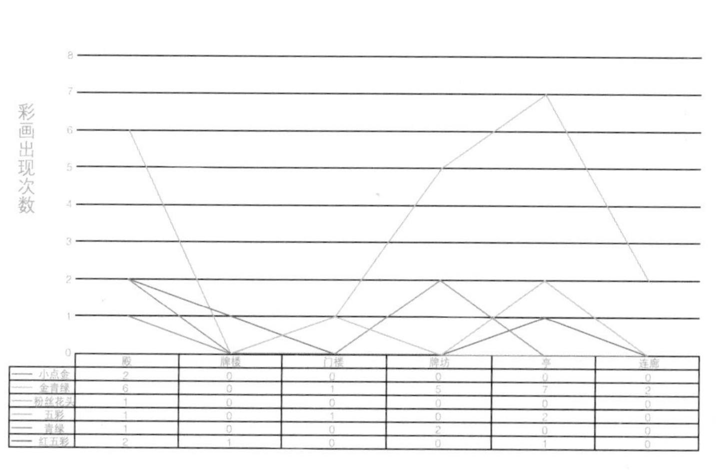

	殿	牌楼	门楼	牌坊	亭	连廊
小点金	2	0	0	0	0	0
金青绿	6	0	1	5	7	2
粉丝花头	1	0	0	0	0	0
五彩	1	0	1	0	2	0
青绿	1	0	0	2	0	0
红五彩	2	1	0	0	1	0

图6.19 白塔山建筑群彩画类型分布

白塔山建筑群彩画类型分布　表 6.7

地区	建筑群	建筑	建筑类型	现状彩画绘制时间及工匠	平面	外檐彩画	内檐彩画	室内彩画
白塔山建筑群	一台	大殿	殿	2011—2012年天水画匠	三间前后廊	金青绿	金青绿、金青绿+橙、素彩（绿）	/
		门楼	门楼	1999年兰州画匠	一间	金青绿	吊顶	/
		连廊	廊	2011—2012年永靖画匠		金青绿	素彩（绿）	/
	二台	牌厦	牌楼	2011—2012年天水画匠	五间	红五彩	素彩（橙）	/
		东八角亭	亭	2011—2012年永靖画匠	一间	金青绿	素彩（绿、黄）	/
		西八角亭	亭		一间	金青绿	素彩（绿、黄）	/
		东复合亭	亭		一间	金青绿	素彩（绿、蓝）	/
		西复合亭	亭		一间	金青绿	素彩（绿、蓝）	/
		连廊	廊	2011—2012年永靖画匠		金青绿	素彩（绿）	/
	三台	玉皇殿	殿	2011—2012年天水画匠	三间前后廊	和玺	和玺	吊顶
	法雨寺	罗汉殿	殿	2004年永靖画匠	三间前抱厦	金青绿	/	单色刷饰（红）
		凤林香袅牌坊	牌坊	2011年天水画匠	四柱三楼	金青绿+苏式枋心	/	/
		门楼	门楼	2004年永靖画匠	三间	佛教元素彩画	类和玺、海墁（木纹）	/
		大雄宝殿	殿		三间前后廊	和玺	和玺	一层：和玺、海墁（木纹）二层：六字箴言天花
		西殿	殿		三间前檐廊	和玺	类和玺、海墁（木纹）	类金青绿单色刷饰
	三官殿	摸子洞殿	殿	2011年天水画匠	三间前檐廊	红五彩	素彩（绿）	单色刷饰（红）
		正殿	殿		三间前檐廊	红五彩（汉纹红+绿）	素彩（绿）	单色刷饰（红）
		东侧殿	殿		三间前檐廊	青绿+红·特例	素彩（绿）	单色刷饰（红）

地区	建筑群	建筑	建筑类型	现状彩画绘制时间及工匠	平面	外檐彩画	内檐彩画	室内彩画
白塔山建筑群	三官殿	西侧殿	殿	2011年天水画匠	三间前檐廊	青绿+红·特例	素彩（绿）	单色刷饰（红）
		前门楼	门楼		三间	五彩汉纹	单色刷饰（红）	
		过楼			五间前檐廊	青绿+红·特例	素彩（绿）	单色刷饰（红）
	白塔寺	入口过殿	殿	2012年临夏画匠	五间	金青绿+粉丝花头	金青绿+素彩（蓝）	一层素彩（蓝、绿）二层单色刷饰（红）+素彩（橙）
		葫芦阁	殿	2012年临夏画匠	三间前后抱厦	小点金	/	吊顶
		地藏殿	殿	2012年会宁画匠	三间	小点金	/	素彩（米）
	云月寺	大殿	殿	2011年会宁画匠	五间	金青绿	五彩、单色刷饰（蓝、绿）	吊顶无彩画
		东厢房	殿		三间前檐廊	金青绿	五彩	吊顶
		西厢房	殿		三间前檐廊	金青绿	五彩	吊顶
		牌坊	牌坊		四柱三楼	青绿	青绿+单色刷饰（绿）	/
	三星殿	牌坊	牌坊	2011年会宁画匠	四柱三楼	青绿	/	/
		大殿	殿		三间前檐廊	青绿	单色刷饰（绿）	单色刷饰（红）
	/	百花亭	亭	2012年临沸画匠	五间圈廊	金青绿	一层素彩（绿）二层素彩（绿、红）	/
	/	望河亭	亭	2011年兰州画匠	一间	五彩	单色旋花（青）	/
	/	五角亭	亭	2011年兰州画匠	一间	红五彩（汉纹橙+绿）	素彩（绿、黄）	/
	/	喜雨亭	亭	2011年兰州画匠	一间	金青绿	素彩（绿）	/
	/	迎旭亭	亭	2014年兰州画匠	一间	金青绿	素彩（绿）	/
	/	驻春亭	亭	2013年临夏画匠	三间	素彩（绿）	素彩（绿）	/
	/	知春亭	亭	2013年临夏画匠	三间	五彩	素彩（绿）	/

图6.20　白塔山二台牌楼“红五彩”

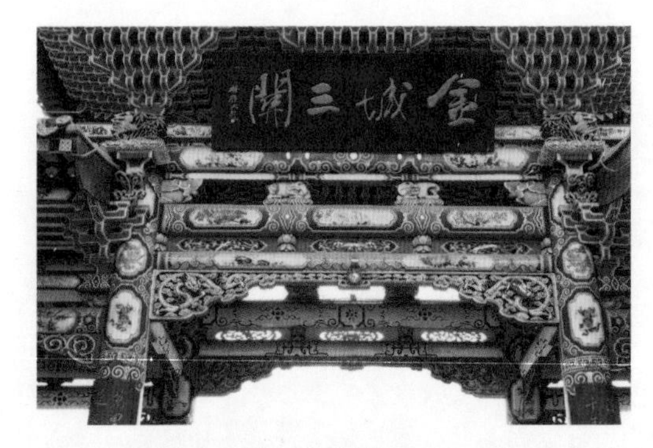

图6.21　白塔山二台牌楼“红五彩”

图6.22　白塔山法雨寺门楼彩画

图6.23　白塔山法雨寺门楼内檐彩画

新式彩画。受限于当时的经济条件，市面上绿色颜料因为价高而十分稀缺，促使兰州画师在绘制的过程中大胆创新。该彩画选取了橙、红色代替蓝、绿色，以“金青绿”为蓝本，菱角地同样贴金，主要是将箍头、旋花、皮条、枋心等处的青、绿交替与退晕改为橙、红二色。色调的变化导致风格的突变，彩画整体色系由冷转暖，给予观赏者热烈与奔放之感。

法雨寺建筑群始建于清乾隆年间，位于白塔山公园三台大殿东北，是一座具有明清建筑风格的佛教古刹。2004年春，住持释显愿法师筹资百万进行了修葺。其内建筑彩画风貌较新且融入了大量佛教与藏族的元素。门楼外檐彩画出现了大量忍冬、佛莲、流云、佛八宝等纹饰，构图布局也并非兰州本地做法，十分自由（图6.22）。门楼内檐与内部西侧配殿内檐则绘制了一种“类和玺”彩画（图6.23），制式上保留了和玺彩画基础的横向“W”规划线框，但圭线光、藻头等处的细部纹饰以及整体的构图比例与色彩施用等都不同于官式的和玺彩画，纹饰上也多纳入佛教主题元素。这种以官式某一类彩画为母题，进行分解、重构的类型，在地方彩画中亦是十分常见。

6.4.2 五泉山建筑群

五泉山位于兰州市区南侧的皋兰山北麓，因有惠泉、甘露泉、掬月泉、摸子泉、蒙泉五眼泉水而得名，是一处具有两千多年历史的国家级文物保护单位。公园景点以五眼名泉和佛教古建筑为主，海拔1600多米，占地267000m^2，有明清以来的建筑群10余处，1000余间，建筑面积10000多平方米，规模宏大。园内丘壑起伏，林木葱郁，环境清幽；庙宇建筑依山就势，廊阁相连，错落有致。

五泉山可分西、中、东三路游览，三路均有楼台亭阁、长栈虹桥、清泉飞瀑，但布局各异，自成体系，各有独到之处。五泉山中峰高处为古建筑群，从山门沿中间通道直上，有蝴蝶亭、金刚殿、大雄宝殿、万源阁、文昌宫、地藏寺、千佛阁等古庙宇依山就势排列，层层相叠，以石阶亭廊相连。中峰两翼为东西龙口，五泉沿东龙口—文昌宫—西龙口一线呈弧形排列，悬于山腰。各泉间又以石阶栈桥和亭阁连廊相连，错落有致。本章节同样选取其中比较具有地方代表性的建筑进行彩画类型的统计与分析（表6.8）。

五泉山建筑群彩画类型分布

表 6.8

地区	建筑群	建筑	建筑类型	现状彩画绘制时间及工匠	平面	外檐彩画	内檐彩画	室内彩画
五泉山建筑群	/	入口牌坊	牌坊	2010年兰州画匠	四柱三楼	金青绿	单色刷饰（苹果绿）	/
五泉山建筑群	乐到名山	旧戏台	戏台	2012年临夏画匠	前三间+后五间	金青绿	五彩	/
五泉山建筑群	漪澜亭	八角亭	亭	1999年兰州画匠	一间	五彩	素彩（绿）	/
五泉山建筑群	浚源寺	金刚殿	殿	2002年兰州画匠	三间前后廊	金青绿	五彩	单色刷饰（红）
五泉山建筑群	浚源寺	大雄宝殿	殿	1981年兰州画匠	前三间+中五间+后七间（后廊）	大点金	粉丝花头、海墁（木纹）	飞天天花
五泉山建筑群	浚源寺	二进东殿	殿	2002年兰州画匠	三间	金青绿	五彩	团花天花
五泉山建筑群	浚源寺	二进西殿	殿	2002年兰州画匠	三间	金青绿	五彩	团花天花
五泉山建筑群	浚源寺	钟楼	楼	2001年兰州画匠	一间	金青绿	单色刷饰（苹果绿）	/
五泉山建筑群	浚源寺	鼓楼	楼	2001年兰州画匠	一间	金青绿	单色刷饰（苹果绿）	/
五泉山建筑群	中山纪念堂	原秦公祠	殿	2006年兰州画匠	三间前后廊	小点金	粉丝花头、五彩、青绿	吊顶
五泉山建筑群	万源阁（原明远楼）	一层望来堂	楼	2000年兰州画匠	三间	金青绿	单色刷饰（红）	单色刷饰（白）
五泉山建筑群	万源阁（原明远楼）	二层思源楼	楼	2000年兰州画匠	三间	金青绿	单色刷饰（红）	吊顶
五泉山建筑群	万源阁（原明远楼）	三层万源阁	楼	2000年兰州画匠	三间	金青绿	单色刷饰（红）	吊顶
五泉山建筑群	酒仙祠	1号大殿	殿	不详	三间前檐廊	小点金	五彩	吊顶
五泉山建筑群	酒仙祠	2号大殿	殿	不详	三间前檐廊	黄青绿·创新	五彩	吊顶
五泉山建筑群	太昊宫	门楼	门楼	2013年兰州画匠		金青绿	五彩	海墁（木纹）
五泉山建筑群	太昊宫	秦子祠	殿	1992年兰州画匠	五间圈廊	金青绿	单色刷饰（苹果绿）	无彩画
五泉山建筑群	太昊宫	壤驷子祠	殿	1980年兰州画匠	五间圈廊	金青绿	单色刷饰（苹果绿）	无彩画
五泉山建筑群	太昊宫	石作子祠	殿	1980年兰州画匠	五间圈廊	金青绿	单色刷饰（苹果绿）	无彩画
五泉山建筑群	太昊宫	伏羲殿	殿	1978年兰州画匠	前三间+后五间	金青绿	部分红油漆可辨认 其余部分残损不可辨	无彩画
五泉山建筑群	/	青云梯牌楼	牌楼	1999年兰州画匠	三间	金青绿	五彩	/
五泉山建筑群	/	猛醒亭	亭	1999年兰州画匠	一间	金青绿	单色刷饰（奶油色）	/
五泉山建筑群	/	大悲殿	殿	2012年兰州画匠	三间前后廊	小点金	青绿	吊顶
五泉山建筑群	武侯祠	门楼	门楼	2006年兰州画匠	一间	金青绿	单色刷饰（苹果绿）	/
五泉山建筑群	武侯祠	正殿	殿	2006年兰州画匠	三间前后廊	小点金	青绿	吊顶

续表

地区	建筑群	建筑	建筑类型	现状彩画绘制时间及工匠	平面	外檐彩画	内檐彩画	室内彩画
五泉山建筑群	嘛呢寺	牌楼	牌楼	2013年 兰州画匠	三间	金青绿	五彩	/
		正殿	殿	2007年 兰州画匠	三间 前檐廊	小点金	粉丝花头、五彩、青绿	吊顶
		观音殿	殿	2013年 兰州画匠	三间 前檐廊	小点金	五彩	吊顶
		东偏殿	殿	2007年 兰州画匠	三间 前檐廊	小点金	粉丝花头 青绿	吊顶
		八角亭	亭	2013年 兰州画匠	一间	金青绿	单色刷饰（黄棕）	/
	文昌宫	宫楼	楼	1999年 兰州画匠	三间	小点金	单色刷饰（奶油色）	吊顶
		大殿	殿	1999年 兰州画匠	三间 前檐廊	小点金	粉丝花头 青绿	单色刷饰（红）
		东殿	殿	1999年 兰州画匠	三间 前檐廊	小点金	金青绿 粉丝花头 青绿	单色刷饰（红）
	清虚府	南祠	殿	1999年 兰州画匠	三间 前檐廊	金青绿·创新	维修未能进入	
		北殿	殿	1999年 兰州画匠	三间	金青绿		
	地藏寺	门楼	门楼	2011年 兰州画匠	一间	五彩	素彩（绿）	/
		大殿	殿		三间 前檐廊	小点金	粉丝花头 青绿	单刷（红） + 单刷（黄棕）
		东殿	殿		三间 前檐廊	小点金	青绿	
		西殿	殿		三间 前檐廊	小点金	青绿	
		旷观楼	楼		三间 前檐廊	五彩	单色刷饰（苹果绿）	无彩画
		北侧廊	廊		四间	五彩	素彩（绿）	/
		角楼	楼		一间	五彩	单色刷饰（苹果绿）	/
	卧佛寺	西门楼	门楼	1979年 兰州画匠 外檐重绘 内檐未修	三间	五彩	粉丝花头 五彩	/
		中殿	殿		三间 前檐廊	小点金	粉丝花头 青绿	藏式佛八宝天花
		东殿	殿		三间 前檐廊	五彩	粉丝花头 青绿	藏式佛教藻井
		西殿	殿		三间 前檐廊	五彩	粉丝花头 青绿	不可辨
	三教洞	西殿	殿	1993年 兰州画匠	三间 前檐廊	五彩	粉丝花头 五彩	不可辨
		中殿	殿		一间	五彩	/	无彩画
		东殿	殿		三间 前檐廊	五彩	粉丝花头 五彩	不可辨

本次实地勘测兰州五泉山14处建筑群，共计46个建筑单体，其中殿式建筑29处，门楼4处，牌坊1处，牌楼2处，戏台1处，楼6处，亭3处。清虚府由于维修，多次前往未能进入，其余建筑中，七种传统建筑彩画类型都有使用（图6.24）。

浚源寺的正殿——大雄宝殿，外檐彩画采用了兰州彩画的最高等级“大点金”，是目前所调研的建筑中唯一一处现存实例。由于20世纪80年代兰州当地经济条件的限制，高质量的金箔极为罕见，因此，所贴金箔纯度较低，现今因氧化而呈现黑色。柱头上端包担云子绘制荷花莲蓬，造型生动，设色和谐。斗栱彩画并未如官式斗栱彩画一般青绿交替，而是柱头科及每一开间中间的两攒斗栱设大青，其余斗栱设大绿，退晕一道，边缘勾白。檐椽椽身刷绿，椽头绘当地特色纹饰“孔雀眼”，飞椽彩画残损情况较为严重，依稀可辨其椽身刷青色，椽头绘“四柱箭”，具体纹饰图案在下一节论述。

等级次之的“小点金”共计施用了14处建筑，除文昌宫宫楼外，其余13处均为殿式建筑，佐证了兰州地区传统建筑彩画同官式彩画一样，也存在着不同彩画与不同建筑之间的等级匹配关系。第三等级的“金青绿”彩画施用情况同白塔山一样，范围最广，五泉山建筑群所出现的所有建筑类型都有覆盖，共计20处。“粉丝花头”由于旋花旋眼纹饰特殊，相对较为耗时耗工，等级虽高于“五彩”，却仅有13处，且全部绘制于内檐。“五彩”共计10处，主要集中于五泉山上端的地藏寺、卧佛寺、三教洞三处建筑群。“青绿”13处，

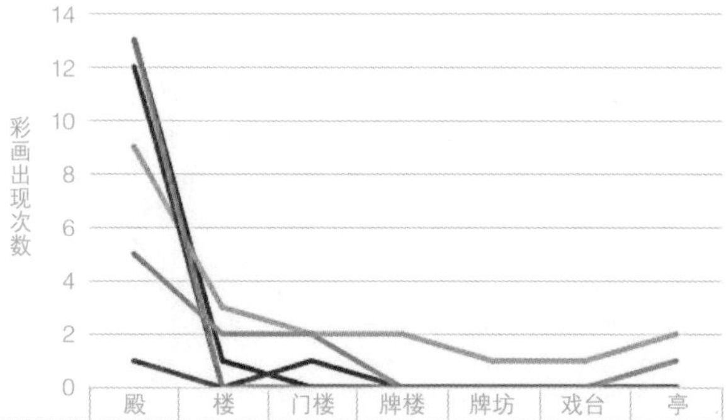

	殿	楼	门楼	牌楼	牌坊	戏台	亭
大点金	1	0	0	0	0	0	0
小点金	13	1	0	0	0	0	0
金青绿	9	3	2	2	1	1	2
粉丝花头（内檐）	12	0	1	0	0	0	0
五彩	5	2	2	0	0	0	1
青绿（内檐）	13	0	0	0	0	0	0

图6.24 五泉山建筑群彩画类型分布

因等级较低，全部施用于建筑内檐，或单独施用，或与粉丝花头搭配绘制。此外，内檐部分以红色单色满刷的类型大多是使用的兰州当地特有的一种番红涂料，色相接近于铁锈红，明度较低且表现为哑光质地。

6.4.3 甘肃举院

甘肃举院位于兰州市城关区萃英花园80号，原是清政府在甘肃设立的考试场所。清同治十二年（1873年），陕甘总督左宗棠奏准陕甘分闱，光绪元年（1875年）建成，光绪十一年（1885年）陕甘总督谭钟麟增修。主体建筑坐东向西，沿中轴线建龙门、明远楼、至公堂、观成堂、衡鉴堂、雍门、录榜所等。外筑城垣，内建棘闱。科举制度废除后，先后在此设立了甘肃公立法政专门学堂、甘肃大学、国立甘肃学院、国立兰州大学等，是甘肃近代教育的发祥地。1919年，刘尔炘将明远楼移至五泉山，改名为万渊阁，现仅存至公堂、观成堂两座单体建筑。2003年，甘肃省人们政府公布其为省级文物保护单位。

曾经的至公堂、观成堂几乎是一处被人遗忘了的古老建筑，如记录着沧桑的门板，泛黄的檐角椽梢与刻花窗棂，被历史湮灭但依然可辨的檐下彩绘，像一位经历了百年风雨，垂垂暮年的老者，默默地倾诉着过往的烟云。如今的两座建筑经过保护与修缮，仍伫立于兰州大学第二医院的绿树掩映中，却焕发了新的生机。

我们同样对修缮后的两座建筑进行了勘测与记录（表6.9）。

至公堂前檐彩画的修复沿袭了原迹的制式，为兰州地区传统彩画“粉丝花头”中的“五彩粉丝花头”这一类，即旋眼绘以粉丝花，菱角地为红色（图6.25）。观成堂前檐彩画，额枋部分只对明间及左侧次间进行了重绘，荷叶墩及以上构件也是部分重绘。据画匠口述，修复时只对脱落十分严重的部分进行了修复，对部分仍可观察到制式的构件采取了保留原貌的做法，并未补绘（图6.26）。建筑彩画的制式与规则与至公堂基本一致。

6.4.4 周家祠堂

榆中县金崖（aí）镇地处兰州东16.7km，黄河一级支流宛川河（另称“苑川”，汉代设牧苑于此，苑川因此而得名）由东向西横贯境内。其历史上承秦汉，唐朝之后，鲜卑族、羌族在此征战，间或定都于此，但由于年代久远，文化遗存较少。明初，为恢复生产和边防，采取了移民屯垦政策，来自山西、陕西、河南、江苏、湖北等地的移民带来了不同的民俗文化，随时间积淀与交融，形成了现在独特的金崖文化。金崖古建筑及民居分布集中、形式多样，砖雕、木雕更是使用广泛，技艺精湛，体现了千年丝路古镇所特有的文化面貌，极具价值，2010年，被公布为第五批“中国历史文化名镇”。

其中，周家祠堂位于金崖镇邴家湾村旧大路，始建于清光绪十三年（1887年），为清咸丰三年（1853年）进士周士俊出资兴建。祠堂院落坐北朝南，以中轴左右对称布局，以过殿为界分前、后两院，两侧由月门连接。

图6.25　至公堂西次间外檐彩画

图6.26　至公堂东次间外檐彩画

作为兰州地区现存为数不多的清末大式建筑，除了大气的梁架结构、精美的砖木雕刻外，繁复的建筑彩画明显可见上承明清又自有规律，构图严谨、用色考究、纹饰多样，在很大程度上可以认为是兰州地区清末以来建筑彩画的代表作（表6.10）。1949年后，周家祠堂曾一度作为村委会、教室、文化站等使用，功能变化很大，当下风貌还能维持多久尚未可知，保护研究工作迫在眉睫。

祠堂一、二进大殿外檐彩画均采用了等级较高的“小点金”。一进大殿外前檐彩画由于日照风蚀，残损严重，荷叶墩及其以下构件彩画难以辨认，仅有枋心轮廓和几处箍头沥粉剥落后的痕迹依稀可见。后檐彩画残留略好于前檐，牵（兰州地区建筑中类似于额枋的承托结构）上颜色虽已脱落，但痕迹明显，可清晰地观察到各部分的大致比例、纹饰（表6.11）。前、后檐荷叶墩以上的多层平枋、替木、束腰板、花板、檩条等结构彩画虽有残损，但大致可辨，同样遵循青、绿二色的上下调换、左右更迭。枋心纹饰除大牵有沥粉贴金绘以行龙外，以上结构均以花鸟、博古及各式锦纹、回纹为题。荷叶墩雕刻以马、龙、鹿、牛、兔、象、荷叶、卷草，各间骑马雀替中轴对称透雕软魁龙，曲线婉转，灵活生动。檐椽身以大绿油饰满刷，檐椽头绘“孔雀眼”，飞椽椽身及椽头残损不全，据可见部分推测，应为“四柱箭”。内檐挑尖梁、檩条绘“五彩”旋子，挑尖随梁绘“青绿”旋子，等级次于外檐。

二进大殿外檐彩画情况与一进大殿类似，牵上几乎已无痕迹，荷叶墩雕刻卷云、马、麒麟、狮子等瑞兽，其上结构彩画可辨。斗栱彩画，柱头科坐斗为大青，栱为大绿，每层结构向上二色交替，平身科斗、栱与柱头科施色相反。斗栱边缘退一道晕色，以白色勾边描金。檐椽身大绿油饰满刷，檐椽头绘蝙蝠纹，飞椽椽身及椽头残损不可辨（表6.12）。内檐挑尖随梁绘“青绿粉丝花头”，枋心金龙沥粉贴金，挑尖梁及随梁枋绘“青绿”旋子，檩条绘“五彩”。

至公堂建筑群彩画类型分布

表 6.9

地区	建筑群	建筑	建筑类型	年代	平面	外檐彩画	内檐彩画	室内彩画
兰州市城关区	甘肃举院	至公堂	殿	清光绪元年始建（1875年）	七间	正面：粉丝花头 背面、山面：番红涂料满刷	/	番红涂料满刷
		观成堂	殿		五间	正面：粉丝花头 背面、山面：番红涂料满刷	/	番红涂料满刷

周家祠堂建筑群彩画类型分布

表 6.10

地区	建筑群	建筑	建筑类型	年代	平面	外檐彩画	内檐彩画	室内彩画
榆中县金崖镇	周家祠堂	一进大殿	殿	清光绪十三年（1887年）	三间前后廊	小点金	粉丝花头 五彩 青绿	红色刷饰（其余部分残损不可辨）
		一进侧殿	厢房		三间	青绿	/	吊顶
		二进大殿	殿		三间前檐廊	小点金	粉丝花头 五彩 青绿	红色刷饰（其余部分残损不可辨）
		二进侧殿	厢房		三间	青绿	/	吊顶

周家祠堂一进大殿后外檐彩画现状 表 6.11

牵	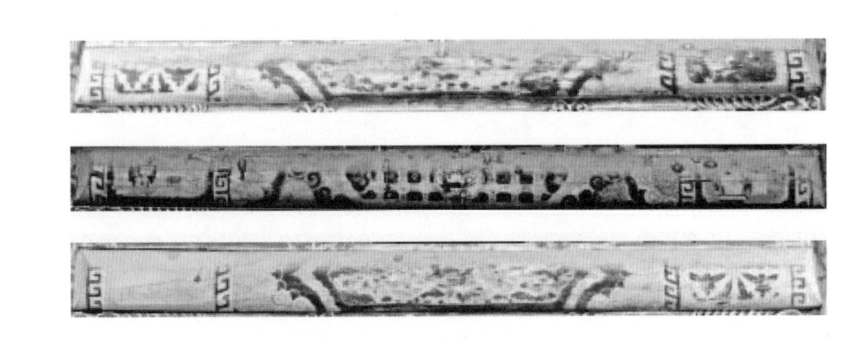
骑马雀替	
荷叶墩	
平枋、替木、花板、檩条等	 外檐右侧梢间
檐椽头	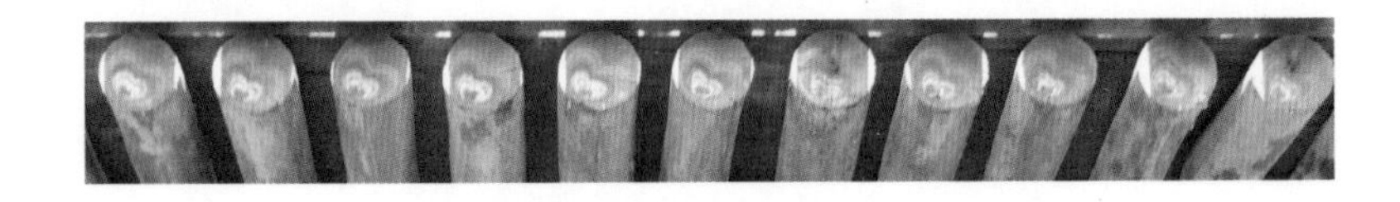

周家祠堂二进大殿前檐彩画现状　表 6.12

斗栱	
椽头	

本章通过分析兰州地区传统建筑彩画的油作技艺与彩画作技艺这两大工艺环节，并与官式建筑彩画技艺进行对比，系统总结了兰州地区建筑彩画的设计方法、施工工序与技术特征。兰州地区画匠们从木基层的油作，到彩画作，再到最后的室内墙面吊顶等，集合一体，形成了一套完备的工艺程序。发现无论是工序、顺序，还是工具、用料等，都与现北京地区官式彩画的工艺流程存在差别，显示出了鲜明的地域性特色。

其中，油作工艺主要采用『油腻子』和『布加油腻子』两种无血料地仗，是油作工艺在兰州地区发展适应、自我调整的结果体现。

彩画作的相关工艺除去装色顺序与官式彩画刷色顺序不同，其余部分基本相同。就工序的特点而言：其一，沥粉的粉浆以滑石粉、白乳胶、清漆、水为原料，调和时根据施工实际环境适当调整各部分比例；其二，装色时注意晕色压白色，大色压晕色，最后再进行注墨。

第7章

兰州传统建筑彩画的技艺特征

7.1 油作

最初的中国建筑，人们直接在木构件上涂刷油饰，不做地仗。随着技术与材料的发展，为进一步增强彩画层与木骨架的结合，从而延长其保存时间，开始出现在木构件上做一层基层底子再绘以彩画的做法，这也是地仗层的雏形。到清中后期，地仗的制作工艺也从起初简单的单层基质，发展成比较复杂的清代官式地仗工艺——以筛选后颗粒大小不同的砖灰为骨料，以血料（猪血）、桐油、灰油、光油、面粉等作胶粘剂，再杂以麻、布等拉结材料作为基层，覆盖于木构表面[1]。根据骨料、拉结材料使用种类及施用层数的不同，划分为单披灰、三道灰、一麻五灰、二麻六灰等不同种类，其中最为典型的是一麻五灰工艺。

地仗的制作工艺在不同地区有所不同。一方面，经过长期的发展，地域性彩画呈现出多元化的局面，各地匠师所沿袭的传统工艺和材料不同；另一方面，我国地域跨度大，不同地区的气候条件、风俗传统都存在很大的差异。甘肃兰州地区油作与官式油作差别较大，当前兰州画匠普遍使用的地仗工艺以调制后的腻子与油饰相结合为主，当地匠人称之为“油腻子”。

1　黄雨三．古建筑修缮维护·营造新机构古建筑图集[M]．合肥：安徽文化音像出版社，2003：99-101.

兰州地区的“油腻子”工艺是以调制后的腻子作为主要骨料，并不使用麻以及血料。原因在于血料和麻不仅造价高，且供货难，兰州地区就很难找到供货渠道，且兰州市内存在一部分以回族为主的少数民族人口，有许多清真寺，猪血因宗教禁忌在清真寺彩画中不能使用。所以，如今的地仗中，猪血的功能渐渐被骨胶、白乳胶等胶粘剂代替。骨胶一般呈固体颗粒状，使用前需加水熬煮或者泡发，较为麻烦，但价格低廉，兰州地区早期正是使用了骨胶。与其相比，白乳胶为成品，使用前无需加工，方便且黏性较好，但价格较骨胶贵一些，近几十年来当地多以此代替骨胶。

7.1.1 工具与原料

兰州地区油作长久以来一直服务于民间，施工规模与人数普遍有限。同时，兰州地区普遍施用的“油腻子”地仗层工序简洁，因此，油作工具的种类并不多，但是工具的使用非常灵活，常出现一器多用、自制简易工具等情况（表7.1）。

盛放工具：兰州地区用于调制腻子及油漆的工具多为开口较大的塑料盒子、涂料桶等。调制后盛放于瓷碗、瓦盆、塑料瓶内，用量大时，直接使用之前调制用的塑料桶，有时也会就地取材。

调制工具：地方画匠在量取粉质原料时，除瓷碗、塑料瓶等工具之外，有时直接用手抓取，便于老匠师对原料比例的掌控。用于搅拌的工具多为铲子、灰刀、木棍等，多为就地取材。此外还有用于过滤的铁砂网。

表层处理工具：拉锯、斧子、不同目数的砂纸、气枪、钢丝刷子、手提式打磨机、角向磨光机等。

刮灰工具：橡胶皮子、灰刀等。

刷油工具：各种型号的油漆鬃刷、滤网、喷枪等。

裹布工具：剪刀、气钉枪、刮板等。

地仗原料：石膏粉、清漆、腻子粉、白乳胶、粉质颜料、油漆、水、煤油或汽油、棉布等。

油作常用工具　　表 7.1

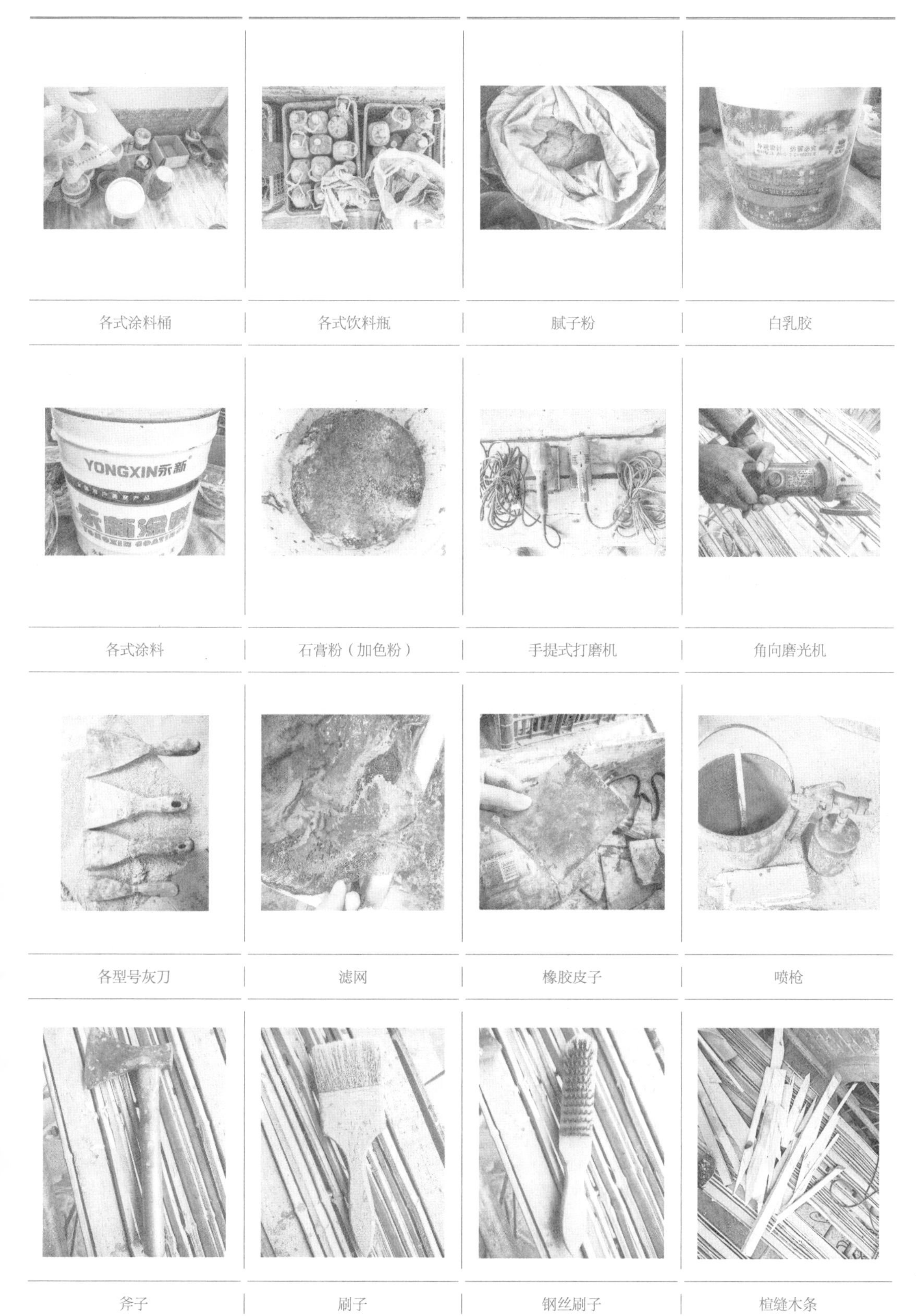
各式涂料桶
各式饮料瓶
腻子粉
白乳胶
YONGXIN永新
各式涂料
石膏粉（加色粉）
手提式打磨机
角向磨光机
各型号灰刀
滤网
橡胶皮子
喷枪
斧子
刷子
钢丝刷子
楦缝木条

7.1.2 木表面处理

作为油作之中的第一道工艺，木构表面处理是保障后续工艺顺利进行的基础。当地地仗首先是用斧子、铲子、钢丝刷子等工具对木构表层残留物质进行清理至见到木层，再对不平滑的木楔、木屑、木节凸起等进行砍除清理，使其尽量圆滑平整，兰州地区匠人称之为“清理木楦”。与官式彩画地仗操作第一步“斩砍见木”不同，兰州地区不用斧子在木构表层砍出斧迹，也没有后续用挠子清理及撕缝的步骤，除去工序简洁这一原因外，主要是因为兰州当地建筑用材较小，不宜砍凿，且地仗层相较于官式的“一麻五灰”轻薄很多，易粘结。

清理之后，将灰尘、木屑等清除，较窄的缝隙可以用毛刷或者气枪进行清理。之后的步骤同官式的“捉缝灰”“楦缝”类似。对于微细裂缝，用石膏粉填补，石膏粉填缝灰一般是将白石膏和与彩画大底色相同的油漆（一般使用绿油漆）混合，但是每个施工队在具体做法上可能存在不同程度的区别。较深、较宽的裂缝不能单用石膏，兰州匠人同样用大小合适的木条将缝隙楦满，木条也应低于构件平面，匠人们简单地统称之为“垫石膏”。

兰州传统的做法并不像官式彩画那样有着严格的规范与工序名称，且大大减少了工艺程序，“垫石膏”之后用打磨机、角向磨光机、砂纸等再次对表层进行砂纸打磨、清理粉尘，木表面处理就基本完成了（表7.2）。

7.1.3 地仗工艺

1. “油腻子”工艺

建筑木构表面处理完成后，当地做法需刷一层木质与地仗的过渡层，清除杂质的同时，使地仗层与木质基层衔接牢固，兰州地方油作中，这道工序简单地称为“刷油”。将与彩画大底色相同的油漆（一般使用绿油漆）与稀料（煤油或汽油）调和而成的底油通刷于木材表面，作用同理于官式地仗工艺的“汁浆”。油漆与稀料的调配比例并不固定，根据涂刷的

木表面处理工艺流程 表 7.2

1. 清理木楦

2. 清除粉尘

3. 垫石膏——楦缝

4. 垫石膏——填缝

5. 砂纸打磨

6. 打磨机打磨

木材质地而定。

匠师讲述：油漆与煤油的比例具体我也说不上，调的时候都是一边搅拌一边看着稀稠度就差不多了。不同的木料，稀料倒的就不一样，要是油松这类木头，比较硬一点，就稍微多加一些；要是白松，本身比较软，易吸水，就少加一些。有些特别白的木质也可以不兑稀料。

“刷油”后，在等待油层干的同时，开始调制下一步工序所需原料——“油腻子”。兰州早些年有很少的实例直接以腻子粉作为原料，但这样制成的基层易酥、易脱落，“油腻子”的调制则以石膏粉、清漆、白乳胶、水为原料，结实很多。调制时，一开始将生石膏粉、清漆大致以1：1的比例进行混合搅拌，但清漆不要一次性加足量，少量多次，方便观察，搅拌到有一定黏稠度但仍可流动的程度后加两份水和两份白乳胶（每份与初始加入的清漆体积接近），加水后，石膏粉开始大量吸水收缩，所以加水这一步十分关键且不易掌握。不停搅拌的过程中会明显感觉到阻力加大，混合物逐渐变硬，此时根据实际黏稠度再加1～2份水，继续搅拌混合，最后再加1份左右的清漆，增强韧性，后期易打磨（图7.1）。调制过程中，水、清漆、白乳胶都要分次添加，注意观察，量上灵活使用。

匠师讲述：先将清漆与石膏粉混合搅拌，石膏粉在油里比较不容易收缩，不能一开始就放乳胶，会直接变渣的。后面放水的时候一定要掌握好，要是掌握不好，石膏遇水收缩特别快，会一下收缩得跟石头一样，特别坚硬。但这个量啊，有些石膏粉吃水（吸水）比较厉害，这个东西不好掌握。和到什么时候算好呢？一是能闻到臭味出来了（混合反应），二是你用铲子挖起来一部分竖着放，它能往下滑开了（滑下来）就差不多了。这可不是个容易活儿，和一次得半个多小时。

兰州做法在“油腻子”搅拌完成后会添加一点绿颜料（图7.2），这是当地匠师在大量实践工程中自创的做法，目的在于后期上层彩画层若因为各种原因出现小面积脱落，透出的底层地仗与彩画色调相近，降低视觉影响，若地仗为白色，则会过于显眼。调和完成后的“油腻子”若本次没有使用完，可用塑料纸、保鲜膜等进行密封处理，可以保持到第二天，若变稠了可适当加一些水。

“油腻子”的调制要注意时间，在油层八九成干时就应该开始第二步工序——对需要画彩画的木构部分满刮腻子，如果油层太湿或者太干，腻子层都不易粘结。刮腻子的目的在于对木构凹凸不平、裂缝的部位进行找平。将调制好的“油腻子”盛在大瓷碗中或者直接使用刚才调制时用的容器，一手拿铲子挖取适量“油腻子”，另一手用橡胶皮子刮，刮的过程中一定要注意腻子的量，不可过厚（图7.3）。

匠师讲述：咱们现在刮腻子的话很多都用这种橡胶皮子，就是轮胎皮，大小就这样，将一边的两面削薄一点，好刮，有时候也用刮板。刮腻子时一定要拉长一点，越长越好。椽子这样密（排列紧密），就不好刮一点，缝缝里也一定要刮到。

第一遍腻子满刮完成后，等彻底干透后进行第三步——打磨。根据构件部位的不同选取砂纸、手提式打磨机等不同工具全部打磨一遍（图7.4），使第一层“油腻子”尽量平滑。最后用毛刷或者气喷枪清理粉尘。

清理过后进行第四步——刮第二遍腻子，工序与注意事项同第一遍一样。兰州地区建筑木构骨架用材良莠不齐，差异性很大，彩画地仗根据构件灵活调整，因此“油腻子”没有确切的层数，以构件表面比较平整为准（图7.5）。

每一层“油腻子”刮好干透后，都要重复第三步骤进行打磨、清理并找补。

官式“一麻五灰”基底各层成分与比例均不相同，而“油腻子”地仗是通过同一种基底成分，反复刮贴与打磨，来达到平滑坚固的效果，一般情况下刮三到四层。

第五步是在刮好的“油腻子”上喷刷一层加稀料调制后的油漆，作为彩画层的基底（图7.6）。油漆的调制同第一道底油类似，也是以成品油漆加汽油、煤油或者醇酸类作为稀料，比例可灵活掌握。

匠师讲述：咱们这儿画彩画基层做几层没有准数，或者一层或者三层、四层，以最后木头平整为准呢。做完后刷稀释后的油漆，这个可只刷一次，底油太厚的装彩画会打滑，不压底。至于稀释的量嘛，看木头和腻子的吸油情况，调整加的稀料，油大，油漆面装色打滑，油小，装色太涩，把色都吸走了。

最后一步：等油漆全部干透后，再次进行全面检查，对不平整、遗漏的地方再次用“油腻子”进行“找补”（图7.7、图7.8），干透后，地仗“油腻子”工艺也就完成了（图7.9）。

2. “布加油腻子”工艺

上文论述的“油腻子”工艺多使用于内、外檐需要绘制彩画的部位，兰州地区下架柱子的地仗工艺则是以“油腻子”工艺为基础，刮4～6层油腻子后，刷一层加少量稀料的色漆（一般为红油漆），再进行多道工序，相对繁琐，但成品坚固、耐风蚀。

匠师讲述：柱子在下面，看得特别清楚，旧的柱子至少四五遍腻子，新的建筑的话，柱子比较圆，可以少刮，也得4遍吧。如果刮腻子的时候你不刮匀，不修得圆一点啊，后面包布的时候，不平滑的地方会鼓泡的。

色漆干后，首先是打磨，

图7.1　调制“油腻子”

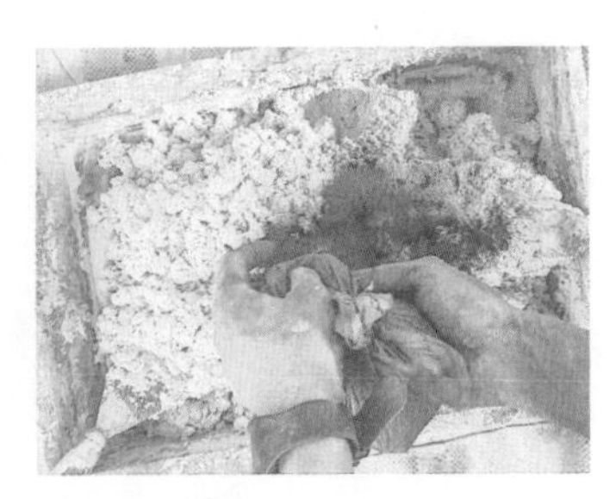

图7.2　加绿颜料

图7.3　刮“油腻子”

图7.4　打磨清理

图7.5　刮第二层“腻子”

图7.6　喷刷底漆

图7.7　再次找补

图7.8　找补完成

刷一层清漆。刷漆之前，当地匠师会用一些旧报纸包裹柱础，以防后期对柱身进行地仗处理时粘结污秽，不易清理。

在清漆未干时进行下一步操作——裹布。早些年，兰州匠人曾使用过一种绸布作为柱子地仗基层的一部分，称之为“彩旗绸”，后被强度高、耐碱、热稳定性较好且成本低的棉布所代替。裹布时需要三到四人相互协助，两人站在高处，将剪裁好的棉布自上而下垂直展开并拉好，一人在柱础处拉展，另一人沿着竖向棉布用刮板将一个边粘按在未干的清漆之上，粘的时候尽量保证棉布的竖直。粘好之后，用气钉枪沿边打钉固定，打钉位置尽量均匀。

固定好之后，将棉布拉开，从打钉固定的位置开始刷第二遍清漆，一边竖向刷，一边用刮板及时地将棉布粘裹在柱身上，裹的过程中切记要拉直，避免出现褶皱、松弛、鼓泡等问题。包裹柱子一周后，将棉布末端接缝处及上下边缘用刮板压实，多余部分裁减，再次用气钉枪打钉固定，之后遍刷第三层清漆，刷的时候要全部浸透棉布，再用刮板将浸透清漆的棉布边及重合部分压平整。

布层全部晾干后，再次刮“油腻子”，打磨4～5遍，每一遍晾干后都要进行打磨、清理。最后，再刷红油漆4～5遍，柱子“布加油腻子”地仗工艺整体结束（表7.3、图7.10）。

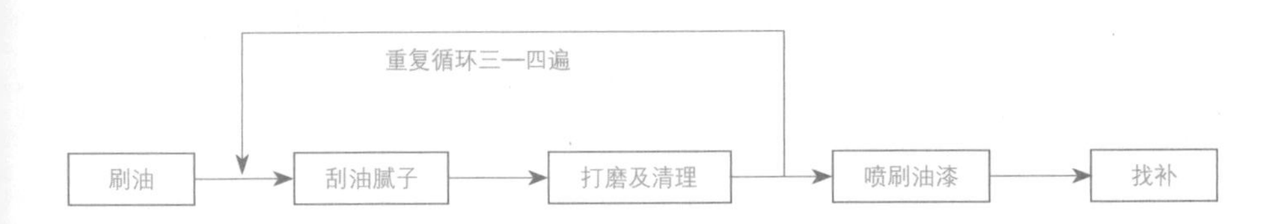

图7.9 “油腻子”工序流程示意图

柱子裹布及后续工艺流程　　表7.3

1. 展布

2. 压边

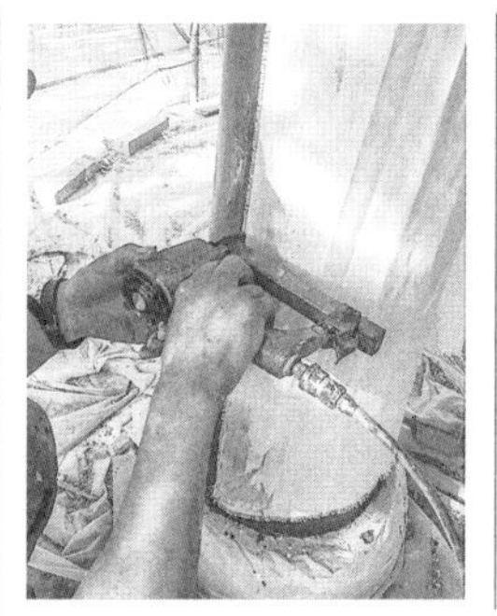

3. 气枪钉边

4. 刷清漆

5. 刮板裹布

6. 刷清漆

7. 刮板裹布

8. 气枪钉边

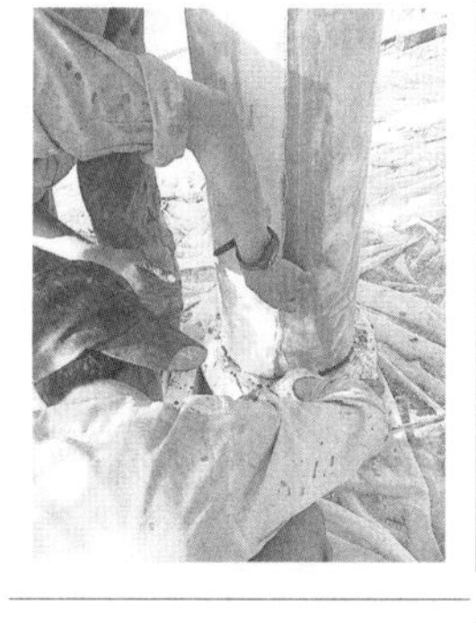

9. 裁减多余棉布

10. 清漆浸透棉布

11. 刮板压边

12. 刮腻子

13. 打磨

14. 重复12、13工序4～5遍

15. 刷油漆4～5遍

16. 完成

7.1.4 油皮工艺

在“油腻子”地仗完成后，建筑彩画的绘制将分两部分进行，一部分将直接开始彩画作的工序，另一部分则进行油漆工艺，即油皮工艺，如木结构建筑中的门窗、椽子、望板等部位多采用油皮工艺。

官式油皮工艺以三道油为中心，步骤为：上细腻子—头道油—二道油—三道油。视具体情况，可在上腻子前加刷一道浆灰，并在三道油后加刷一道光油。兰州地区早期传统油皮工艺也以桐油为原料，经熬制成为光油后再兑入各色颜料。常用色彩以红色、黑色、绿色、米色（奶油色）为主，其中红色使用最频繁。此外，兰州还有一种当地特有的番红涂料，颜色呈哑光暗红色，多使用于房屋山面梁架及内檐。兰州现在的油皮工艺做法是在“油腻子”地仗完成后，将所需色号的油漆进行过滤与调制，直接用喷枪或刷子喷刷即可（图7.11～图7.13）。

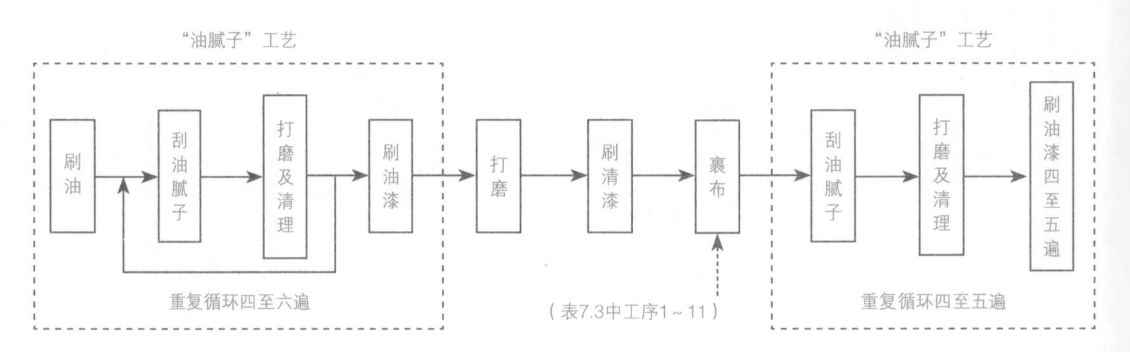

图7.10 “布加油腻子”工序流程示意图

图7.11　调制油漆

图7.12　刷椽身

图7.13　喷望板

7.2 — 彩画作

兰州地区彩画的研究较为匮乏，目前出版的相关刊物仅有1993年兰州市园林局与当地彩画艺人魏兴贞先生主编的一本图集《园林古建筑彩绘图案集》，且兰州有师承关系的彩画匠师也有了绝续之兆，后继无人，急需相关研究与扶持措施。

7.2.1 工具与原料

兰州地区彩画作的部分无论是工序、步骤，还是工具、原料，都与官式彩画有着很多的相似之处，其中也不乏许多民间画师的自制工具。

颜料：中国古建彩画早期的颜料均为矿物质颜料，其调制也是一个复杂的过程，至清末，逐步引入了化工原料。兰州地区彩画颜料分类与官式类似，按用量以及是否经过调配分为大色和小色两类，但总的颜色种类有所缩减（表7.4）。大色一般是指在工程中用量较大且未经调制的颜料，如群青、巴黎绿等。小色相较于大色用量较小，多为大色加不同量的白色混合调制，用作晕色，如群青加白之后的二青、三青等。另外还有一些色彩点缀于旋子或枋心水墨之中，用量较小，也列为小色，如“五彩粉丝花头”“五彩”之中常用的红色以及枋心之中的樟丹、赭石、胭脂、朱膘等。此外，白色颜料在彩画中的运用范围极广，除调制晕色外，还单独使用。兰州地区早期白色颜料有白土和铅粉，当前以钛白粉和立德粉为主。黑色则一般直接使用成品墨汁。这些粉质颜料的使用极大地减少了工程量和施工成本，通常只需将适当比例的颜料与清漆混合即可，也有使用胶进行调和的，具体比例因木质、地仗层的不同而差异较大。

官式彩画与兰州彩画使用颜料对比　　表 7.4

色系	官式彩画	兰州彩画	色系	官式彩画	兰州彩画
白色系	钛白粉	√	黄色系	石黄	×
	铅白	×		铬黄	×
	立德粉	√		藤黄	√
蓝色系	群青	√	红色系	银朱	×
	石青	×		樟丹	√
	普蓝	×		氧化铁红	√
	花青	×		丹砂	×
绿色系	巴黎绿	√		紫铆	×
	砂绿	×		赭石	√
	石绿	×		胭脂	√
	×	中铬绿		×	大红粉
	×	美术绿	黑色系	炭黑	×
				墨	√

绘画工具：兰州地区画匠目前使用的绘画工具以油画笔、毛笔及大面积刷色的排刷为主。其中使用频率较高的为油画笔，有方头与圆头两类，依据绘画时线型的需要选择不同型号的油画笔，是彩画规划线、旋花等主体部分绘制时的主要工具。此外还有传统工具——毛笔、油漆鬃刷。毛笔主要用于绘制枋心及楷板的水墨风景、植物花鸟等，还有一些要求精细的地方，例如切活、拉枋心框线等。面积较大的刷色需使用排刷。在绘制直线时还需要使用“靠尺”，也就是直尺，但兰州画师很多时候并不使用成品界尺，而是就地取材，有些匠师喜欢截取适当长度的铝合金窗框作为靠尺，因其有一定的厚度，使用过程中更好操作。

盛放工具：传统上盛放原料的容器多为瓷碗、瓷盆等，但目前盛放颜料的多为塑料饮料瓶，剪开后留下下半部分，或者将两个一次性杯子套用，小巧轻便。用量大时，直接使用调制时的桶之类的工具。

谱子工具及原料：牛皮纸、铅笔、橡皮、小锥子、棉纱布、色粉、滑石粉等。

沥粉贴金工具及原料：粉尖子、粉筒子、粉袋、镊子、软毛刷、白粉或滑石粉、白乳胶、金胶油、金箔或金粉等（表7.5）。

彩画作常用工具　　表 7.5

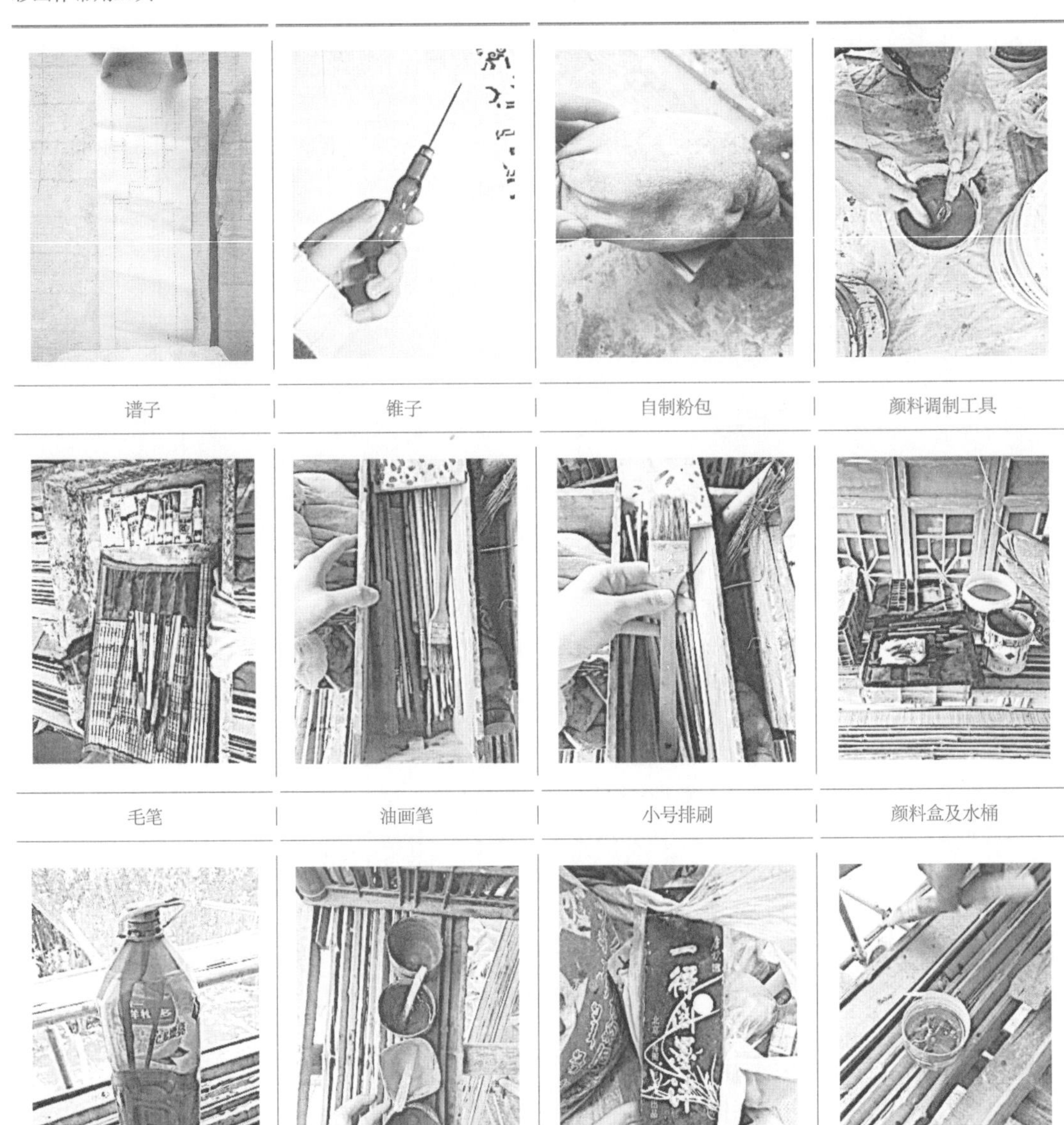

谱子	锥子	自制粉包	颜料调制工具
毛笔	油画笔	小号排刷	颜料盒及水桶
自制颜料分装瓶	自制颜料分装盒	墨	清漆

7.2.2

谱子工艺

谱子工艺是彩画作的先导。绘制彩画的位置一般为檐下建筑构件之上，不仅距离地面较远且构件上已有地仗基层，不能将画稿直接画在构件上，再进行刷色和绘制，它必须事先准备好尺寸合适、图案明确的稿子，这个稿子就是谱子。兰州传统的谱子工艺包括丈量尺寸、配纸、起谱子、扎谱子、拍谱子五个步骤。

谱子是与建筑构件尺寸相符的实样画稿，所以，第一步必须丈量尺寸，即对需要绘彩画的所有构件进行实际测量，编号记录。绝不可参照某一部分而推测另一部分，因为木构在实际加工过程中存在许多误差。兰州许多传统建筑的前檐有牵构件，它不像官式额枋那样为方木，而是上下面削平，前后两面仍保持弧度。彩画主要绘制于外凸的曲面上，因此，在丈量尺寸时一定要尽量准确。

第二步：将事先备好的牛皮纸按照所丈量的尺寸裁成适当大小。之所以选取牛皮纸，是因为相较于普通白纸，其厚度大、韧性好，易于后期操作。兰州彩画在配纸工序上十分灵活多变，并没有官式彩画中按半间配或按彩画部位配的规制。

第三步：画谱子。兰州地方彩画相较于官式彩画构图灵活、段落较为随意，并不是按三分之一比例来分配构图，因此只需将剪裁好的牛皮纸进行分中对折即可。之后依据构件长宽比确定枋心个数与各部分构图比例。兰州地区箍头内部“压黑老”，所以宽度略窄于北京地区，一般平枋结构为6～7cm，较大的担、牵结构为9～10cm。部分地区的匠师如今仍保留着使用粉笔描绘谱子的习惯，兰州当地的彩画匠师多使用铅笔（图7.14）。

谱子绘制完成后进入下一工序：扎谱子。根据花纹的繁密程度选取不同粗细的扎孔工具，兰州匠师一般选用带手柄的小锥子，也有用钢针的，将画好的谱子置于塑料泡沫板之上，沿着所绘线条走势扎孔，注意孔距与力度都要均匀，这样，后期拍出的线条才会流畅、易于辨认（图7.15）。扎谱子时可将谱子沿中线对折，一次性扎两层，展开后就会形成一个完整图形的谱子，为减小误差，兰州匠人一般不建议四折。

匠师讲述：地方上的谱子图形做多了，我们心里都有数了，直接就画了。

画好后就用五金店买的那种小号锥子扎，不能扎太密，不然施工中谱子很容易烂。

谱子制作完成后，最后一道工序就是拍谱子。将大白粉置于棉纱布或其他透气的材质缝制的粉包中，若彩画地仗层底色为白色，可适当加入一些色粉以便区分。将谱子对照整齐后固定于相应构件表面，用粉包在其上拍打或涂抹（图7.16），使内部粉质透过孔洞粘落在地仗表面，一定注意所有线条孔洞都要拍到，最后揭下谱子，构件表面就会形成由点连成的彩画轮廓线。

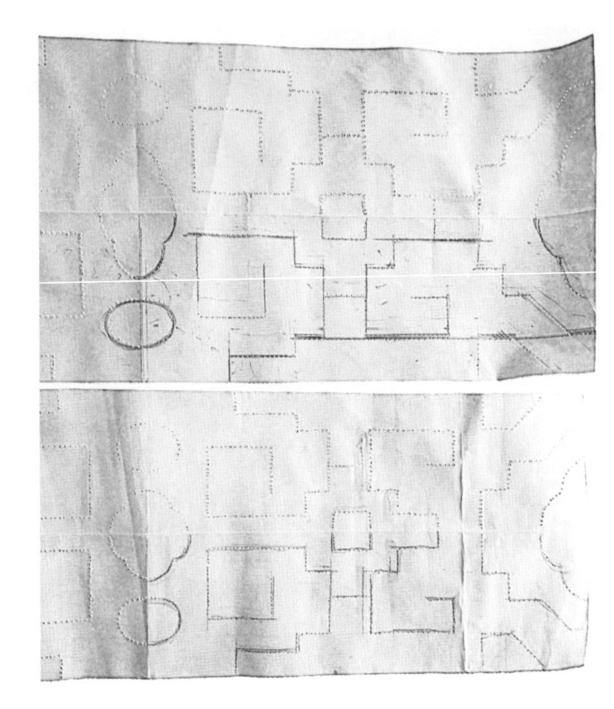

图7.14　铅笔稿谱子

图7.15　扎谱子成品

7.2.3 装色工艺

在谱子工艺完成后开始涂刷颜色，画匠们习惯称之为“装色”。与官式刷色不同，兰州的许多匠师是将拍好的样式首先用调制好的白色颜料勾勒一遍，工匠们称之为“装白”（图7.17）。装白的时候，线条一定不能过细，因为后续的晕色要压叠住1/2左右的白色，也就是白色被晕色压住一部分，最后留下原白线宽的1/2左右（图7.18），这就省去了官式做法中后续类似墨线小点金的“醒粉”这道工序，大大提高了效率。

“装白”完成之后，根据上下、左右颠倒、调换等规则进行号色。兰州地区只号大绿-六、大青-七两种，有时也可以不号。之后，再按照小色—大色—注墨的顺序依次进行。后续装色时，一般将饮料瓶子剪开，用下半部分盛颜料，或置于构件上，或端在手中，并不使用坠挂在手腕上的官式传统碗落子。晕色的调制，为避免各人的差异性，一般统一由“大师傅”一人掌控，以色阶自然为标准，全凭大师傅的眼力。装大色时，大色叠压在晕色之上，与装晕色时晕色叠压在白色之上一样。兰州传统建筑彩画中晕色的道数不同于临夏彩画的视情况而定，而是有明确的规制：除最高等级“大点金”退两道晕色外，其余全部退晕一道。至于每一道晕色的比例、宽度，则不用测量，全凭画匠的功底与眼力了。大色完成后，最后进行“注墨”（图7.19）——类似于官式墨线小点金的“拘黑”，用墨在白色外侧进行勾勒描画，使整体效果更加立体、分明。飞椽头由于易受雨水侵蚀，彩画绘制完成后会罩一层清漆来保护（图7.20）。

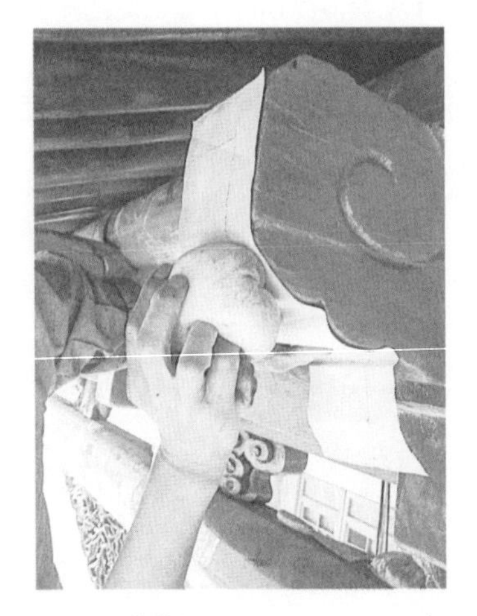
图7.16　拍谱子

图7.17　装白

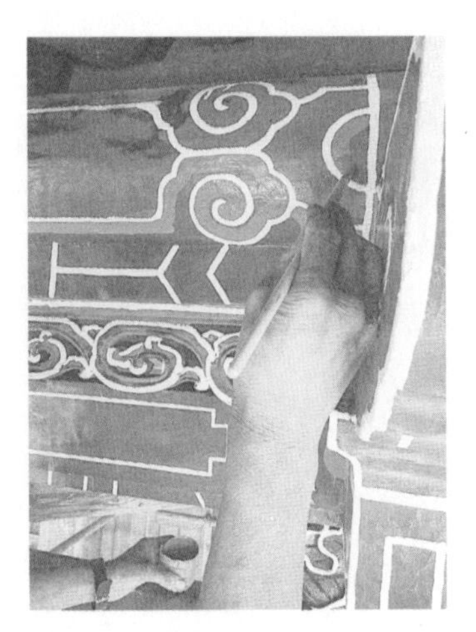
图7.18　装晕色

图7.19　注墨

图7.21　绘“白活儿”

图7.20　飞椽头罩清漆

图7.22　柱头、椿板各类水墨花卉

匠师讲述：调所有颜色，我们都是一个人来调的，当然是我们这里技术最好的大师傅，要是各调各的，那肯定都不一样。画了深色（大青、大绿）后就加白画第一道晕色，完了再加白，画第二道。到底加多少白，那得看颜色过渡合适不合适（自然），全凭眼力，所以才说得让大师傅来。

枋心及各处椿板的做法更为灵活，通常绘以各种“白活儿”，以各种题材的水墨为主。这部分工作由彩画工程团队内或聘请的国画方向的专业画师负责，绘制工作与彩画匠师的工作同步进行。若为等级较高的彩画，枋心沥粉贴金则需要绘制谱子。其余主题则由画功好的画师根据所绘构件尺度与建筑整体制式，选择内容主题，不起稿，直接徒手画（图7.21）。颜料为国画颜料，画笔为传统毛笔。山水一般先画中景，再画远景，最后画近处的细节；花鸟等先画主体物，再画配景（图7.22）。但也没有确切的要求，一般依据画师个人喜好。画师绘制完成后，由彩画匠师“注墨”，即沿枋心或椿板轮廓进行勾边，题字。最后，为保护国画颜料显色的持久度，再罩一层透明清漆。

7.2.4

沥粉贴金工艺

兰州彩画沥粉工艺与官式彩画的工序一致，也是位于刷色工艺之前，但由于兰州仅有“大点金”“小点金”两类等级较高的彩画需要沥粉，故将其与贴金工艺合并于此，一起论述。“沥粉”是将调制的粉浆材料通过专门的器具，沿着图案的轮廓线，用挤压出的粉条来勾勒图形。其最大的特点就是粘结于表层的凸起的粉条会让纹饰图案极具立体感，从而提升装饰性。沥粉贴金技术起源很早，敦煌石窟第263窟的北魏时代壁画中就出现了沥粉贴金的实例[1]，经后世唐、宋等多朝的改进，发展至清代的成熟。

兰州地区早年的沥粉材料以大白粉为主，加以骨胶，后被比重大一些的滑石粉取代。粉质的调配以滑石粉、白乳胶、清漆、水为原料，其比例大致为1个滑石粉配以白乳胶1份、水1份、清漆半份，均匀搅拌即可。

传统的沥粉工具由粉尖子、粉筒子与粉袋子三部分组成（图7.23、图7.24），前两部分由铁经过加工焊制而成，粉袋子早期曾使用猪膀胱，但在20世纪70年代就已经全部改用塑料袋自制了。旧时的猪膀胱则必须当日立即清洗，否则易腐败变味，不易保存。另外，在绘制彩画小样时，也有人使用注射器针头与一小段针筒作为粉尖子与粉筒子，与充当粉袋的塑料袋相结合的沥粉器，可根据所需沥粉线条粗细选择合适的注射器（图7.25）。沥粉过程中断时极易出现内部粉质失水变干涩的情况，此时可以用细铁丝插入粉尖子进行疏通，若需保存至第二天继续使用，则需要将粉尖子头（或针筒头）用水泡或将整个沥粉器置于冰箱内保存。

沥粉过程中，为了保证粉条的均匀流畅，手不仅要用力均匀，还要尽量平滑地移动，抖动、往复都容易毁坏粉条的圆润顺滑，影响后期贴金的效果。粉质的浓度也必须统一，粉质过于黏稠则不易挤出，加水过量稀释后又容易流坠，线条塌陷，不易定型，且加水过多会降低粉质的含胶量，可能会导致粉条干后脱落的情况，但含胶量过高同样会出现粉质干后易断裂等问题。此外，

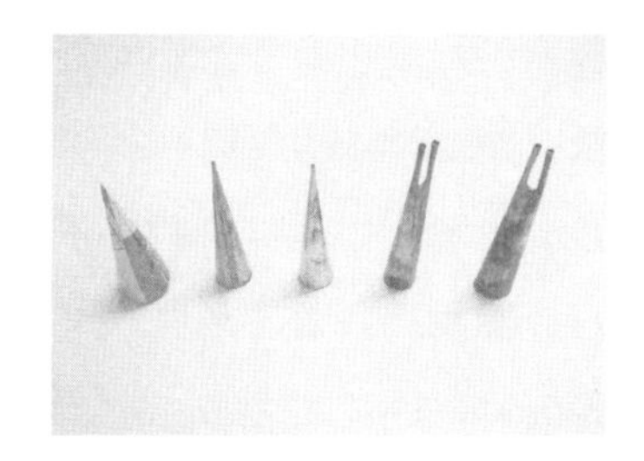

图7.23 粉尖子

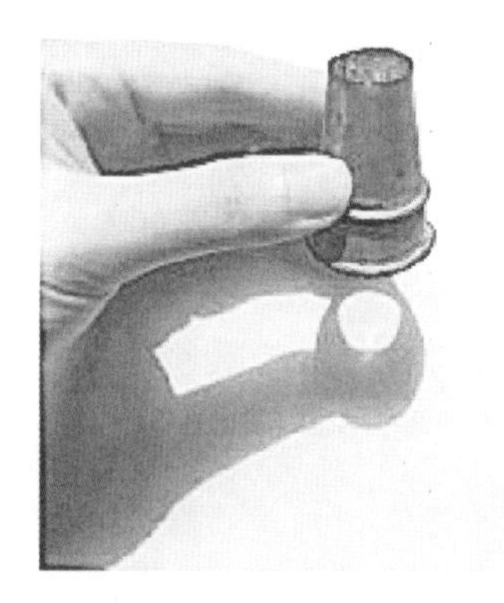

图7.24 粉筒子

粉质各成分的比例也会根据本时段的气温、湿度等各种外界因素进行调节，如高温施工，粉质应该略偏稀一点点，气温偏低的时节，则应做好粉质的保温，避免其出现冷凝。因此，兰州地区彩画施工同样有对于温度的控制要求，低于5℃不可施工。

沥粉刷色过后，进入了贴金阶段。中国古建筑的金碧辉煌是离不开金的装饰的，我国在金的运用上也是历史悠久、方法各异，彩画作中以贴金为主（官式中将贴金归于油作）。

兰州地区需用金的彩画仅有“大点金”“小点金”“金青绿”三种，前两种为沥粉贴金，最后一种不沥粉，以红丹粉打底后涂刷金粉。贴金前的一道工序是在需要贴金的部位涂刷金胶油，俗称“打金胶”。金胶油即把金箔粘到物面上的胶粘剂，黏稠度大且具有适当的干燥时间，即在一定时间内结膜均有黏性，以便金箔能从容地粘到物面上。兰州地区早期有用清漆作为贴金的胶粘剂的，目前多以黄调和油与成品金胶油以4：1的比例

1 蒋广全. 中国传统建筑彩画讲座——第一讲：中国建筑彩画发展史简述[J]. 古建园林技术，2013（3）：16–18.

图7.25 自制沥粉器

调和制成，且上午涂刷后，晾至下午即可进行贴金了，并不像官式“隔夜胶”那样第一天刷饰需等至第二天贴金。为避免胶粘剂过于黏稠，当地也有加少许稀料稀释的做法。“打金胶”时一定要精细，贴金的整齐与否决定于此，若是涂刷时越过或未至边界轮廓线，都将导致金箔压过纹饰边缘或者根本不能填充完全。

匠师讲述：早些年的时候，我们都用清漆来贴金的，那时候有酚醛清漆、醇酸清漆，还有脂质调和清漆一类的，后来不用了，都变成了黄调和油。之前我做工程的时候还用过一种金箔膏，跟牙膏一样的，挤出来就可以直接用。现在用黄调和油加成品金胶油，这个比例大约是黄调和油80%，金胶油20%吧。要是天儿很热咯，有时候2～3小时就可以贴金了。

兰州早期古建使用的金箔多购买于青海地区，如今，金箔的售渠道很多，匠人们可根据实际工程预算购买。但多数追求工程质量的匠师购买的金箔同官式建筑使用的一致，都是产自南京金陵金箔制造厂的，一般分为两种：库金，含金量98%，故又称“九八金箔”，纯金色，色泽黄中透红，经久不衰，沉稳而辉煌，单张尺寸为9.33cm×9.33cm；赤金，金含量74%，故又称“七四金箔”，色泽黄中偏白，浅于库金，但亦很光亮，延年程度亦不如库金，易发暗，一般光泽保持3～5年，单张尺寸为8.33cm×8.33cm。由于加工好的金箔厚度只有0.13μm，比纸还轻盈，呼吸的微弱气流就可以将其吹跑，使其碎裂或褶皱，且一旦折在一起就无法平展使用了，所以，金箔出厂时都是用两张很薄的绵纸将金箔夹在中间，以起到保护作用。贴金工艺除了使用金箔，还有使用与金箔色泽相似的铜箔的，厚度大于金箔，但仍比较轻盈，造价较低。除了粘贴的工艺外，还有以刷金来代替的，将铜金粉以清漆调和稀释，进行涂刷，但其色泽与延年程度均较差。

贴金前应准备金夹子、滑石粉、棉花。其中金夹子为竹子制成，形同普通的镊子，但要求夹口必须平滑、圆润且合并紧密，这样，夹取时才可以避免戳破金箔或夹不牢固。将滑石粉擦拭在金夹子和手指上，使其光滑不黏稠。贴金手法与官式手法一致（图7.26）。贴完金后，护金纸脱落，但金箔交接处会有重叠与不严之处，且粘贴的过程中也会出现断裂、飞边等痕迹，这时需进行下一步——“走金”。拿取事先备好的团状棉花进行轻拢，既可以补贴不严密之处，还可以将飞金拢走，动作一定要轻柔，否则极易破坏金层。最后，若使用的金箔为赤金，或使用的是铜箔，则需要在表面罩一层清漆，以保证金箔光泽的持久度，若使用的是库金，则一般不需要罩油。

7.2.5 查缺找补

彩画基本完成后，还要最后对彩画的所有部位进行细致的检查，当地称之为“找补”或“打点活儿”。其实，画匠在整个彩画绘制过程中，在每一步完成后甚至完成期间都会不停地进行“找补”，主要检查是否有遗漏、刷色不匀或者不净之处，用原色进行修正，最后再清理浮尘。

匠师讲述：“打点活儿”

我们一直都在做的，每次刮腻子啊、刷油漆啊、大色小色这些都要不停找补的。而且你一直在近处画，可能没发现，不能嫌麻烦，你得多下来（下架子）转转，这跟画画也要放远处看看一样。全画完了进行最后一次大检查，围着整个建筑多转转，一般没啥问题，因为平时这个工作就做好了。

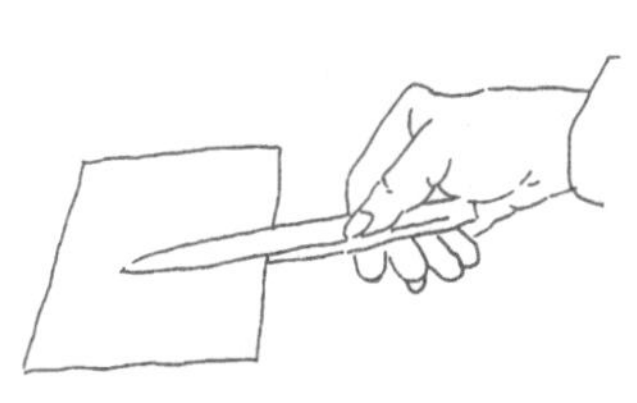
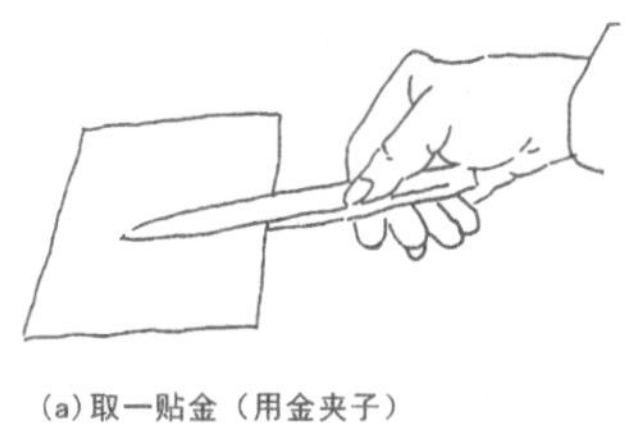

(a)取一贴金（用金夹子）

(b)对叠（上短下长）

(c)撕金（按图样宽窄定）

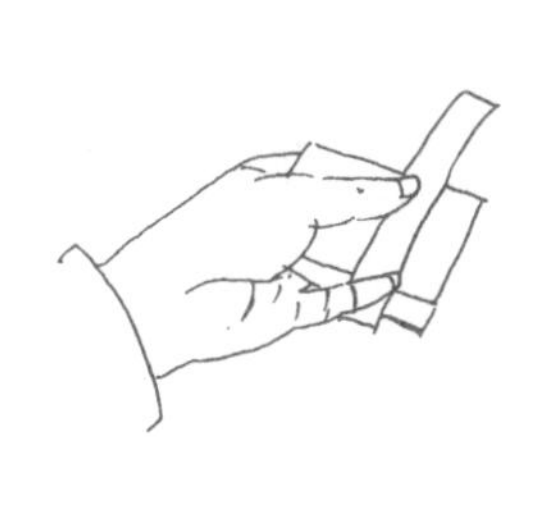

(d)拿金手势（用夹子展开撕下的金）

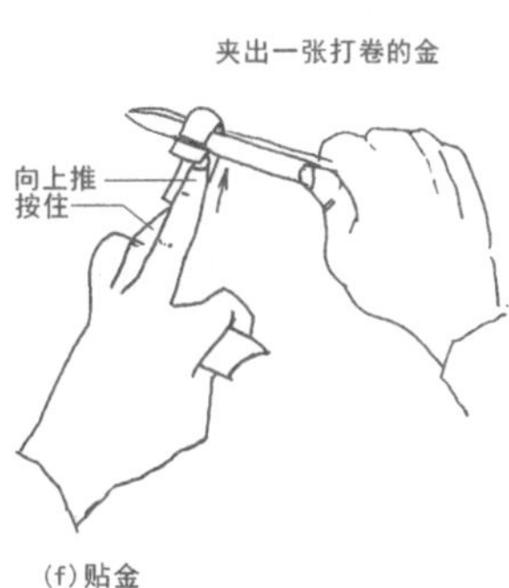

(e)划金

(f)贴金

图7.26　贴金手法

本章选取了笔者亲自参加的两个兰州传统建筑营造项目进行简单的展示。尽管当前兰州地区传统建筑营造项目规模都比较小，笔者参加的这两个项目在业内大家看来确实不值一提，但在一定程度上也能印证前文所述，在此便贻笑大方。

兰州理工大学校庆牌坊项目中，由于参与的主要是在校师生，缺乏木工基础，部分工序使用了现代化机械，但基本保留了传统木作的精髓；金山寺彩画修缮项目中，使用的工具、技艺基本与传统做法相差不大，但限制于成本高昂、制备困难等原因，颜料、辅材等使用了现代化工材料。二者在记录、展示之余，为日后探讨传统营造技艺传承的原真性等问题提供了素材。

第8章

兰州传统建筑营造实践

8.1 — 木作实践——校庆牌坊制作

8.1.1 实践概况

实践时间：2018年10月—2019年1月。

指导匠师：范宗平（座头）、陈宝全（掌尺）。

本项目依托于2018级研究生“营造法式”课程，计划在百年校庆来临前修建一座牌坊。该牌坊由座头、掌尺、掌尺学徒共同探讨设计，选样对象为五泉山入口牌坊。但是考虑到资金有限，在建筑规模上有所缩减，并且边楼斗栱改用二步栱子。另外，柱子没有使用兰州地区传统做法中的圆柱，而是使用了受力性能稍优的方柱。为了降低大木制作对木匠基本功的要求以及提高工作效率，部分工序采用了现代化的机械来代替人工。在2019年1月之前，本项目所有大木作部分基本完工，等待选址安装。遗憾的是，到本书截稿为止，牌坊还没有整体安装起来，故本部分内容缺少了整体安装的详细做法。

8.1.2

选样与设计

图8.1　选样对象——五泉山牌坊

图8.2　校庆牌坊方案讨论

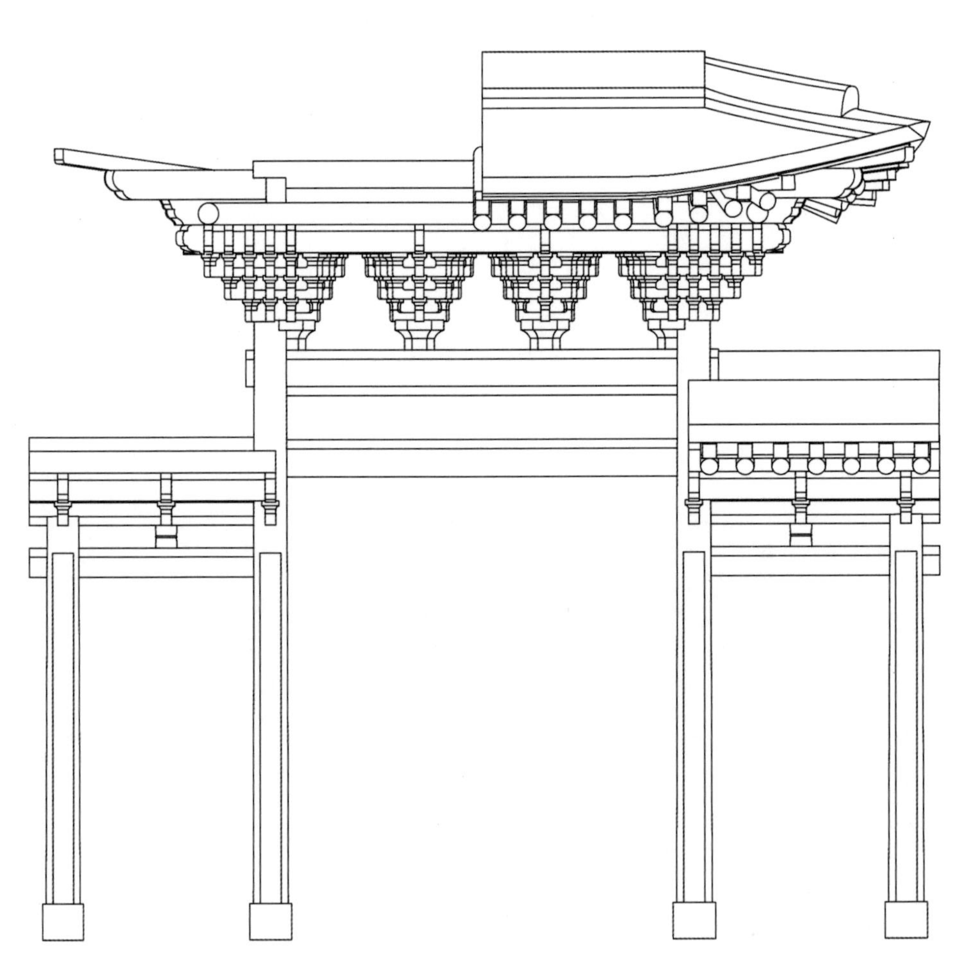

图8.3　校庆牌坊正视剖立面图

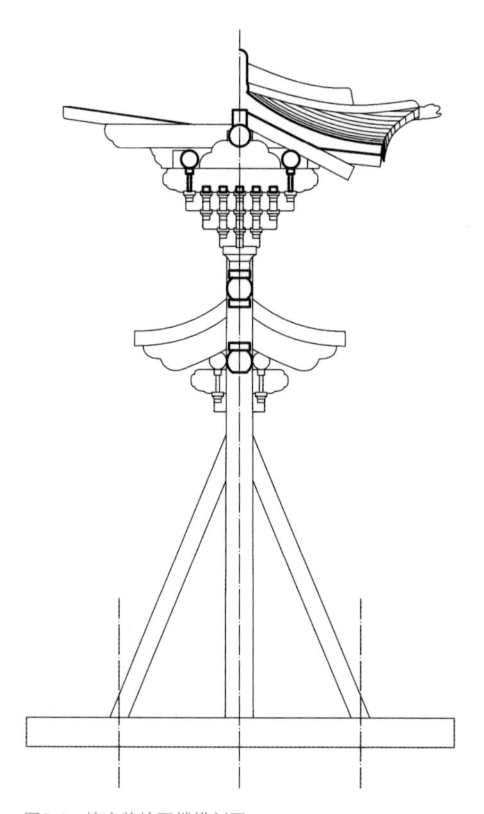

图8.4　校庆牌坊正楼横剖图

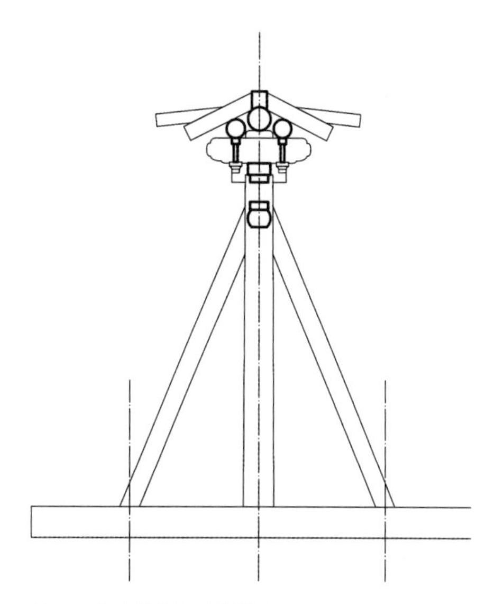

图8.5　校庆牌坊边楼侧视图

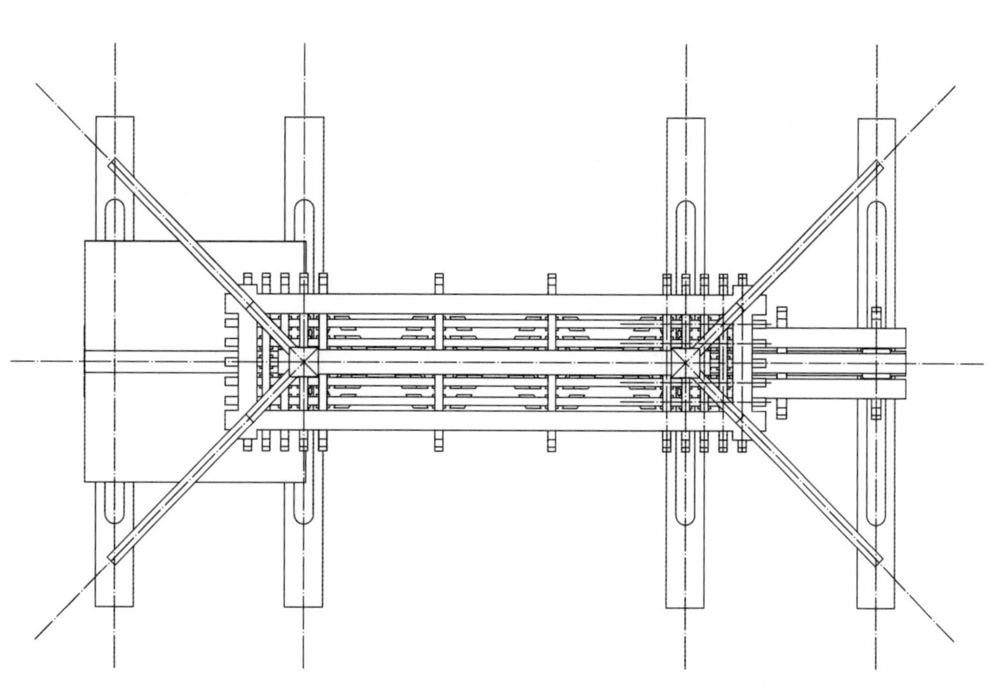

图8.6　校庆牌坊俯视图

8.1.3 斗栱制作实践

校庆牌坊斗栱制作流程表 表 8.1

1. 把方料截成长短、宽窄合适的木块，对木块四面进行刨光处理。此处在使用手刨推平一个窄面和一个宽面后，使用平刨机把剩余面刨平

2. 把同部位、同规格的斗栱方料码放在一起，对齐后统一画线。画完相同一面后统一翻面，再重复对齐、画线的步骤。在该步骤，画出所有斗栱栱子、担子、云头构件的开槽部位与形状

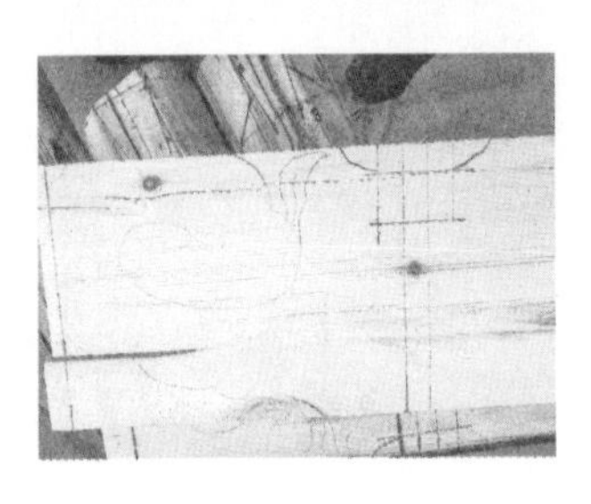

3. 把需要雕刻的云头部位画上纹样。一般会在硬纸板上画出纹样，然后进行裁剪，制成模板，依照模板在雕刻部位用铅笔勾勒纹样

4. 用锯子拉通槽口两侧，再用凿子对着槽口部位多余木料的底部下凿，最后用平铲把槽口修平。同时把斜云头两侧拉开，铲平，修棱线

5. 用凿子、刻刀阴刻云头花纹	6. 上下对齐各担子、栱子、云头的槽口，进行组装

7. 把用来制作小升子的方料刨平后，两侧去掉斗底部分多余的木料。然后，先用凿子粗略地把斗鰤部分多余的木料去除，再用圆刨把斗鰤修平整	8. 把初步加工后的用来制作小升子的木料码放在一起，统一画线，画成六边形、菱形、方形等各种类型的小升子

9. 把画好的木料固定好，先用细木锯子锯出斗鰤弧线，再用宽锯子截成单独个体，最后使用凿子开出斗耳间的槽口并铲平	10. 把修整好的小升子安装在斗栱主体上，个别大小不合适的需要反复修整、调试，最后一一对应固定在斗栱上。一般使用小木销子进行固定，此处使用了气钉。上图为基本制作完成、尚未安装的角彩

上图为基本制作完成、尚未安装的边楼栱子	上图为基本制作完成、尚未安装的正楼六角单彩

8.1.4

大木构件制作实践

校庆牌坊大木制作流程表

表 8.2

1. 挑选合适的木料，若为旧木料，则需检查有无钉子，并拔除	2. 量长短。需要避开糟朽、有节等不好的部分
	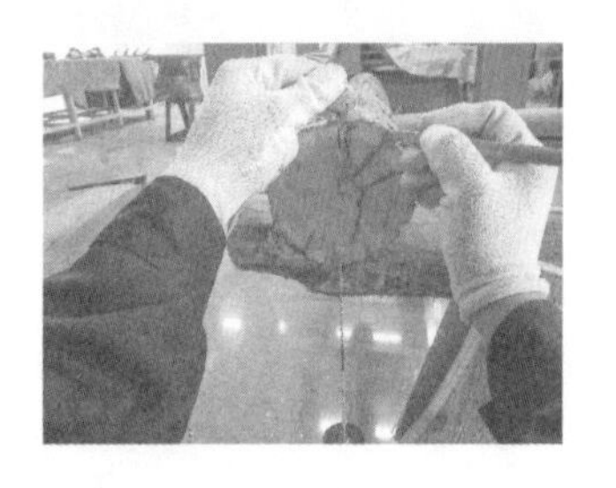
3. 截去木料多余的部分	4. 在圆木截面上画中

5. 以牵为例，在圆木截面上画出构件断面	6. 按照两端截面线弹墨线

7. 按线砍去多余木料	8. 用平面刨把木料的棱角修圆

9. 刨光

10. 得到制作檐牵的圆料，再次弹上墨线，以待后续画线

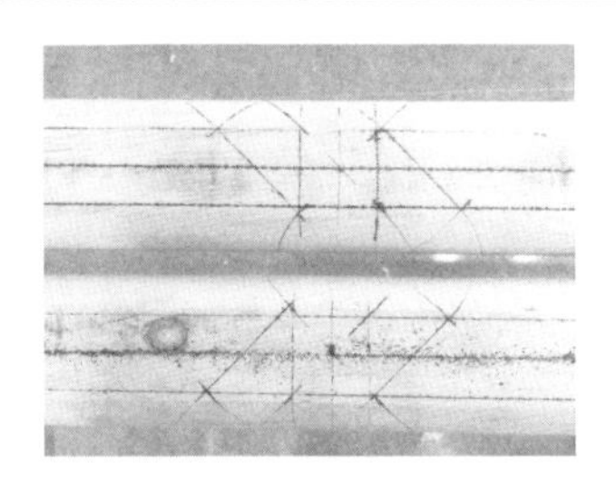

11. 把各种同类型构件码放在一起，然后统一画上榫头、卯口线

12. 锯榫头

13. 开卯，凿眼

14. 对梁枋头进行造型处理，用弯锯子截去多余部分

15. 对梁枋头进行雕刻

16. 对角梁等方料制作的构件进行处理，截去多余部分，并制作榫卯

17. 以大角梁为例，对需要精细雕刻的梁头进行雕刻

8.1.5

花板制作实践

校庆牌坊花板制作流程表

表 8.3

1. 把板材制成大小、薄厚合适的花板用料，再画上花板图案，现在常画好样本后使用复写纸拓印。接着使用凿子打眼，再用搜锯锯出镂空部位。本次实践主要使用曲线锯代替了搜锯

2. 使用凿、削等手法进行浮雕制作

3. 基本制作完成的长、短花板，主题为云子和汉纹

8.2 油饰彩画作实践——金山寺彩画项目工程

2018年暑假前夕，笔者在校内导师、校外实践导师与兰州彩画匠师王顺义先生的带领下，有幸直接参与了“甘肃省兰州市白塔山古建筑群——金山大殿”的保护修缮工程，从前期的项目考察、方案制定，到实际的彩画修缮，全程直接参与并实时跟踪记录，理论与实践结合，得到了极大的收益。

8.2.1 项目概况

1. 项目基本信息简述

项目名称：甘肃省兰州市白塔山古建筑群——金山大殿修缮工程。

保护级别：省级文物保护单位。

保护管理机构：兰州市白塔山管理处。

2. 文物单位形制概况

历史沿革：兰州园林记载，金山大殿始建于1959年，正值兰州进行大规模旧城改造期间，而修建金山大殿的材料正是充分利用了当时拆除的古旧建筑的部件。其建筑本体信息已无从考究，自建成以来为白塔山管理处管理使用。

具体位置：白塔山公园西侧山峰峰顶。

建筑形制：金山大殿坐西北朝东南，高一层，为单檐歇山建筑，面阔三间，进深三间（含廊步），总高约9.5m，明间台基前施以踏步，通檐用四柱，屋面为布灰筒板瓦覆盖。建筑面积约134m^2。

8.2.2 油饰彩画勘察

油饰彩画类型：金山大殿油饰经现场勘察，其现状非官式做法，为兰州地区地方做法。彩画为当地特有的青绿旋子、青绿汉纹旋子，个别部位有金（金粉）青绿旋子彩绘。建筑内檐为苹果绿素彩。彩画笔触流畅，均衡适度，不失为地方彩画佳品。

彩画颜料方面：金山大殿彩画主色为青绿，主要颜料为钛白粉、巴黎绿、群青、氧化铁红、章丹、铬黄。建筑外檐满作青绿旋子地方彩画，建筑物内檐为油漆及素彩。室内梁枋为油漆，椽望为氧化铁红。

油饰方面：金山大殿油饰均为单披灰地仗，飞椽身为深天蓝色油漆，檐椽身为深绿色油漆，连檐为红色油漆，柱为红色油漆，内檐及室内梁枋均为苹果绿油漆，门窗及装修外为苹果绿油漆、内为奶油色油漆，以特有的刷饰规律施于建筑上，其独特的效果往往给人一种肃穆、庄重、拥有强大气场的感觉，旧时应用十分广泛，也是深受百姓喜爱、认同的传统油饰手法。

细部构件原有油饰及彩画纹饰做法：

（1）飞檐椽：椽身为深天蓝色油漆。飞椽头纹饰为方形栀花，栀花心为红色，栀花叶为绿色，栀花角为蓝色，均施以退晕。

（2）檐椽：外檐及檐廊的檐椽身为绿色油漆。檐椽头纹饰为圆形“三柱箭”，各大色均施以退晕。

（3）角梁：枋心头为如意头，其中老角梁头为汉纹旋子，枋心为空枋心，青、绿均施以退晕。

（4）角垫板（枕头木）：纹饰为青绿色荷花卷草，退晕，底色为铁红色。

（5）破尖云头、棋子：在柱上的破尖云头另有部分汉纹及旋子。青、绿二色调换施用，退晕。

（6）檐檩：纹饰为青绿色旋子彩画，退晕。枋心较长，枋心头带有旋子。

（7）平板枋：纹饰为青绿色汉纹，退晕。枋心较长，枋心头带有汉纹。

（8）牙子：青、绿两色调换运用，退晕。明间中部为青色，青、绿调换至次间。

（9）荷叶墩：以青、绿色为主，退晕。

（10）檐枋：纹饰为汉纹云子，退晕。明间枋心为绿色，次间枋心为青色。纹饰主题以花卉为主。

（11）雀替：纹饰为卷叶花卉，青、绿两色调换运用。

（12）柱子：柱头纹饰为旋子和枋心，柱身为红色油漆。

（13）楷板（走马板）：纹饰主题以山水、花卉为主。

（14）外檐及檐廊望板为氧化铁红。

（15）内檐廊梁枋：苹果绿油漆，在部分梁枋上饰以素彩。

（16）檐廊门窗：苹果绿油漆。

（17）室内梁枋：苹果绿油漆。

（18）室内门窗：奶油色油漆。

（19）室内椽望：氧化铁红。

（20）所有木结构地仗为单披灰地仗，地仗材料为清漆石膏腻子。油饰彩画病害、残损、工艺、纹饰、颜料勘察分析见（表8.4）。

部位			勘察分析		
下架	前檐	檐柱	 檐柱、金柱现状	 檐柱细部现状1	 檐柱细部现状2
			病害残损	因年久失修又缺乏保护，部分木骨外露，风化严重，局部有地仗残留遗迹，尚可辨认	
			工艺分析	单披灰地仗（清漆石膏腻子）	
上架	前檐	外檐	 明间大木	 大木细部1	 大木细部2
			 次间大木	 大木角梁1	 大木角梁2
			 檐柱云头、梁头	 飞头、椽头	 角梁飞头、椽头
		内檐	 檐廊素彩近照	 檐廊素彩	 檐廊素彩

部位			勘察分析	
上架	山檐	外檐	 雀替细部 　雀替遗失 　大木细部  飞头、椽头 　梁身细部 　梁头细部	
			病害、残损	因年久失修又缺乏保护，部分木骨外露，风化严重，彩画残留遗迹，部分易辨认，部分已模糊
			特征分析	地方青绿旋子彩画、青绿汉纹旋子彩画，个别部位有金青绿旋子彩画； 飞头纹饰为方形栀花，檐椽头纹饰为“三柱箭”； 建筑内檐为苹果绿油漆，部分绘制苹果绿素彩； 颜料为钛白粉、巴黎绿、群青、氧化铁红、章丹、铬黄，易辨认

8.2.3

拟定准则与方案

千百年来，油饰彩画一直是我国传统建筑不可或缺的重要组成部分。相比于文物、书画、古玩等，这类不可移动文物建筑的油饰彩画更贴近生活，它更直接、敏锐地受到当时政治、经济、文化等外部环境因素的影响。无论从历朝历代的历史纵向上，还是从南北东西不同的地域横向上，油饰彩画都以一种独特、忠实的面貌记录着我国各个方面的系列变化。

金山大殿的油饰彩画承载着诸多当地始建时的讯息，为后人保留了传承地方文化的实物载体，文物文化价值十分重要。本工程正是对当地油饰彩画的研究与保护，是极具意义的。

修缮原则：

必须遵守不改变文物原状的原则。要遵循“原材料、原形制、原工艺、原做法”的四原原则，谨慎修缮保护。

安全第一原则：要通过修缮确保文物自身安全和使用安全。

最小扰动原则：在保证安全和不改变文物原状的原则下，尽量减少对文物建筑的扰动，尽可能多地保留原彩画和原构造，使用本土原材料。

充分尊重彩画的时代特征和工艺做法的原则。

尊重传统，保持地方风格的原则。

修缮目的：

通过此次油饰彩画修缮工程，要达到重现文物建筑原有油饰彩画风貌的目的，在有充分依据的情况下恢复油饰彩画原形制和原做法，以保证文物建筑风貌的完整性。

本次修缮以现场的彩画遗存为依据，油饰彩画要完全用原颜料和传统彩绘工艺进行修缮，保证原彩绘的重现。

8.2.4

彩画设计

以商周时期青铜器上的“回纹”“饕餮纹”与官式彩画之中的“夔龙纹”为设计来源，变形重组为极具兰州地方特色的“汉纹”样式（图8.7），其上多层平枋、檩条结构的纹饰依据构件尺度，配以制式相符的“汉纹”与“旋花”纹饰（图8.8、图8.9）。

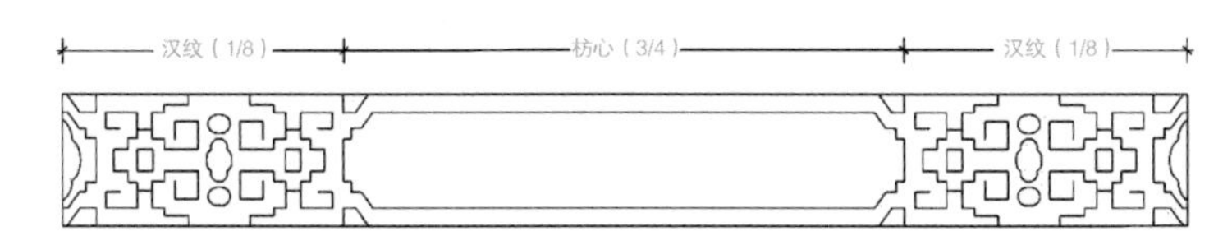

图8.7　前檐牵纹饰与构图

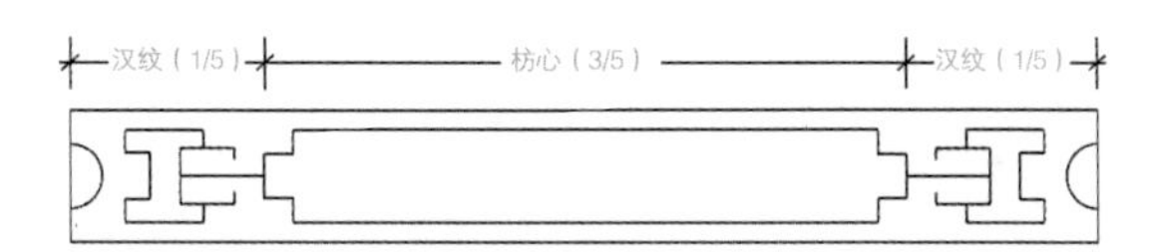

图8.8　平枋纹饰与构图

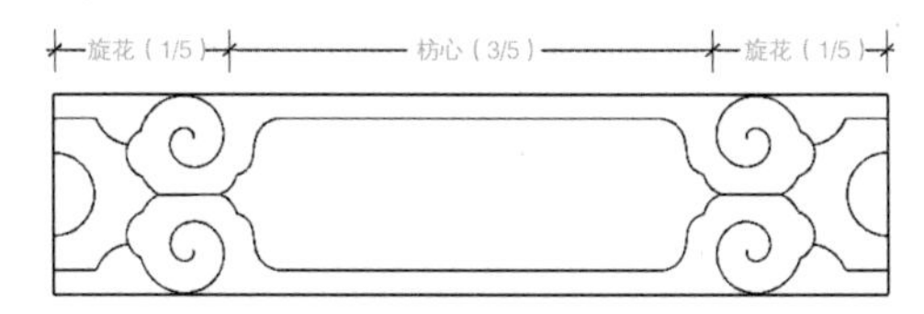

图8.9　檩条纹饰与构图

8.2.5

施工流程

白塔山金山大殿建筑彩画工程完全依照本文第7章中“兰州传统建筑彩画技艺现状”记述的工艺流程进行。其中绘制彩画的各构件均施以“油腻子”地仗工艺，檐柱施以“布加油腻子”工艺。笔者对金山大殿建筑彩画工程中本人参与的A、B、C三部分彩画工作进行了区域划分（图8.10），并对不同区域的具体工序与时长进行了汇编，整理制图（图8.11～图8.14）。在修缮工程之中，笔者从前期的落架搭架，到最后的查缺补漏、拆架，全程参与并实时记录，在实践中收获良多（图8.15～图8.20）。

8.2.6

完工展示

白塔山金山大殿建筑彩画修缮工程依据文物彩画原状修复，为金青绿汉纹彩画。外檐彩画以青、绿二色为主色，菱角地描金，枋心绘以花鸟、植物、山水等各种白活儿。内檐绘以兰州地方素彩，以苹果绿为主色，淡雅别致（图8.21～图8.24）。

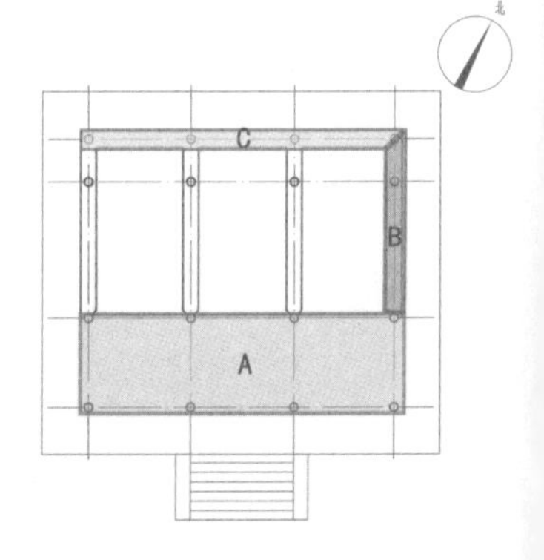

图例释义：
A区域：正面外檐右半部分+内檐全部
B区域：右侧山面外檐
C区域：背面外檐

图8.10　金山大殿彩画施工分区图

工序 时间	落地搭架	清理木楦	垫石膏	打磨清理	刷底油	刮腻子1	打磨找补	刮腻子2	打磨找补	喷漆望板	刷椽身	刷底漆	找补	画椽头	飞椽头罩清漆	拍谱	装色	绘枋心	注墨	枋心罩清漆	查缺找补
2018/6/14	●																				
2018/6/15	●					●															
2018/6/16							●				●										
2018/6/17									●			●									
2018/6/18													●	●							
2018/6/19																●	●				
2018/6/20																					
2018/6/21															●						
2018/6/22																		●			
2018/6/23																					
2018/6/24														●				●	●		
2018/6/25																	●			●	
2018/6/26																				●	
2018/6/27																			●		●
2018/6/28																					●
2018/6/29																					
2018/6/30																					
2018/7/1																					
2018/7/2																					

图8.11　金山大殿A区外檐及B区域彩画工序图表

工序 时间	落地搭架	清理木楦	垫石膏	打磨	刷底油	刮腻子1	打磨找补	刮腻子2	打磨找补	喷漆望板	刷椽身	刷底漆	找补	画椽头	飞椽头罩清漆	拍谱	装色	绘枋心	注墨	枋心罩清漆	查缺找补
2018/6/18	●					●															
2018/6/19						●	●														
2018/6/20							●	●													
2018/6/21									●				●								
2018/6/22													●	●							
2018/6/23																●	●				
2018/6/24															●						
2018/6/25																		●			
2018/6/26														●				●	●	●	
2018/6/27																				●	
2018/6/28																	●		●		●
2018/6/29																					●

图8.12　金山大殿C区域彩画工序图表

工序 时间	落地搭架	清理木楦	垫石膏	打磨	刷底油	刮腻子1	打磨找补	刮腻子2	打磨找补	刷油漆1	刷油漆2	拍谱	装白	装大色	绘走马板	罩清漆	找补
2018/6/24	●																
2018/6/25		●			●												
2018/6/26						●											
2018/6/27						●	●	●									
2018/6/28								●	●								
2018/6/29										●							
2018/6/30										●							
2018/7/1											●						
2018/7/2												●	●				
2018/7/3													●				
2018/7/4														●			
2018/7/5														●	●	●	
2018/7/6																	●

图8.13　金山大殿A区域内檐彩画工序图表

工序 时间	柱子清理木楦	垫石膏	打磨清理	刷底油	刮腻子1~4	打磨找补	刮腻子1	腻子找补	刮油漆2~4	门窗打磨清理	刮油漆1~3	打磨找补	刮油漆1~3	室内腻子、吊顶、油漆等相关工序	查缺找补
2018/6/23	●			●											
2018/6/24					●										
2018/6/25						●									
2018/6/26															
2018/6/27					●										
2018/6/28						●									
2018/6/29							●								
2018/6/30								●	●	●					
2018/7/1											●				
2018/7/2												●		●	
2018/7/3									●						
2018/7/4											●				
2018/7/5												●	●		
2018/7/6															
2018/7/7															
2018/7/8													●		
2018/7/9															
2018/7/10														●	
2018/7/11															●
2018/7/12															●

图8.14　金山大殿柱子、门窗及室内工序图表

图8.15　刷椽身（作者实践）

图8.16　装晕色（作者实践）

图8.17　装晕色（作者实践）

图8.18　刷椽头（作者实践）

图8.19　装素彩1（作者实践）

图8.20　装素彩2（作者实践）

图8.21　金山大殿彩画工程成品展示

图8.22　金山大殿彩画工程左梢间成品展示

图8.23　金山大殿彩画工程明间成品展示

图8.24　金山大殿彩画工程右梢间成品展示

古代手工艺人作为封建统治阶级的附庸，社会地位低下，对手工艺进行传承记录的已是少有，更没有人专门对手工艺的发展变化进行史学上的记录研究。在对传统文化的保护意识越来越强的当下社会，对地域性传统建筑文化的追溯或许只是抓住一点儿历史的尾巴。但如果我辈不去践行，等历史的痕迹完全消亡在时间的长河中，当后辈难以间接了解文明的来处时，难免迷茫，难免扼腕叹息。在相关史料缺乏的兰州地区，只有通过与周边地区传统建筑形制的对比，通过对当地匠人的寻访，才能依稀窥探到一点儿文化源流的影子。故本章在初步构建出兰州传统建筑大木营造体系后，先横向在地域上与临夏、天水、河西等地区已有的木作体系进行典型做法比较，再纵向在时间上与宋元明清的部分木作做法进行对比，最后对旧时大木匠的传承情况进行一定的考证，进而初步探寻兰州传统建筑的源流。

第9章

兰州传统建筑源流与传承

9.1 营造技艺源流

9.1.1 翼角做法比较

甘肃地区的传统建筑翼角做法多使用隐角梁法[1]（图9.1～图9.4），与清代官式老角梁压金做法具有很大的差异。以兰州做法为例（图9.1），隐角梁做法的特征是大角梁（老角梁）平置于金檩下的垂柱中；原仔角梁的部分由前后两段组成，前端由大飞头来主导翼角起翘，后部由扶椽（隐角梁）压住大飞头尾并控制戗脊找坡。对比甘肃各地区隐角翼角做法后，可以总结出以下特征：首先，甘肃地区的隐角梁后部都压在金檩上，但前部并没有都压住起翘构件的尾部，仅兰州、秦州地区的做法压住起翘构件，在结构上更加稳固。其次，起翘构件都是由上下两件组成，兰州、秦州地区的楷头、续角梁主要起到了垫木的功能；而河州、河西地区的大飞椽、结刻（图9.3）在功能性上起到了更大的作用，其后部用钉、螺杆固定在老角梁上，前端安装了角帽桩、假飞头，使得起翘更加高耸。再次，兰州、秦州、河州地区的老角梁（大角梁、正角梁、握角梁）后部都置于抹角梁上，在结构上更稳定，也更相似。最后，兰州地区翼角做法与各地的差异有两点：其一是起到老角梁作用的并非单一构件，而是由斜云头、底角梁、大角梁三者叠置[2]而成，结构更为复杂；其二是角梁前部的吊垂部分主要起到装饰作用，而其他各地区的该构件都起到了串联起翘构件与老角梁的作用。

1　唐栩．甘青地区传统建筑工艺特色初探［D］.天津大学，2004：63-64.

2　不论是否施用斗栱，翼角部分的这三个构件都是存在的。

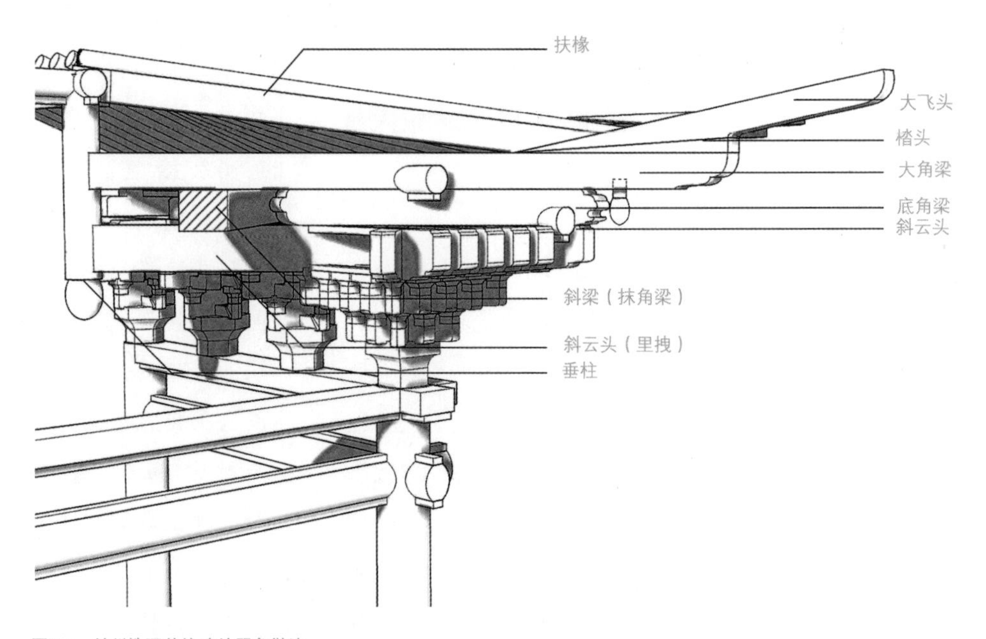

图9.1　兰州地区传统建筑翼角做法

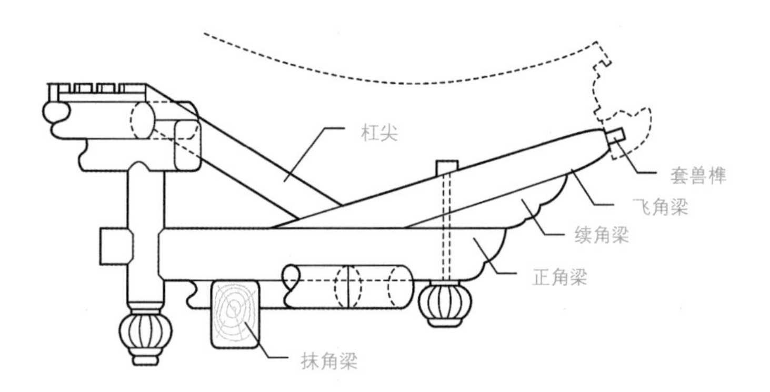

图9.2　秦州（天水地区）工艺体系翼角做法

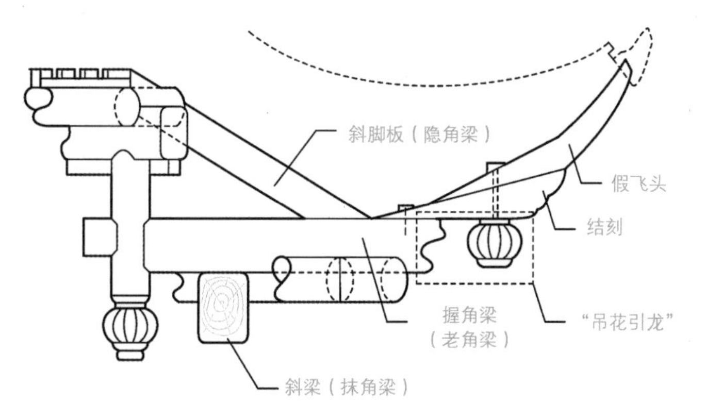

图9.3　河西地区传统建筑翼角做法

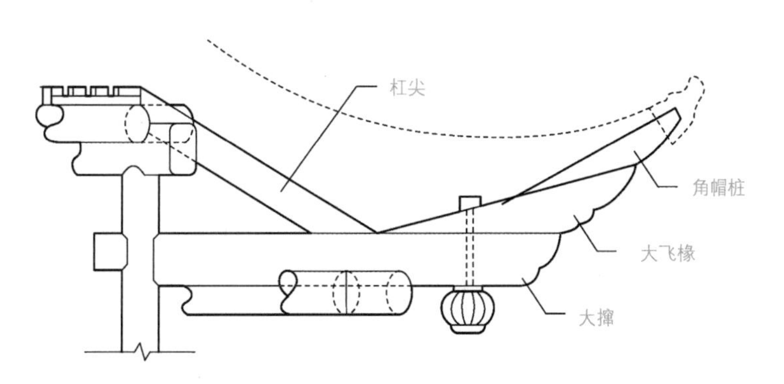

图9.4　河州（临夏地区）工艺体系翼角做法

综上，在翼角做法上与兰州地区营造技艺最相似的是秦州工艺，其次是河西工艺，这可能与三者同在丝绸之路沿线有关，从地理上由东向西恰是秦州、兰州、河西，且同属汉族文化；与兰州技艺差异最大的是河州工艺，尽管在地缘关系上二者紧邻，但汉族、少数民族文化间的差异可能是导致该现象的原因。

9.1.2 斗栱做法比较

甘肃地区的传统建筑檐下做法独具特色，其中“花牵代栱”或“花板代栱”[1]的斗栱形式最为独特。在兰州、河西、河州地区都存在花板代栱的斗栱形式，只有秦州地区暂未发现该形式。秦州地区的传统建筑斗栱与官式做法更为接近，与“栱子”“彩”的斗栱形式都存在较大的差异。

河西地区的“花板代栱”形式（图9.5）与兰州地区“栱子”的简单做法非常类似（图5.17），斗栱的横向构件都被平雕花板所替代，花板纹样也很相近。区别在于：兰州地区的“栱子”的竖向构件通常远厚于花板，而河西地区的“花板代栱”的横、竖向构件厚度差距不大，仅柱头上的竖向构件加厚了。这种平雕花板的做法在兰州地区常运用于较低等级的建筑，且现存实例仅追溯到清早、中期（三星殿牌坊，1753年），反而是复杂的檐下透雕花板形式的实例出现更早，可以追溯到明早期（浚源寺金刚殿，1372年）；而在河西地区，该类做法运用于各类建筑，且经过李江博士考证[2]，该做法出现时期为明中后期，清早、中期开始逐渐成熟。由此可见，兰州地区的“栱子”做法与河西地区的“花板代栱”做法出现的时期相近，可能是相同的技术源流。

河州地区的“花牵代栱”形式（图9.7）与兰州地区的“栱子”的复杂做法非常类似（图9.6）。区别在于：河州地区的花板雕刻主题具有浓厚的民族特色，且雕刻更为精美、复杂；而兰州地区的花板雕刻以“云子”“汉纹”为构图主体，以“梅兰竹菊”“花罐鱼长”等为主题，具有鲜明的汉族传统文化特色。另外，河州地区的另一类斗栱（图9.9）与兰州地区“彩”[3]（图9.8）的做法也比较类似，此处先命名为“类彩斗栱”。两者对比，角部斗栱基本相同；河州地区破间的六角斗栱平面不是正六边形，而是更扁长，坐斗用的是方木块，且各构件倒角更大；河州地区的“类彩斗栱”上部没有托彩栱子及其托起的云头，因此少了云头间和托彩栱子间的两层装饰花板。由于现存传统建筑都是清晚期以后修建的，因此河州地区不论是“花牵代栱”还是“类彩斗栱”的做法都仅能追溯到清晚期，之前时代这些做法是否存在或者形式如何都难以考证。

李浈教授在《中国传统建筑形制与工艺》中关于技术发展的情况有“文化的传播是由高向低的，即由发达地区到不发达地区”[4]的论述。兰州自元朝以来，作为区域政治、经济、文化的中心，对相邻地区会产生巨大的文化影响力。木作技艺是文化中比较重要的一部分。汉族成熟的大木营造技艺是建立在几千年农耕文明的基础上的，相对于游牧文明具有木作技术上的先进性。可以作为辅证的是，过去兰州城内的大清真寺都是汉族匠人掌尺营造的，且至今临夏、甘南等地区的传统木构建筑的营建大多仍由汉族工匠来主导。另外，根据“存在早的影响存在晚的”这一原则，兰州地区传统建筑能追溯的时期更早，对周边地区的檐下做法可能会产生较为深远的影响。

综上，可以得出以下两点：

（1）兰州、河州、河西地区都存在花板代栱的檐下做法，秦州地区不存在。其中，兰州的简单的栱子形式与河西的花板代栱做法相似，复杂的栱子形式与临夏的花牵代栱做法相似，且兰州的栱子实例各时期都存在，与河西地区做法基本处于同一时期，应早于河州地区做法。

（2）兰州、河州地区都有“彩”或“类彩斗栱”的檐下做法，河西、秦州地区不存在。兰州地区“彩”的做法比河州地区的做法更复杂，结构性与装饰性更好，且兰州地区“彩”的实例可以追溯到明初，而河州地区的做法仅能追溯到清晚期。

因此，兰州地区传统建筑檐下做法对周边地区产生了巨大的影响，有可能是河西、河州地区檐下做法的重要来源。但与秦州地区檐下做法的巨大差异使我们不得不思考：兰州地区大木做法的根源在何处？简单的线性文化传播方式在此似乎并不完全适用了。

9.1.3 檐枋做法比较

传统建筑的檐下承托结构也是决定建筑风格的重要因素，各地、各时期做法特征各异，以此可以探寻建筑的源流脉络。组成檐下承托结构的构件一般都是枋类，通称为檐枋，主要包括额枋和平板枋，在宋代称为阑额和普拍枋。宋代以前，建筑通常是没有普拍枋的，而兰州地区传统建筑都存

1 花板代栱的概念引自：李江．明清时期河西走廊建筑研究［D］．天津大学，2012：123．指用花板代替了斗栱的横向构件。花牵代栱实际上与花板代栱应当是一种做法，但用花板命名更能直观地描述实际情况。

2 河西地区花板代栱的演进，详见：李江．明清时期河西走廊建筑研究［D］．天津大学，2012：126.

3 见本书4.3.4。

4 李浈．中国传统建筑形制与工艺［M］．上海：上海同济大学出版社，2006.

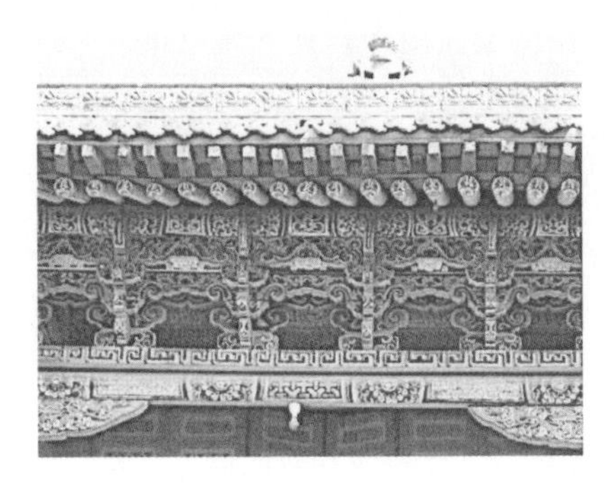

图9.5　河西地区施用花板代栱的檐下做法

图9.6　兰州地区施用栱子的檐下做法

图9.7　临夏地区施用“花牵代栱”的檐下做法

图9.8　兰州地区施用“彩”的檐下做法

图9.9　临夏地区施用斗栱的檐下做法

在平枋结构，因此，其形成年代应在宋以后。此处将宋代以来的檐枋做法与兰州地区檐枋做法进行对比，可知其异同（图9.10、表9.1）。

宋代普拍枋叠置在阑额上，普拍枋几乎与柱头同宽，且远宽于阑额，其与阑额形成T字形截面；阑额高宽比为3∶2。元代普拍枋与阑额的改变主要是阑额截面两侧变为弧形；阑额高宽比为3∶2。明代以后，由于斗栱体积变小、补间斗栱朵数变多，导致对阑额抗压能力的要求提升，额枋高度大大增加。明早期，额枋高宽比为2∶1，宽度比平板枋略大；随着对额枋受力性能的探索，其高宽比逐渐发展到10∶7，与清工部《工程做法则例》中规定的10∶8已经接近。到了清代，大额枋以下又增加了由额垫板和小额枋；平板枋宽度进一步减小（清小式建筑没有平板枋）；大、小额枋高宽比皆为10∶8。

兰州地区明初檐枋做法[1]与河西地区常见檐枋做法[2]非常类似。从该类檐枋做法的截面形式来看，兰州地区明初檐枋做法与河西地区檐枋做法中的平板枋与柱头基本同宽，额枋宽度远小于平板枋，且其截面两侧为弧形。该截面总体特征类似于元代普拍枋与阑额截面，与明清檐枋截面差异很大（图9.11）。因此，该类做法应该成型于元代左右。兰州地区明初以后就再无该类做法的实例存留。

1　实例见于庄严寺（1480年）与白塔山准提殿（1436—1449年）。

2　见图9.6中河西建筑檐枋形式。该类截面在笔者对河西明清建筑的测绘过程中亦为常见形式。

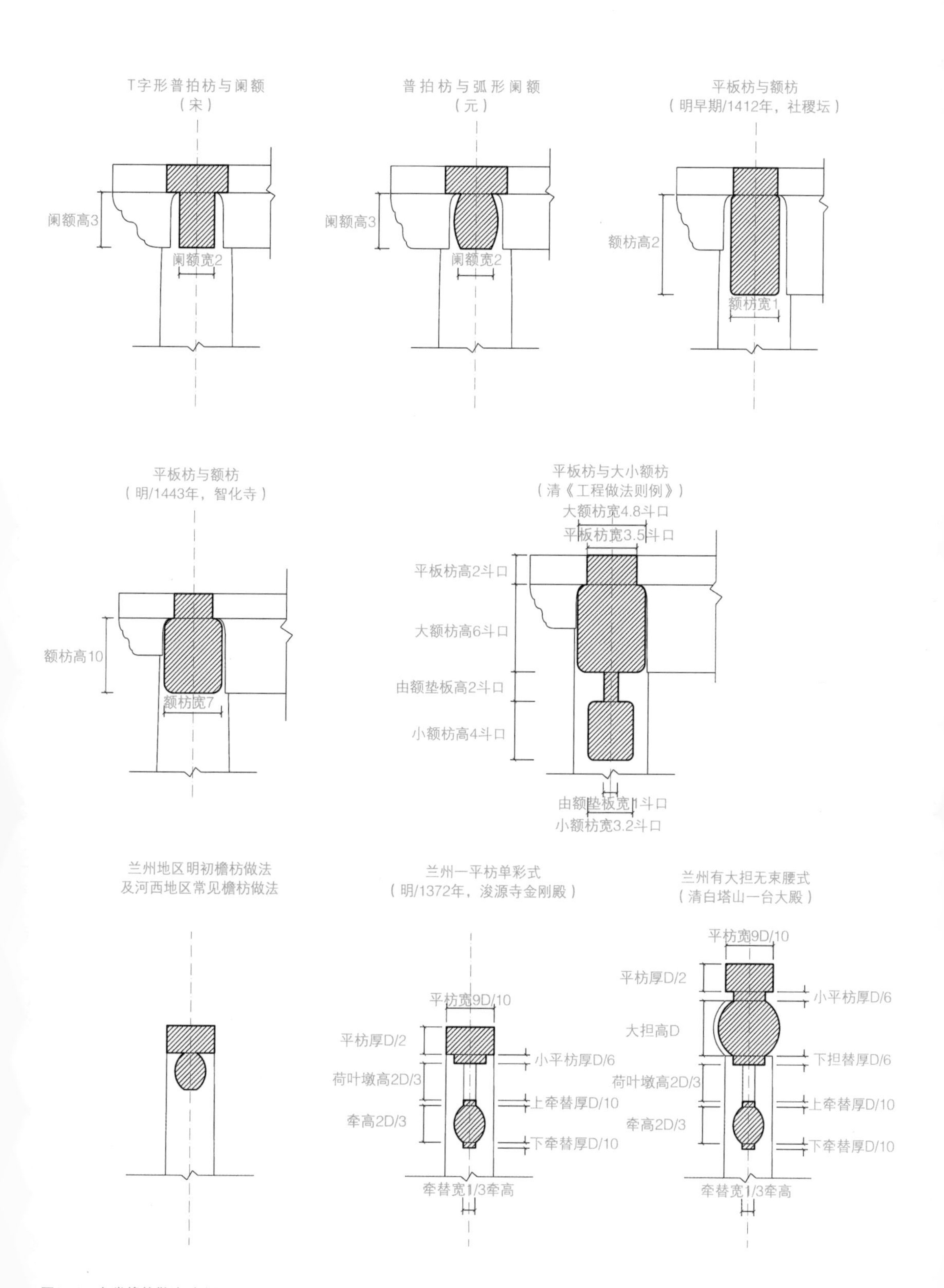

图9.10　各类檐枋做法对比图

各类檐枋高宽比值表

表 9.1

类别	名称	高	宽	高宽比
宋	阑额			3∶2
元	阑额			3∶2
明社稷坛	额枋			2∶1
明智化寺	额枋			10∶7
清大式（檐柱径为6斗口）	大额枋	6斗口（折合D）	4.8斗口（折合0.8D）	10∶8
	小额枋	4斗口（折合0.67D）	3.2斗口（折合0.55D）	10∶8
	平板枋	2斗口（折合0.33D）	3.5斗口（折合0.58D）	约0.57
清小式	檐枋	D	0.8D	10∶8
兰州	大担	D	约1.15D	10∶11.5
	檐牵	2D/3（0.67D）	约0.58D	10∶8.7
	平枋	0.5D	0.9D	约0.55

注：表中蓝色部分为额枋类构件的名称与数值，橙色部分为平板枋类构件的名称与数值；另外，表中清式檐柱径D与兰州檐柱径D并不是一个值，而应当按照各自的模数体系进行计算。

在同时期已经出现了一平枋单彩式的檐下结构做法[1]，该做法在平板枋（平枋）和额枋（牵）中间增加了小平枋、荷叶墩（垫板）、牵替等结构，大大提高了结构承载斗栱的能力（图9.12）。一平枋单彩式结构出现的时间恰好符合明代以后补间斗栱朵数增加的时间点，应较兰州明初檐枋做法晚。不过需要说明的是，一平枋栱子式结构虽然为了应对斗栱朵数增加而增加了构件层数，但在规模较大的殿式建筑中，该类结构仍然会因难以完全承受上部压力而产生变形，尤以金刚殿前后檐变形最为严重。因此，该类结构在明代以后就常用于规模较小的殿式建筑或次要建筑。

有大担无束腰式的出现可能较前两者晚，一方面，该结构现存实例仅能追溯到清中期；另一方面，其结构更加复杂、完善，像是为了弥补一平枋单彩式结构难以完全承受上部压力而演变出来的。其在一平枋单彩式结构的平枋与柱头间又增加了一层大担，常用于规模较大的殿式建筑与斗栱层数较多的牌楼建筑，若牌楼斗栱层数过多，则再增加一层牵和束腰子[2]（荷叶墩）。

尽管本地区檐枋结构种类多样，但大担、牵、平枋等构件的尺寸算法是一致的，构件做法一脉相承。大担从形态、作用上应对应清大式建筑的大额枋，高度上与大额枋相同，但其截面为圆形（表9.1）。因此，高宽比与大额枋相差很大。这可能是为了在形式上呼应截面为扁圆形的牵，以求和谐之美。表中，与小额枋作用类似的牵，若二者檐柱径相同，其截面大小及高宽比与小额枋几乎相同，受力性能相近，仅形式上更接近元代做法。这说明兰州地区传统建筑做法并不

1　最早实例为浚源寺金刚殿（1372年）。

2　如白塔山二台牌楼，见图2.19。

图9.11　准提殿檐枋结构

图9.12　浚源寺檐枋结构

是孤立发展的，在原有的基础上也不断地吸收成熟、优秀的经验来完善自身。

结合前文对营造尺的考证，当代兰州大木营造法应上承元代，基本定型于明初，后又补充发展出如六角单彩、有大担式檐下结构等做法。与河西地区传统建筑的做法有深刻的渊源，应当同出一系。明代以后，一方面，随着兰州的区域地位越来越重要，兰州经济发展加快、人口增多，由此带来的建筑需求也不断增加，建筑技术发展加快；另一方面，肃王就藩带来了大量的技术输入，使得本地区的建筑技艺有了长足的进步。这两方面可能导致了兰州地区营造技艺与河西地区营造技艺的分化，兰州地区传统建筑体系逐渐成熟的同时，其形式、种类也变得更为丰富，而河西地区几百年来的营造做法变化较小。同时，由于地理位置紧邻的缘故，河州地区传统建筑受到兰州地区先进技术的影响较大，很多做法与明代以来兰州地区的相似，但可能由于核心技术的保密与民族审美意趣的差异，其檐下做法具有自身的独特之处。

此外，由表可见兰州传统建筑受到了用材的制约（表9.1）。清式平板枋与兰州地区的平枋在高宽比例上几乎一致，同尺寸下，二者受力性能应当相近。然而，清平板枋高只为1/3檐柱径，而兰州平枋则为1/2檐柱径，若两者尺寸相同，则说明清式檐柱径是1.5（0.5/0.33＝1.5）倍的兰州檐柱径。巧合的是，兰州檐柱径为1尺时，通常单彩斗口为2.5寸[1]，若按斗口来计算，兰州檐柱径合4斗口，而清官式檐柱径为6斗口，恰为1.5倍的兰州檐柱径。兰州檐柱径远小于清官式做法，以檐柱径为单位计算的其他构件尽管比例上与清式接近，但用材的限制却导致了构件受力性能的不足。由此，兰州传统建筑用叠置构件的方式来加强受力性能也就理所应当了。

9.2 — 大木匠师传承

9.2.1 匠师来源的可能性

兰州现存传统建筑最早可考至明初，流传至今的许多典型大木做法在这些实例上便能发现。明初肃王就藩兰州（建文元年，即1399年）是明清兰州最大规模的一次人口迁移，而这次人口迁移带来的技术输入对本地传统建筑的影响不容忽视。据《甘肃人口史》中对明朝初期兰州人口的考证，明朝嘉靖年间（1522—1566年）兰州仅千户左右，人口不足七千。而明初肃王就藩，特别是戍边的九王各带左、中、右三卫，仅王府护卫就要有三千到一万不等[2]。跟随肃王的亲信有相当部分是从当时的京畿地区——江南地区（明初首都为南京）迁移过来的，这或许是兰州地区传统建筑做法上有许多南方风格的原因。

兰州地处边关，军屯始终是人口影响最大的因素，甘肃军队调动多来自山陕地区。然而，明朝严苛的户籍制度在实质上对技术交流是不利的。明朝继承发展了元朝的户籍制度，户分“上、中、下”三等，籍有“军、民、匠、灶”四籍。明代手工业者一律编入匠籍，称为匠户，隶属于官府，世代相袭。军户通常也是世代相袭。故由军屯带来的技术输入相对来说应当是比较少的。同样由于明朝严苛的户籍管理制度，从中原地区迁移来的逃户虽然不少，但难以形成体系化的技术输入。

而在清朝时，一方面，户籍管理不是那么严苛，另一方面，手工业的发展大大促进了经贸活动。这种情况下，技术与文化的交流更加频

1 清式八等斗口为2.5寸，合8cm。

2 “明制，皇子封亲王，授金册金宝，岁禄万石，府置官属。护卫甲士少者三千人，多者至万九千人，隶籍兵部。”引自：张廷玉．明史［M］．北京：中华书局，1974：2351.

繁。在这个时期，甘肃地区不再是戍边最前线，随着晋商向甘肃市场的开拓，晋商对沿线山陕会馆、庙宇、戏台的捐建，传统建筑木作营造技术也有了更多的交流机会。同时期的兰州地区出现了一些新的斗栱形式，雕刻做法也更加精美，尽管尚无直接证据可以证明，但也许上述并非巧合。

9.2.2 大木匠师谱系

兰州木匠分为大木匠、水车匠、家具匠、棺材匠、削活匠、踏子匠等诸多具体种类。其中，大木匠主要负责木构建筑的设计、制作、安装等工艺；削活匠指的是专司雕刻的木匠，因兰州木刻技法中的主要技巧在于用刀“削”而名，该类匠人专门为大木匠、棺材匠配制雕刻构件；踏子匠是专门负责为木构建筑制作踏条或踏板（望板）的匠人。

其中，大木匠在木匠中地位最高。在具体施工项目中，总揽全局的项目负责人必是一位经验丰富、颇有名望的大木匠，称为“座头”；专司木作部分，负责木构建筑具体设计、木构件画线、木作任务分派等事务的大木匠称为“掌尺”；旧时还需给掌尺配一个聪明机灵，负责抬尺、辅助画线的“贴尺”，该职务多半为掌尺学徒担任；其余配合木作项目，各自负责被安排的任务的木匠被称为“摇刀”。实际上，有部分“摇刀”在学艺过程中是学习过“掌尺”技术的，但由于师父对核心技术的保留或者没有机会亲自主持大型木构建筑的设计施工，技艺没有经过检验，就越发难以受到主家的信任，更导致接活的困难，长此以往，便坐实了“摇刀”的身份。

根据范宗平、陈宝全、张志远等大木匠师追忆，清末民初兰州城中有五大木匠世家——王、李、兰、卡、高。这五家都是世代传承的大木匠，兄弟、亲戚中有很多就是跟随他们一起承接木匠活的帮工。然而，这种家族传承体系由于多方面的原因，从清末民初起开始逐渐消亡。一方面，木匠自元朝建立匠户制度后就处于相对卑微的社会地位，直到民国时期在各地建立木匠行会，也仅有担任会长的大木匠可以身穿长衫。民国时，仅有王家的王大爷、兰家的掌尺、李柏清、王大爷的弟子段树堂等寥寥几位大木匠当过兰州木匠行会会长，能够穿长衫，具有和士人相当的社会地位。另一方面，随着社会生产力的发展，建造方式的改变，木匠行业不再像旧时那样有很多活儿可以接。中华人民共和国成立以来，很多优秀的手工业匠人都是兼职诸多副业，包括一些大木匠，都有过没活儿时卖菜、卖甜醅子、赶马车等经历，木匠再也不是故老口中“嫁给木匠不挨饿”的行业。木匠世家也寻求转型，很多独门技艺也就从此失传了。

但同时也有部分大木匠不忍技艺失传，只要有人求教，都倾囊相授，其中尤以段树堂先生思想最为豁达。段先生在民国时期就当过木匠行会会长，新中国成立后又对兰州城内古建筑群的搬迁修缮、两山的园林建设做出过非常大的贡献。段先生在实践过程中好学各家所长，又通过学习数学知识，把多年匠作技艺初步总结成手稿，经其关门弟子范宗平先生完善，为兰州地区传统营造技艺的传承做出了莫大的贡献。其在教导弟子的过程中，已经发现大木匠行业衰落的社会趋势，常告诫弟子：“你们五十岁之后，若有人想学本行技艺，尽快相授，切不可使其失传！”

以下为兰州掌尺谱系图（图9.13），因为年代久远，考证困难，或有缺漏之处。图中列举的仅为正式入门，有能力单独掌尺、主持大型木构建筑修建的大木匠。城中五大木匠，仅王氏、李氏尚有流传，城东、城西掌尺技术或已失传。尚在世的有李柏清的徒孙李钢林和宋发全以及段树堂的弟子刘国政、陈宝全、范宗平、张志远等。这些匠人最年轻的也已经六十多岁了。除了大木匠以外，配合大木匠的削活匠在20世纪七八十年代已销声匿迹，木构建筑的雕刻工序只能由大木匠亲自完成；踏子匠也已经失传，如今，屋面望板只能使用木工板代替。由此可见，推动兰州传统建筑营造技艺非物质文化遗产的保护与传承迫在眉睫。

9.2.3

彩画匠师谱系

兰州彩画匠其实分为彩画匠人和画师，彩画匠人掌握了传统建筑彩画的绘制规则，能独立完成从起稿到绘制的全部流程，但是画师一般仅仅配合彩画匠装颜色、画枋心。本节记录的主要是掌握了兰州传统建筑彩画等级分类、构图规律和绘制技巧的彩画匠师。

过去兰州彩画上的枋心常见出箭、别子、锦缎、博古等主题（这些被兰州匠人称为碎小活），而现在主题为山水画的枋心数量占比增多。这一方面是由于过去彩画匠人并不是都熟练掌握中国画技巧，更主要的是由于碎小活复杂、费工时，山水画施工速度快。兰州地区的棺材上常作彩绘，碎小活是其上最常见的装饰主题。在古建彩画工程量较少的时期，很多建筑彩画匠人也兼职棺材画匠；而工程多时，有些主职棺材彩绘的匠人也会被邀请去当画师。在中华人民共和国成立前后的一段时期里，很多彩画匠人都转业去绘制棺材了，建筑彩画传承一度断绝。20世纪70年代以后，恰逢任震英主持对兰州的古建筑进行大规模修缮，刘家、魏家这些传承未绝的彩画世家迎来了较大的发展。80年代以来，魏氏子弟魏兴贞把自家彩画技艺发扬光大，创作了很多基于传统要素的新式建筑彩画，还编写了兰州第一部彩画图集。同时期，达建忠这样曾拜师学艺过的建筑彩画大师也留下了很多彩画作品，并把传承延续了下来。其弟子朱成瑛博采众长，深入研究兰州本地彩画的特点，坚持传统的构图规律，教授的弟子掌握的亦是最纯正的兰州地区彩画技艺。

可惜的是，20世纪90年代以来，兰州地区传统建筑的兴建、大规模修缮频率降低，很多匠人都转投别业，且随着匠人们的老去，目前尚能坚持下来的也仅有兰州城内的朱成瑛、榆中的高永山等寥寥两支了。（图9.14）

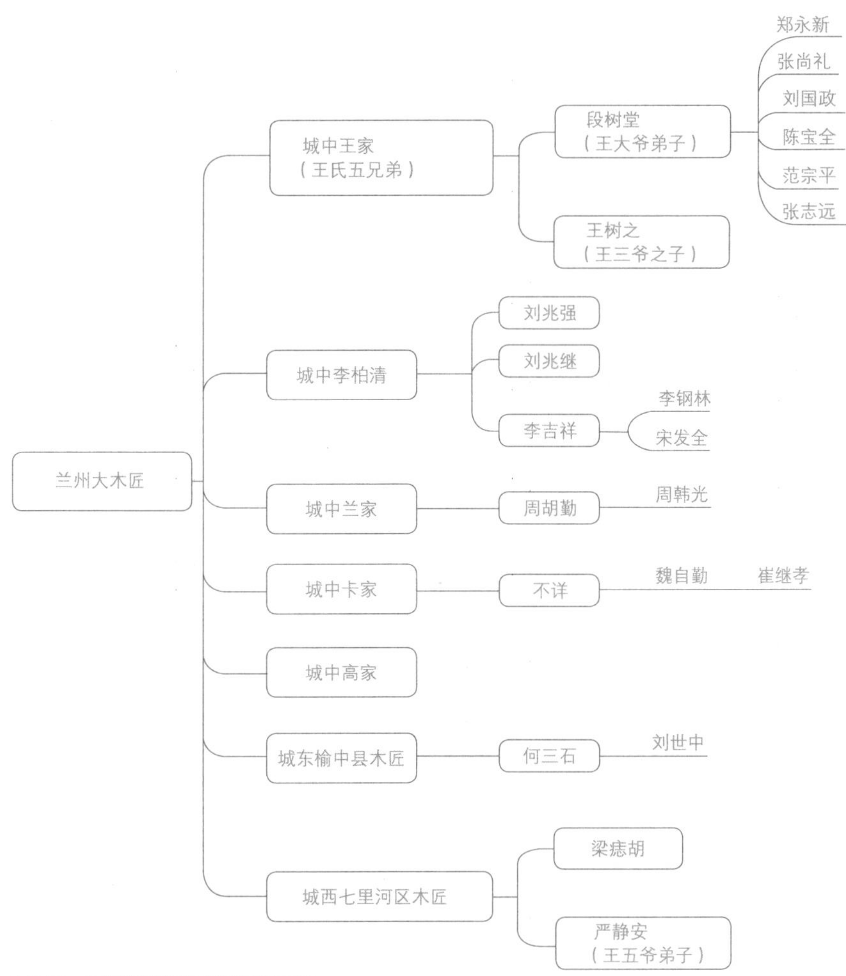

图9.13　兰州清末民初至今掌尺谱系图

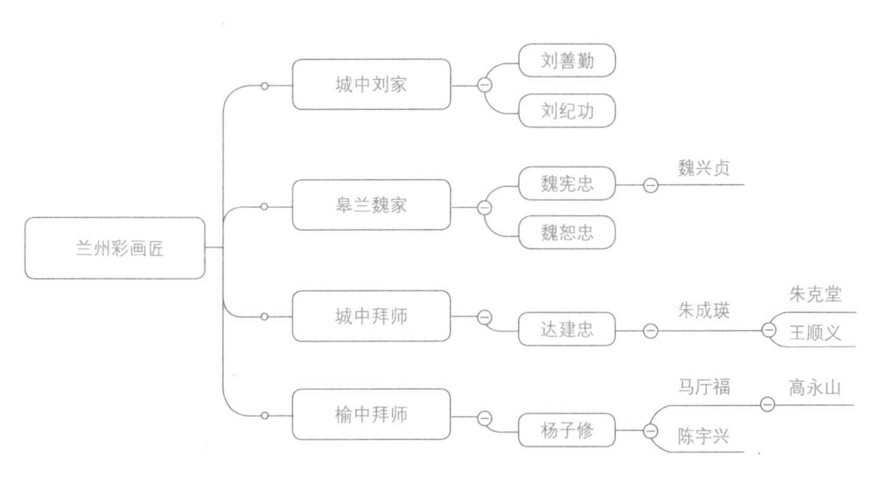

图9.14　兰州清末民初至今彩画匠师谱系图

结语

由于木作、油饰彩画作是传统建筑营造技艺中相对占比大且复杂的部分，以及个人所学的专注点不同、时间精力有限等因素，本书是合作撰写，是在两位作者的硕士毕业论文的基础上删减、增补、修改得来的，但有疏漏之处，还请各位读者、专家、同行们不吝指教。前期的调研、资料获取等工作大部分由两位作者共同完成，木作部分的相关内容主要由卞聪负责撰写，油饰彩画作部分相关内容主要由张敬桢负责撰写。故此，结语针对不同对象，分开讨论。

关于兰州地区传统建筑木作部分：

营造做法决定了大木特征，大木特征的结构优劣、形式美观与否又促进了营造做法的进步，二者相辅相成。与官式做法在结构上的简明、大气有所不同，兰州地区传统建筑通过叠置构件、增加辅助支撑等方式来弥补用材较小在建筑结构体系上造成的约束，形成了复杂精巧的结构体系。同时，兰州匠人对于结构技术与形式艺术完美结合的追求，使得复杂的檐下结构、精巧的斗栱形式也被赋予了额外的装饰意义，既使兰州传统建筑呈现出了“彩”对几何构图的执着，又创造出了“栱子”镂雕花板的精美，这正是兰州地区传统建筑大木营造技艺的演变有别于官式乃至周边地区的重要原因。

本书对兰州地区传统建筑木作的分析从大木特征与营造做法两方面着手，通过对兰州地区传统建筑进行较为深入的研究，总结整理了兰州地区传统建筑营造通则，对现存的典型传统建筑进行了形式分类与构造解析，并对木作施工流程、常见工具使用、大木构件的一般做法进行了分析，初步建立起了兰州地区传统建筑的“大木特征-营造做法”体系，并在第9章进行了初步的探源。

总体来说，兰州地区传统建筑大木营造体系具有以下几方面特色：

（1）形制特征方面，以大木抬梁为基础结构，在立面比例、翼角、举架、斗栱、檐枋等方面颇具地方特色：

·立面比例上，与官式做法“柱长不越间之广”有很大区别，柱高面阔比为13∶10左右，使得立面造型较为高窄。

·翼角做法施用“隐角梁法”，大角梁（老角梁）平置，而控制屋角起翘的角梁（隐角梁）分前后两段，翼角起翘较高，造型玲珑。

·举架特征为“平如川，陡如山”，檐口非常平缓，而脊部陡峭。

·斗栱类型多样，常见“栱子”和“彩”两种斗栱做法，二者都追求装饰性，“栱子”使用“花板”代替栱件，“彩”的平面常为正四边形或者正六边形的构图形式，与檐檩相接处也常施用“花板”进行装饰。

·檐枋用料较小，为了加强受力性能常用担、牵、平枋、替等构件层层叠置，比明清官式做法更繁复、精巧；另外，会使用雕刻精美的荷叶墩对各层檐枋进行分隔，使得立面装饰性较官式做法强。

（2）营造技艺方面，总体来说，流程严谨、合理，但相较于清官式做法，部分工艺相对简化：

·划量工艺中，符号标记简化，常见的仅有断线、透线、光面标记等；划量工具有六角尺、掖尺等较为独特的辅助工具，但不像其他营造体系常以丈尺为主要的数据记录工具，仅在较大的工程中制备丈尺，控制性数据的记录主要靠掌尺记忆。

·雕刻工艺使用的工具相对简单，主要是凿子与削刀，而木雕技艺以刻、削为主，能处理的木料性质较软，使得木雕不如南方传统建筑中的那么精细，相对粗犷。

（3）建筑源流方面较为复杂，全国视野下，兰州传统建筑兼具北方大木抬梁与南方部分做法的特征，营造技艺随时间线索不断演进。以甘肃地区为研究范畴，兰州传统建筑具有一定的先进性，对周边地区传统建筑的营造可能产生过极大的影响。总结为以下几点：

·当代兰州大木营造法应上承元代，在本地区原有传统建筑营造技艺的基础上，随明初肃王就藩带来大量技术输入，基本定型后流传至今。在发展过程中，应一定程度上受到了山陕地区营造做法及明清官式营造做法的影响。

·兰州大木营造法与河西地区传统建筑的做法有深刻的渊源，

应当同出一系；由临夏地区传统建筑中存在栱子、单彩、花板等相似构件形式，且其出现时间较晚可以看出，兰州做法对邻近的临夏地区做法可能产生了极大的影响。

然而，由于时间与精力的限制，本书存在许多不足之处，具体为以下几点：

（1）按照严格的定义，兰州地区传统建筑的数量非常庞大，很多偏远地区的传统建筑未能踏勘，且对于部分宗教场所的建筑没有进行详尽的测绘，导致部分特殊做法未能得到深入研究，在本书中没有体现。

（2）由于明代建筑案例存在的不多，多数都是明早期的建筑，在时间链条上存在断层，对部分做法的考证难以深入。例如六角单彩这种斗栱形式，现存最早实例为清中期，尽管其部分做法与明早期的方格彩一脉相承，但二者间存在的巨大差异令人不得不思考：六角单彩的形式是本地做法的自我演变还是外来技术流入导致的突变？

（3）尽管兰州地区传统建筑的整体风格与做法大同小异，但实际上每家每派的大木营造技艺都略有不同。笔者找到的大木匠师是兰州五大木匠家族中王家的传人，且经过段树堂先生博采众长，具有相当的典型性，但仍然存在一定的局限。

（4）初步建立兰州地区传统建筑大木营造体系后，受限于文献资料的不足，本书对本地区建筑文化源流的考证显得较为薄弱，后续应当联合文史学科进行系统、深入的研究，补上大木营造体系的上游环节。

（5）本书对兰州地区传统建筑及其营造技艺的保护起到了一定的作用，然而社会生产力发展到今天，大量地修建、复原传统建筑已经不现实了。如何为地方传统建筑及其营造技艺寻找一条可持续发展道路值得深思。关于这一方面，本书尚未涉及，对成果转化利用的思考还处在浅层。

关于兰州地区传统建筑油饰彩画作部分：

兰州地区传统建筑彩画制式鲜明，内蕴丰厚，是研究中国传统建筑彩画，尤其是西北地区建筑彩画的重要资料。本文以兰州地区传统建筑彩画为研究对象，首先从理论研究层面选取了兰州地区传统建筑较为集中的、建筑彩画具有地方特色的白塔山和五泉山建筑群以及甘肃举院建筑群、榆中金崖周家祠堂建筑群等80多座单体建筑作为样本，从彩画的流变、类型与形制等方面分析兰州传统建筑彩画的艺术特征，从彩画深层内蕴的表达方式与体现形式两方面总结了兰州传统建筑彩画的文化内涵，并探索了其与宋、清官式彩画之间的演进关系。再者，将理论研究结合于实践研究，对兰州地区彩画匠系、技艺以及笔者参与的彩画项目进行记录、研究，在实践中检验理论，探讨民间彩画的传承、保护与可持续发展问题。

兰州作为一处多民族融合的聚居地，其传统建筑彩画受到当地民族结构、宗教信仰、审美情趣等多方面的影响。清末之后，兰州地区的诸多传统建筑受到自然与人为因素的影响，损毁众多，留存部分在20世纪50年代兰州古建规划设计工程中多迁至五泉山与白塔山两处建筑群。发展至今，兰州地区传统建筑彩画的主要类型，等级由高至低共有七种，分别是大点金、小点金、金青绿、粉丝花头、五彩、青绿与素彩。

运用类型学方法，对兰州地区七种传统建筑彩画进行类型分析。将研究区域内的各单体建筑与其对应的现状彩画的类型、修缮时间与工匠来源进行统计与制图，分析得出，兰州地区传统建筑彩画类型与建筑的使用性质、类型和位置存在一定程度上的对应关系：突出重要的中轴建筑，同一建筑群体内，前后、左右单体建筑彩画的配置同样等级层次分明。中轴建筑群彩画等级高于侧峰建筑群；同一建筑群内，正殿高于侧殿。

兰州地区传统建筑彩画的形制特征方面，在比例构图上，兰州地区彩画的构图模式以构件长宽比来确定枋心个数，再以“一整”“二破”“整旋花”“3/4旋花”等作为基本模数组合构图，以适应不同长度构件的需要。在纹饰图案上，兰州地区彩画的旋花在形制上与宋官式彩画、清旋子彩画存在一定的演化关系；枋心纹饰上，高等级彩画多使用龙、凤等主题的纹饰，随着等级的降低，枋心的内容主题纹饰逐渐减少，锦纹等图案逐渐增多。在色彩配置上，兰州传统建筑彩画仍以青、绿为主，依据等级与种类增添不等量的金、红等作为配色。在绘制方式上，主要以工艺上的沥粉贴金与平涂填色以及方法上的退晕层数作为等级标志。

兰州地区传统建筑彩画艺术并不单是为了美观而美观，同时还具有一定的文化形态，是人们顺应自然、讲究礼法、崇尚道德、祈福纳祥的物质载体。在文化内涵的表达方式上，主要有三种类型：文字字形的直接抒写，如“福”“寿”及其字体变形的形式等；具有引申含义的图案运用，如牡丹寓意富贵、青竹寓意君子等；情节典故的图案运用，如愚公移山宣扬坚持不懈的精神等。在文化内涵的体现形式上，兰州地区传统建筑彩画主要体现于“礼治”文化的伦理观念，佛教、道教、伊斯兰教等宗教因素对彩画纹饰主题的影响以及兰州社群“三多”的生活观、“厌胜祈福”的吉祥观、“高尚情操”的品格观等民俗观念这三方面。

实践研究部分，兰州地区传统建筑彩画的匠师、画师们，最早集中于“兰州工艺美术厂”衍生出的“彩画社”，在之后的兰州古建筑规划修建工程之中，又涌现出了一批优秀的彩画匠师。但当下的兰州地区，其彩画的传承工作却岌岌可危，新一代学徒难招收，许多老一辈画匠已经放弃手艺，转行从事了其他工作，部分坚守传统的画匠们也面临着后继无人的危机，急需保护。

兰州地区传统建筑彩画的技术工艺，无论是工序、步骤还是工具、用料等都与现北京地区官式彩画的工艺流程存在差别，显示出了鲜明的地域性特色。该地区的画匠们从木基层的油作，到彩画作，再到最后的室内墙面吊顶等，集合于一体，形成了一套完备的工艺程序。油作工艺主要采用“油腻子”和“布加油腻子”两种无血料地仗。将石膏粉、清漆、白乳胶、水调和而成的“油腻子”反复、多层地刮刷，辅助喷刷以调和油漆，相较于官式“一麻五灰”“三道灰”等工艺，材料种类大大缩减，但工序、层数并不减少，节省工程成本是油作工艺在兰州地区发展适应、自我调整的结果体现。“布加油腻子”则主要用于建筑立柱，在油腻子工序中增添裹布及其相关环节，以提高地仗层韧性与坚固程度。彩画作的相关工艺除装色顺序与官式彩画刷色顺序不同外，其余部分基本相同：丈量尺寸—配纸—起谱子—扎谱子—拍谱子（—沥粉）—装白—装小色—装大色—注墨—贴金。就工序的特点而言：其一，沥粉的粉浆以滑石粉、白乳胶、清漆、水为原料，调和时根据实际施工环境适当调整各部分比例；其二，装色时注意晕色压白色，大色压晕色，最后再进行注墨。

对于兰州地区传统建筑彩画的保护传承及其相关实践，通过解读国内以及兰州地区对于文物建筑保护与修复工作的相关理念，记录、展示笔者在研究期间参与的国家艺术基金项目、校内建筑彩画教学实体模型实践以及白塔山金山寺彩画修缮工程，进一步提出关于彩画艺术保护的科学化与可持续文化发展理念，在实际工程中探索兰州地区传统建筑彩画的保护与传承方式。

兰州作为多元文化融合并存的丝路重镇，其历史文化遗产独具特色，本文对兰州地区传统建筑彩画的研究仅为阶段性的成果，但限于笔者的学识和经验，本文存在许多不足之处，具体有以下几点：

（1）在彩画类型分布部分，因受限于人力，调研样本的选取密度无法进一步提升。在兰州地区范围内选取了81个点，现绘有当地传统建筑彩画，这81个单体建筑只能说是兰州传统建筑中的一小部分，通过这些样本总结归纳兰州地区传统建筑彩画的形制与分布，可能会以偏概全，不能完全代表兰州地区的特征。

（2）在技艺现状部分，寻找兰州当地传统彩画匠师的难度很大。早年师承兰州当地彩画派系的匠人，或转业改行，或年事已高，加之建筑保护与修缮过程中非兰州彩画体系的冲击，行业内鱼龙混杂，对现存传统彩画派系匠师的记录、描述不尽完善。

（3）笔者求教的匠师主要是王顺义先生，有部分内容求教的是高永山先生，两位先生在兰州地区传统彩画方面博采众长、建树颇多，但是也很难涵盖兰州建筑彩画的各个流派。此外，很多知识由匠人口传心授，过程中需要笔者自身去体悟，最后成文也难免带有一定的主观判断的成分。

综上所述，笔者对兰州地区传统建筑木作与油饰彩画作的形制特征、技艺现状进行了一定的记录与分析，尽管尚有很多欠缺与不足，但建筑遗产保护事业也绝非一人一事可毕、一朝一夕可尽，我们定当砥砺前行，并希望本书可以为当下从事地域性营造技艺保护的同行提供一些参考与借鉴，为从传统建筑中汲取设计灵感的创作者提供更多的可能性，让地域性传统建筑及其营造技艺得到优化传承与永续发展！

附录

附录一　常见术语与名词解释

由于兰州地区传统建筑技术有许多做法在称呼上与官式建筑不同，甚或有些独特的做法，为了方便阅读，此处对常见术语和名词略作解释。

柱类、梁类称呼基本相同，重复之处不再赘述。

梁架类

· 直身活：指不起翼角的建筑，如悬山、硬山建筑。

· 槽：单坡屋顶建筑，金柱到后檐柱之间的空间称为槽；非单坡屋顶建筑，前后金柱间的空间也称为槽，以中柱或脊檩为界，前半部分称为前槽，后半部分称为后槽。

· 万斤：楼阁、戏台等建筑上用于架起楼板层的随面阔方向的横梁。

· 千斤：楼阁、戏台等建筑上用于架起楼板层的随进深方向的梁。

· 大担：大担是指类似大额枋的构件，与明清大额枋不同的是，大担搁置在柱头上，上下置上担替、下担替（见替木类解释）。大担截面为圆形，直径通常与柱底直径D相同，在高等级建筑中使用时会略大一些，其长同该间面阔。大担上下削平，置上、下担替，其宽、厚一般与小平枋（见下文）相同。其做法与元代大额做法相近，应是兰州传统建筑做法上承元代的一个佐证，详见章1.3.3和章4.3.6。

· 平枋：做法、作用与清官式平板枋类似，上置斗栱、断面为矩形的枋类构件，两端置于柱头之中，详见4.3.3节。

· 小平枋：平枋的随枋，与平枋同长，断面为矩形，比平枋略小，两端置于柱端之中，详见4.3.3节。

· 条枋：类似清官式做法中挑檐枋、井口枋等一类构件的统称，一般置于斗栱最上层，截面为一足材矩形，起到斗栱间的拉结和檩条的承托等作用。

· 牵（杴）：兰州木匠写作“杴”，该字本音为xiān，兰州地区读作qiàn，类似较细额枋、随梁的结构，起檐下拉结作用，应作“牵”。置于檐下部分时称作檐牵。

· 替（梯）：兰州木匠把“替”写作“梯”，一般指具有替木功效的随枋。大担的随枋称为“担替”，置于其上的称为“上担替”，其下的称为“下担替”，担替在实际使用中有时会省略。一般仅檐牵会配置随枋，称为“牵替”，置于其上的称为“上牵替”，其下的称为“下牵替”，实际做法中时有省略。

· 鸡架梁：与清官式做法中穿插枋的位置、作用类似，唯一的区别是其截面与梁一样是圆形的。由于这个位置加梁形如养鸡时给鸡栖息的架子而得名。

· 桁（行）条：即檩条，兰州地方做法中读作“行（xíng）条”。金檩、脊檩的称呼与清官式相同，一般把正心桁称为“正桁[xíng]”（或正行），挑檐桁称为“子桁[xíng]”（或子行、仔行），金檩与脊檩间的檩条统称为“槽桁[xíng]”（或槽行）。槽桁较多时，以单坡屋顶为例，从金檩向脊檩方向依次称为“槽一”“槽二”“槽三”……以双坡屋顶为例，前坡槽桁称为“前槽一”“前槽二”“前槽三”……后坡槽桁向中间依次称为“后槽一”“后槽二”“后槽三”……

·鸡架檩：一般指檐檩与金檩之间的檩条，因位于鸡架梁上方而得名。

·扶脊木：原指明代以来用于脊檩上固定脑椽的五边形、六边形木构件。在兰州地方做法中指置于檩上、与檩同长、用来固定椽头的木构件，作用与原扶脊木相似，但是位置不仅仅限于脊檩上，而是各檩条上都有。截面一般为正方形。甘青地区部分做法称其为椽花，但是在兰州地区，椽花另有所指（见下文）。

·塞口板（椽花）：置于檐檩上的薄木板，与檐檩同长，一般厚2~3cm，高为一椽径加1~2cm。其上按照均匀的椽档间隔挖圆洞（每个圆洞都是按照所穿过椽子的椽径大小定制的），檐椽从其中穿过。一方面防止风沙、虫鸟从檐口进入室内，另一方面使檐椽均匀排列，达到美观的效果。

·马架：与清官式做法中角背的形制、作用相似，是瓜柱下的支撑构件（见图4.50），与瓜柱垂直相交，常与虎皮牙子（名词解释见下文）共同使用。

角梁类

·斜云头：实际上是一根斜挑尖梁（图1.10），前端做成云子纹样（“云头梁”解释见下文），搁置在角彩（见下文）上。

·斜梁：形式、作用与抹角梁相同（图1.10）。

·底角梁：实际上是叠置在斜云头上的一根替木（图1.10），下压子桁，上抬正桁和大角梁。前端常作龙、象、鳌鱼头状，尾部常作云纹雕刻。

·大角梁：一根平置的角梁（图1.10）。前端作简单的云纹雕刻，尾部归于角部金柱或井口垂柱中。

·楷头：钉在大角梁前端，承托大飞头的一块楔形垫木（图1.10）。

·大飞头：飞头指的是飞椽，大飞头是翼角处类似发戗的构件（图1.10），恰好位于两侧飞椽夹角处，故名。

·扶椽：在翼角处给戗脊找坡的木构件（图1.10），部分起到清官式子角梁的作用。后尾归于角金柱或井口垂柱中，前端下压大飞头后尾，在檐下基本看不到该构件（甘青部分地区称类似构件为隐角梁）。由于翼角椽的后尾搭在该构件上，故名。

斗栱类

·大斗：即坐斗，常见的有平面为正六边形和正方形的。

·小升（升升子）：不论何种平面形状、大小及开口情况，一攒斗栱上除了大斗之外的所有斗、升都称为升升子。

·担子：原是兰州地区斗栱的构件名，由于形式类似挑担，所有横向构件都被命名为“担子”，该类构件和明清官式斗栱中横栱的形制、作用基本相同；同时，也代指一类结构较为简单的斗栱（见3.2.1节）。

·栱子：原是兰州地区斗栱的构件名，从斗栱平面来看，除去斗和升，所有竖向的类翘构件都被命名为“栱子”；同时，也代指一类结构较为简单的斗栱（见3.2.2节），不过通常并不单称栱子，而是出一跳的称为“一步栱子”，出两跳的称为“二步棋子”，以此类推。

·云头：兰州地区斗栱构件名，类似清官式做法中斗栱中的蚂蚱头—六分头或者撑头木—麻叶头（图3.11、图3.12）。与上述两种构件不同之处在于前后雕刻的图案基本是一致的，一般都是以云子为纹样母题（偶有以汉纹为母题的），故名。有时会被省略。

·托彩棋子：兰州地区斗栱构件名（图3.11、图3.12），搁置在云头（见上文）上的棋子，与一般棋子的不同之处在于仅有两端安置小升（比一般棋子上的升宽，以托举云头梁），而中间没有担子穿过与其榫合。

·云头梁：兰州地区斗栱构件名（图3.11、图3.12），由托彩棋子托举起来，前端上承子桁，中部承托垫头墩子以抬起正桁。当一攒斗栱省略云头时，也简称该构件为云头。当一攒斗栱位于柱头时，云头梁实际上被挑尖梁代替，变得更宽，前端纹样与一般云头梁相同，后尾插入金柱中。当云头梁位于翼角斜45°时，称为斜云头（梁）。

·单彩：“彩”即华丽的斗栱，单彩即单独施用的斗栱，包含柱头科和平身科，形式多样，详见3.3.1节。

·角彩：类似清官式之角科，因平面是平行四边形，形似匍匐的蛤蟆，亦称“蛤蟆彩”。根据建筑翼角角度不同而形式多样，详见3.3.1节。有时用夹角为60°的角彩放置在鸡架梁上，起到和鸡架屏（见下文）相似的作用。

·摆彩：即摆放斗栱的意思。由于“彩”比棋子、担子等斗栱等级高、更正式，摆彩的建筑意指较为高级的建筑。

雕刻类

·包担云子：雕刻构件，用于檐柱和大担的接头处，包裹两个大担的接头，遮挡缝隙，起到装饰作用。因早期多以云子纹样作为装饰母题（见于榆中县金崖镇三圣庙大殿前檐），故名。现在也有莲花、瑞兽等主题出现。

·荷叶墩：常以荷叶、荷花为雕刻主题的一种垫木（图样见附录B中“荷叶墩”），用于牵、平枋、大担之间（图5.66），也有用瑞兽、果实作荷叶墩主题的。从结构的角度来看，多此垫木并无必要，但是在横向构件用材较小的情况下，增加荷叶墩会形成复杂、华丽的效果。

·束腰子：一种特别的荷叶墩形式，与须弥座在形式上有共通之处，一朵覆莲在下、一朵仰莲在上，中间用丝带捆住，形成一个束腰莲台。一般用在等级较高的檐下承托形式中，见3.1节。

·花牙子（牙子）：牙子就是板子的意思，花牙子从字面上看就是雕刻的板子，也称花板。但牙子也特指斗栱中代替横栱的板子（临夏匠人称该种做法为花牵代栱）（图3.4、图3.9）。等级低的斗栱用无雕刻或者平雕牙子，等级高的用雕刻繁复的牙子（见附录中“花板”部分）。另外，在子桁（挑檐桁）下的花板称为子桁牙子。

·正桁牙子：正桁牙子即安装在正心桁下的花板（图样见附录B中“正桁牙子”），用于连接两攒棋子（一种斗栱，见3.2.2节）。有时，类似形式的花板也用在两个束腰子（一种荷叶墩）间。以上两种情况有时同时出现，具体可见榆中周家祠堂一进大殿檐下做法（表6.11）。

·戳木牙子：即雀替，“戳木”与宋《营造法式》所指“绰幕方”同音，可能是写法上的讹误，但是做法上与绰幕方远，而与明清雀替做法相近。一般雀替称为戳木牙子，通雀替称为通口牙子（中间惯常省略“戳木”二字），骑马雀替称为全口牙子（中间惯常省略“戳木”二字）。

·虎皮牙子：瓜柱和马架之间的斜撑，起到三角支撑、扶正瓜柱的作用。常做成云子雕刻板，形似虎皮，故名（与马架的组合图样见附录B中“虎皮牙子”）。

·典云：即悬鱼，名字来历不可考，只能猜测，“典”作动词，有掌管的意思，而兰州地方做法中的悬鱼常用云子纹样作母题，且悬鱼位于屋顶高处，与云雾相伴（图样见附录B中“典云”）。

·垫头墩子：搁置在梁上或斗栱上，用来承托上部梁、檩头的一种垫木（图样见附录B中“垫头墩子”），形式、作用和驼峰类似。

·角云：镶嵌在门窗角落的雕刻构件（图样见附录B中“角云”），结构上起到三角支撑的作用，防止门窗抱框变形，一般外形为等边直角三角形。做法考究，主题多样，在民居建筑中多使用谷物、果实、花卉等主题，在殿式建筑中常用云子纹样。

·攒子：即门簪，攒应通“簪”（图样见附录B中“攒子”）。

·鸡架屏：一般是用于檐廊中，搁置在鸡架梁与挑尖梁（或挑尖随梁）之间的一块矩形雕刻板（图样见附录B中“鸡架屏”）。主要是为了弥补殿式建筑随梁与梁之间的空隙，其次是防止梁架变形。

匠人类

·斜活：即指古建木匠营生。由于木匠经常弯腰或斜跨拉锯子、砍凿木料，而不是板正身形地干活，故名。

·座头：即项目负责人，承接项目并通盘管理木作、彩画作、泥瓦作等全部事宜，一般由经验丰富的大木匠出任。

·掌尺：即项目中的木作部分负责人，负责结构设计、画线、木构安装等事宜，掌握核心技术。

·贴尺：掌尺的副手，兼掌尺学徒。

·摇刀：负责干活的木匠，一般不掌握营造法式，只听从掌尺命令加工、安装构件即可。

·削活匠：即负责雕刻的匠人。兰州地方建筑木雕常用刀削的技巧，雕刻即称为削活。

·踏子匠：即负责制作踏子（望板）的匠人。

附录二　雕刻、门窗纹样集录

· 梁、大担、牵端头（汉纹）

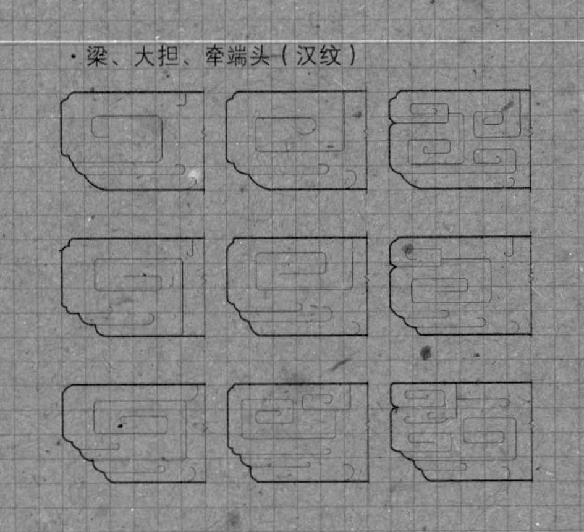

· 梁、大担、牵端头（云子）

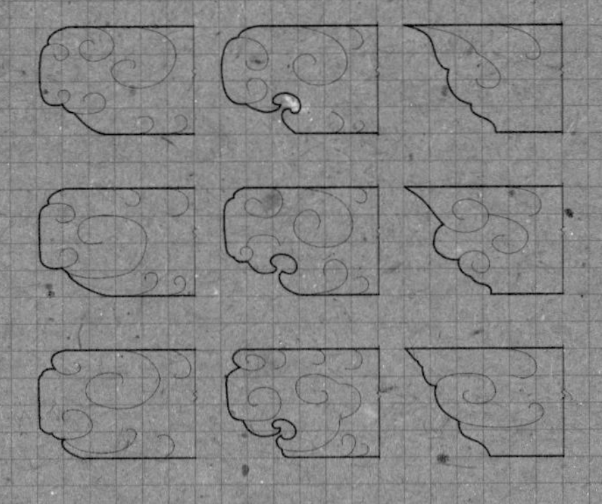

· 垫头墩子（汉纹）

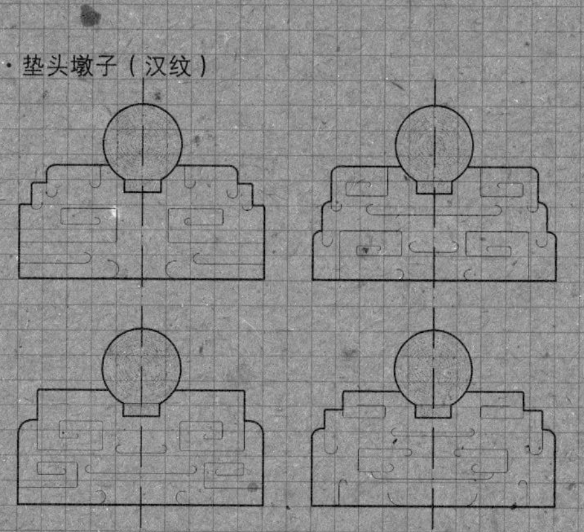

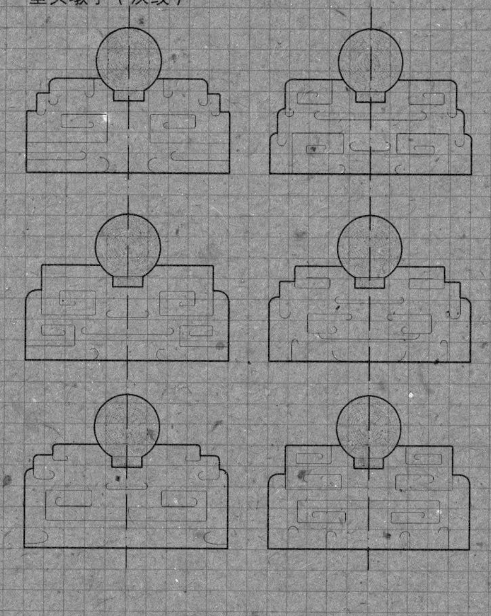

· 垫头墩子（云子）

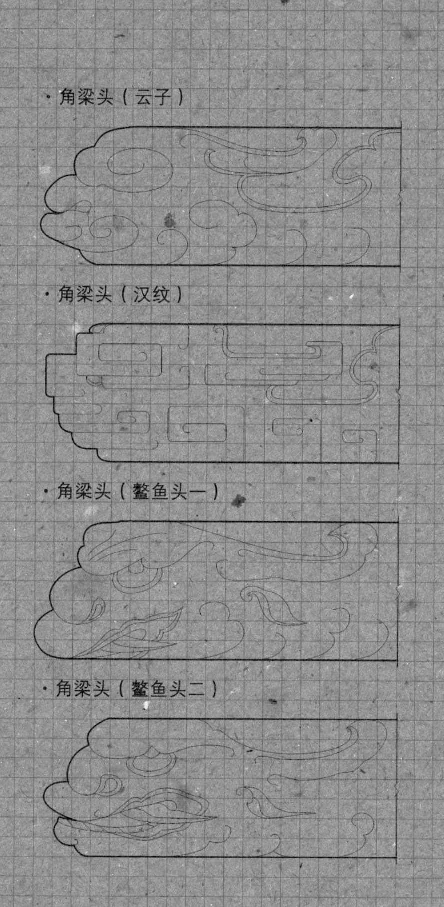

· 角梁头（云子）

· 角梁头（汉纹）

· 角梁头（鳌鱼头一）

· 角梁头（鳌鱼头二）

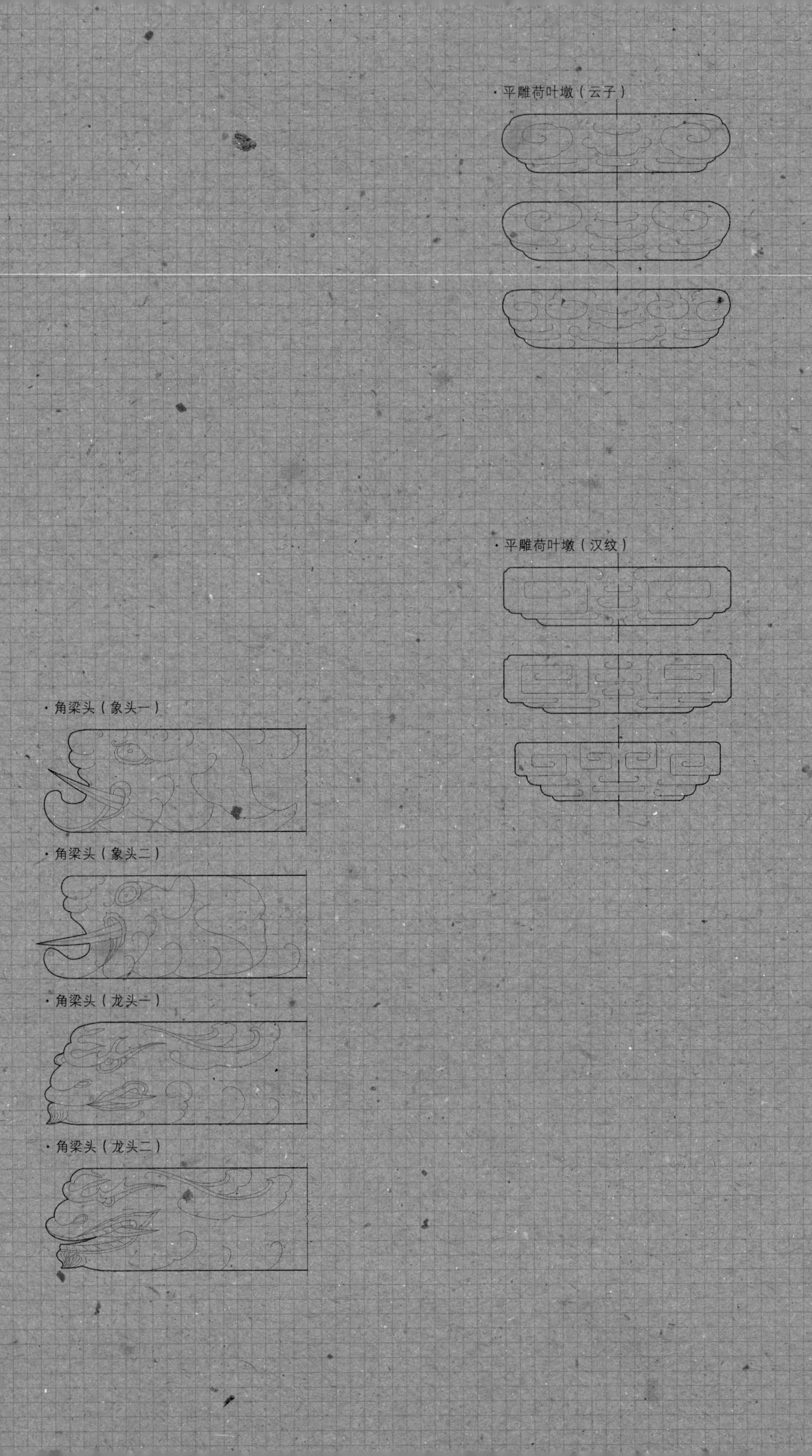
·平雕荷叶墩（云子）
·平雕荷叶墩（汉纹）
·角梁头（象头一）
·角梁头（象头二）
·角梁头（龙头一）
·角梁头（龙头二）

·透雕荷叶墩（云子）

·透雕荷叶墩（汉纹）

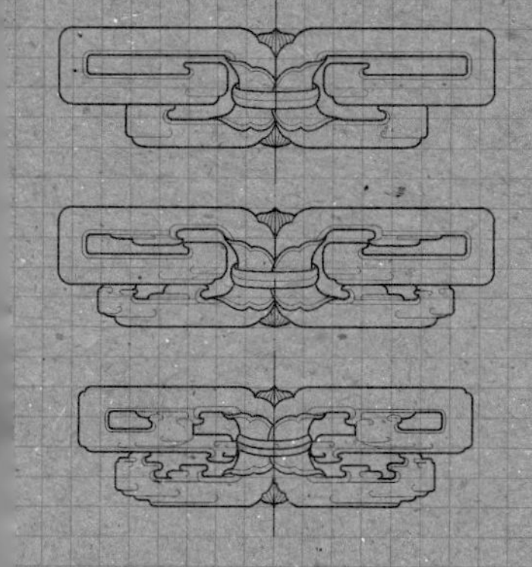

·白菜荷叶墩一

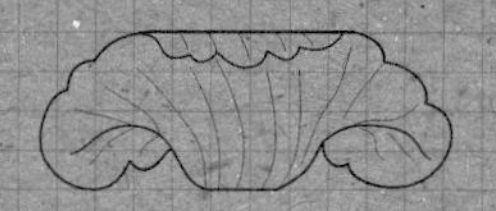

·白菜荷叶墩二

·荷花叶荷叶墩一

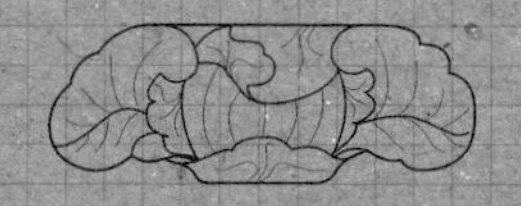

·荷花叶荷叶墩二

·乞荷荷叶墩一

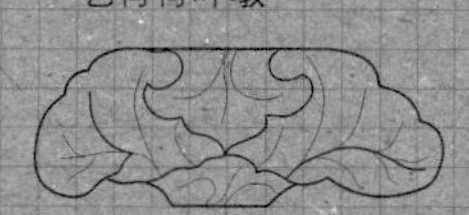

·乞荷荷叶墩二

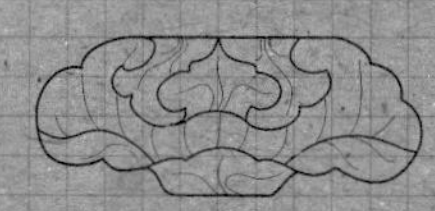

·带把荷叶墩一

·带花头荷叶墩

· 李氏荷花叶荷叶墩一

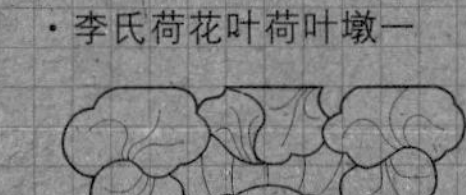

· 胡氏荷花叶荷叶墩一

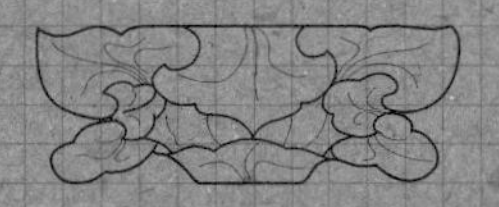

· 李氏荷花叶荷叶墩二

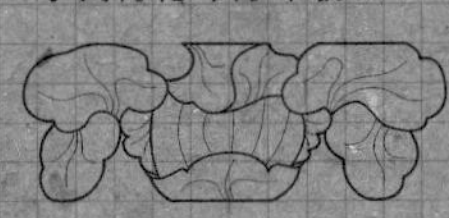

· 胡氏荷花叶荷叶墩二

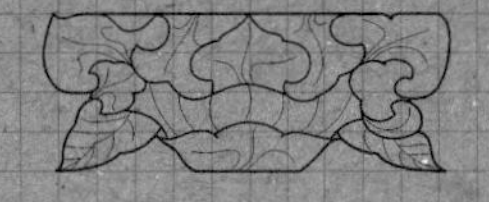

· 胡氏带把荷叶墩

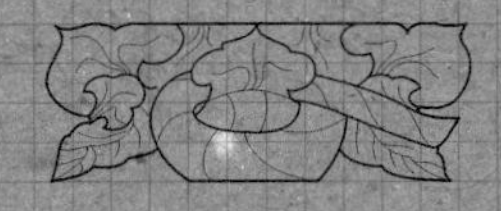

· 胡氏荷花叶荷叶墩三

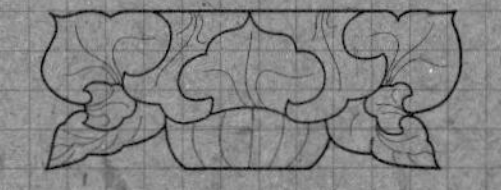

· 单氏荷花叶荷叶墩一

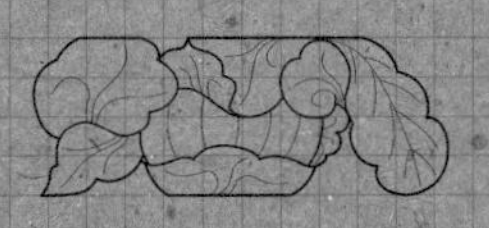

· 胡氏荷花叶荷叶墩四

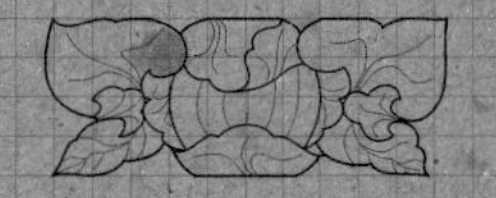

· 单氏荷花叶荷叶墩二

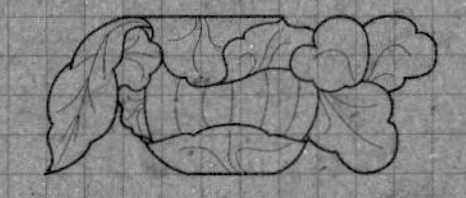

· 胡氏荷花叶荷叶墩五

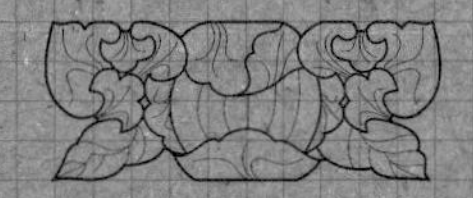

· 主题荷叶墩—石榴

· 主题荷叶墩—桃子

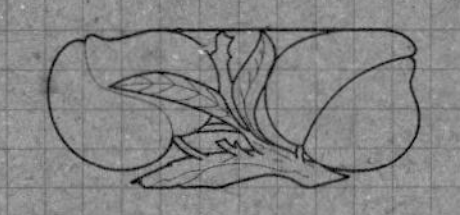

· 主题荷叶墩—杏子

· 主题荷叶墩—柑子

· 简单的花板（斗栱位置在中线上）

· 简单的花板二（斗栱位置在端头）

· 平雕花板（云子 / 汉纹）

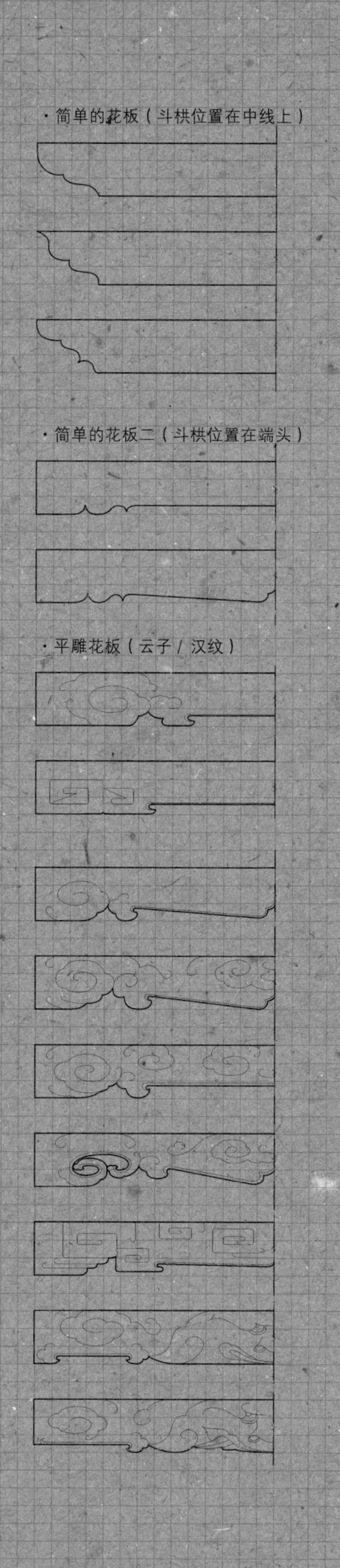

· 透雕花板（云子）

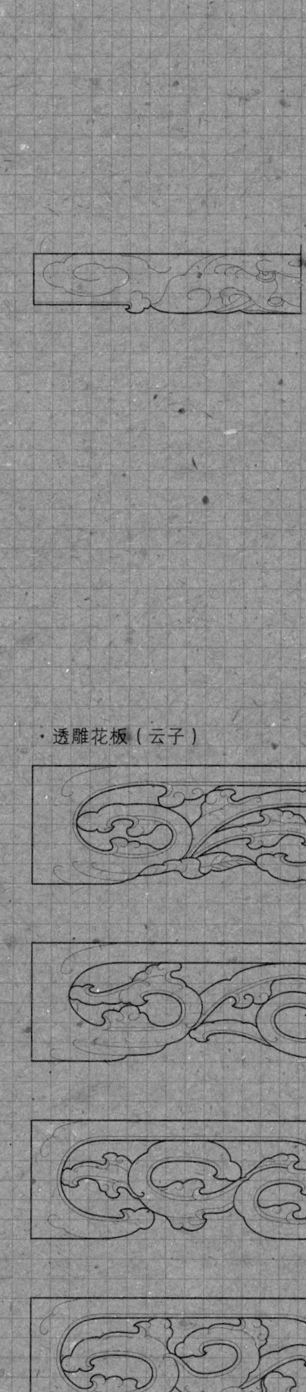

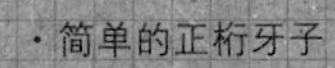

· 简单的正桁牙子

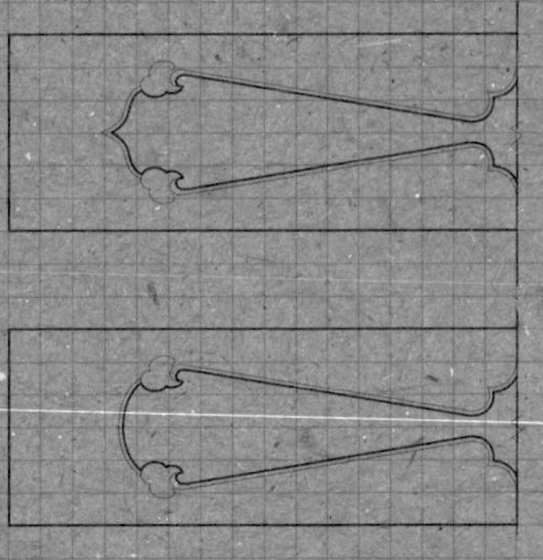

· 正桁牙子（莲蓬）

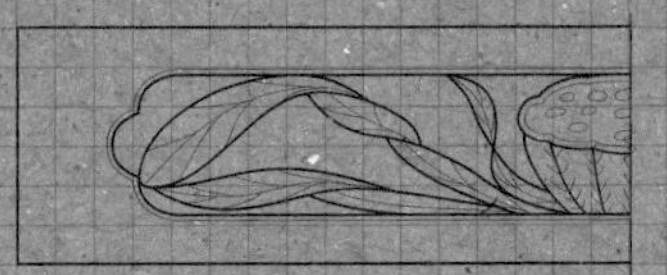

· 正桁牙子（荷花）

· 透雕花板（汉纹）

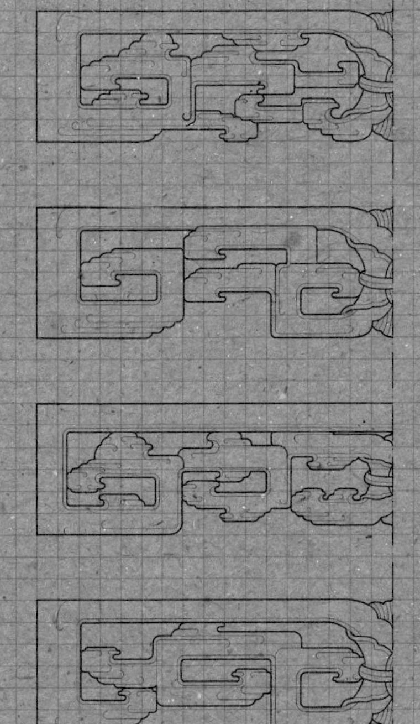

· 平雕夹挡板子

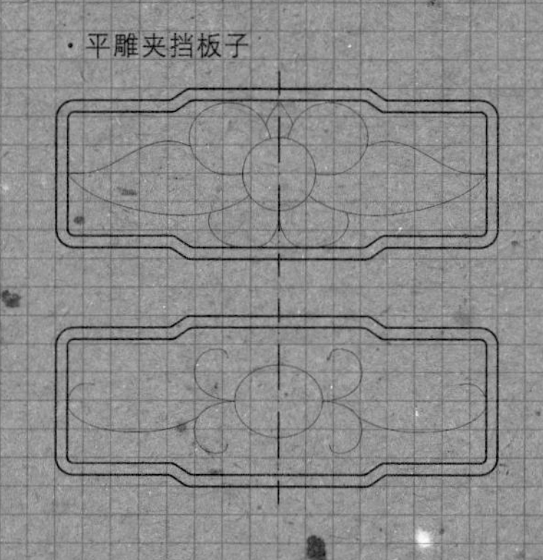

· 浮雕夹挡板子（汉纹）

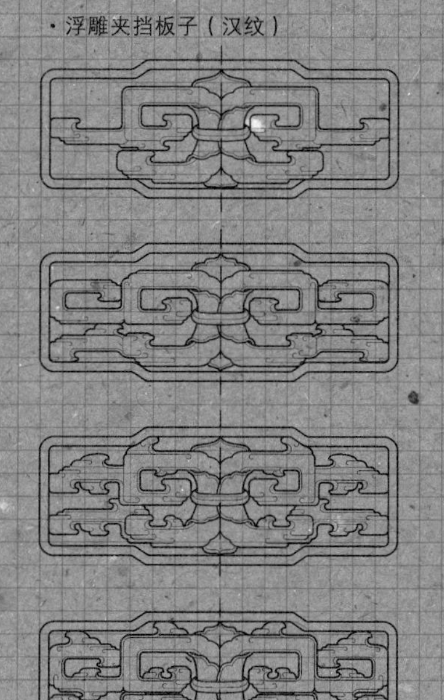

· 浮雕夹挡板子（云子）

· 浮雕夹挡板子（三先如意）

· 浮雕夹挡板子（柿柿如意）

· 浮雕夹挡板子（笔锭如意）

· 浮雕夹挡板子（戟磬如意）

· 浮雕夹挡板子（佛教八宝主题之四——花 / 罐 / 鱼 / 长）

· 平雕角云（云子）

· 透雕角云（云子）

· 浮雕夹挡板子（四君子主题——梅 / 兰 / 竹 / 菊）

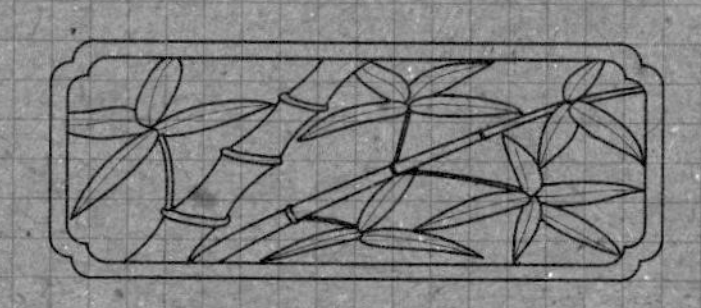

· 透雕角云（小豆）

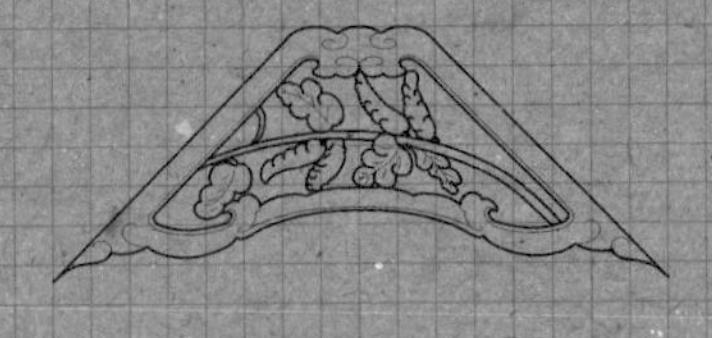

· 透雕角云（大豆）

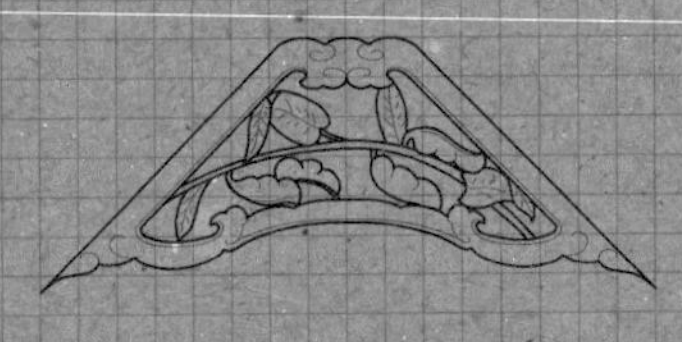

· 透雕角云（西瓜）

· 透雕角云（西瓜）

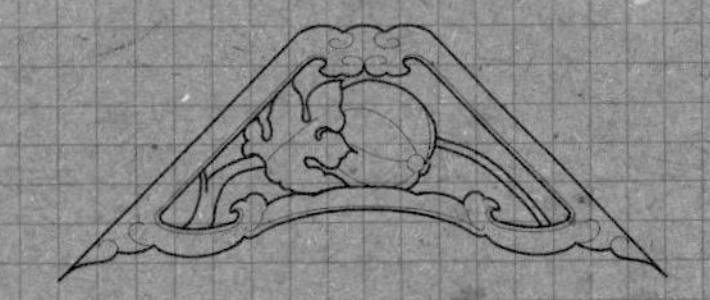

· 透雕角云（高粱）

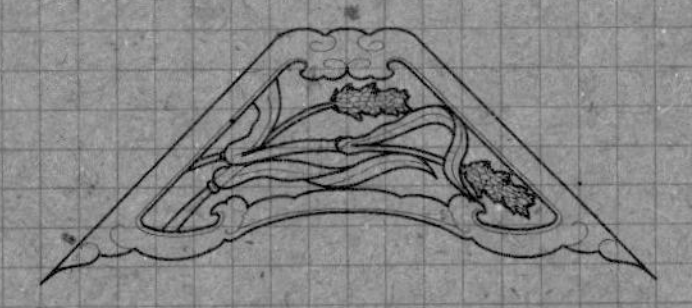

· 透雕角云（葵花）

· 透雕角云（萝卜）

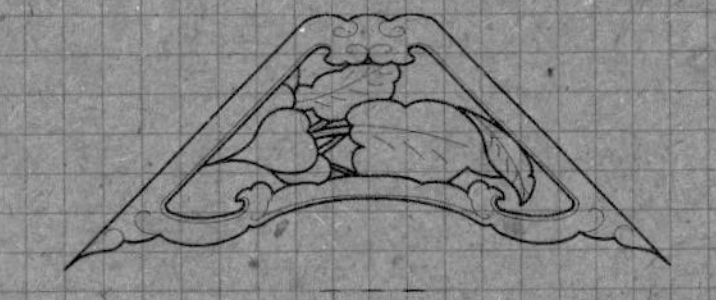

· 透雕角云（稻子）

· 透雕角云（白菜）

· 透雕角云（玉米）

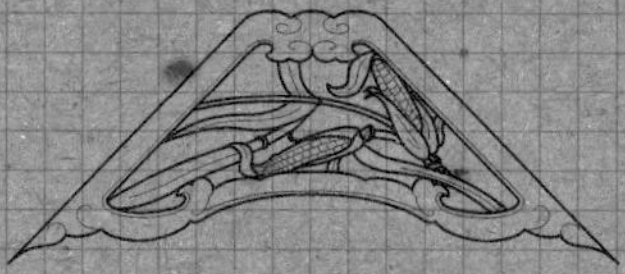

· 透雕角云（麦子）

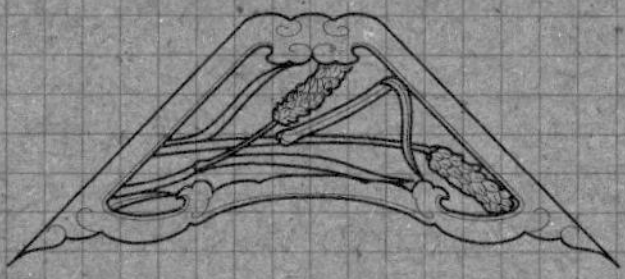

· 透雕角云（谷子）

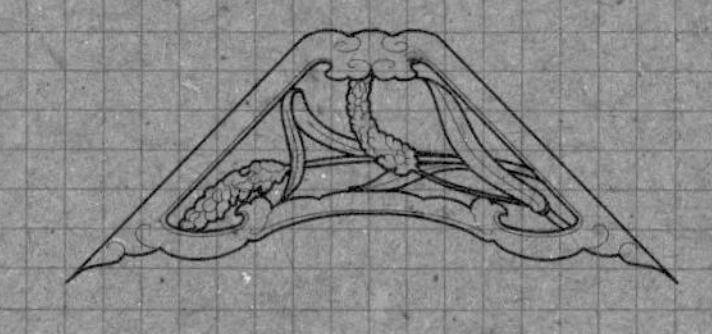

· 透雕角云（蔌菜）

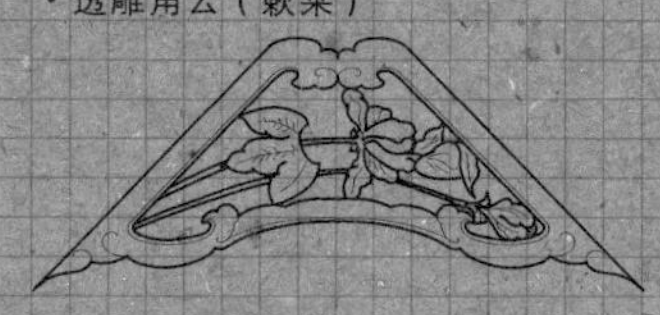

· 透雕角云（大丽花）

· 透雕角云（秋海棠）

· 透雕角云（莲花）

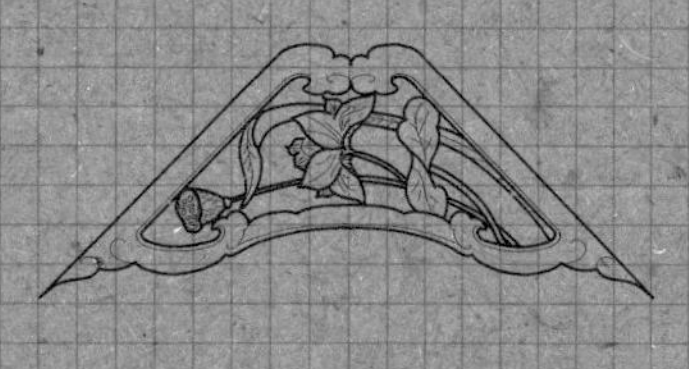

· 浮雕角云（牡丹）

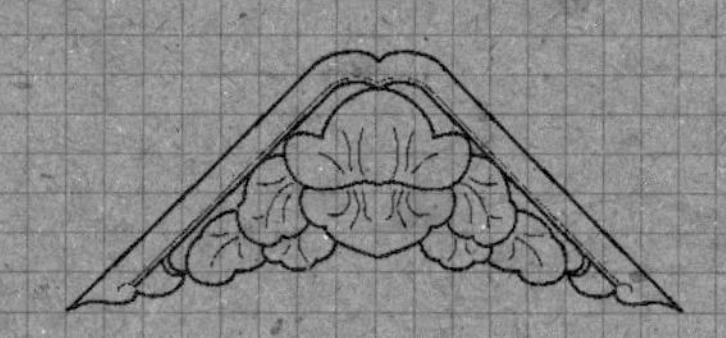

· 浮雕角云（荷花）

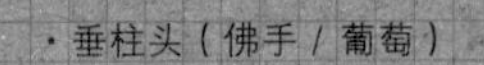
· 垂柱头（佛手 / 葡萄）

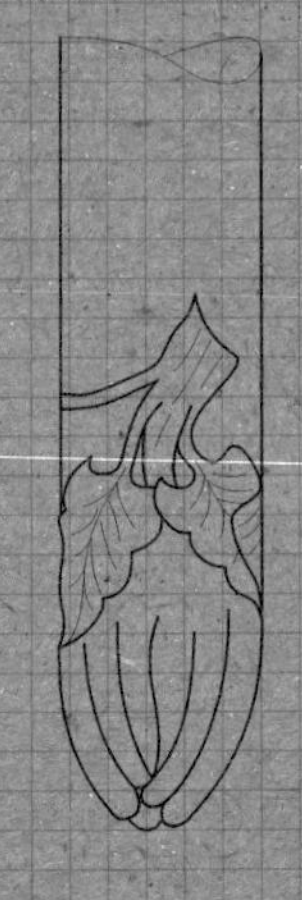

· 垂柱头（白菜 / 荷花）

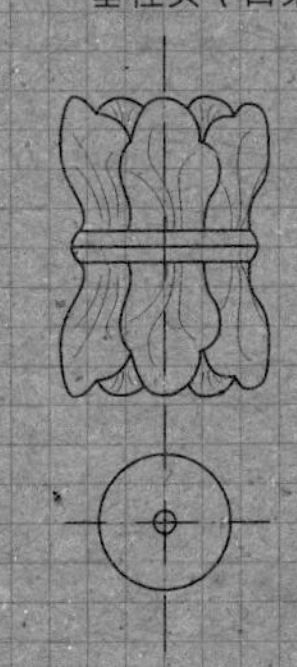

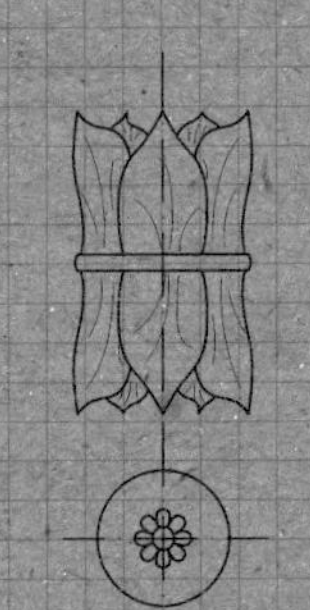

· 三种云子博顺头（博风板）

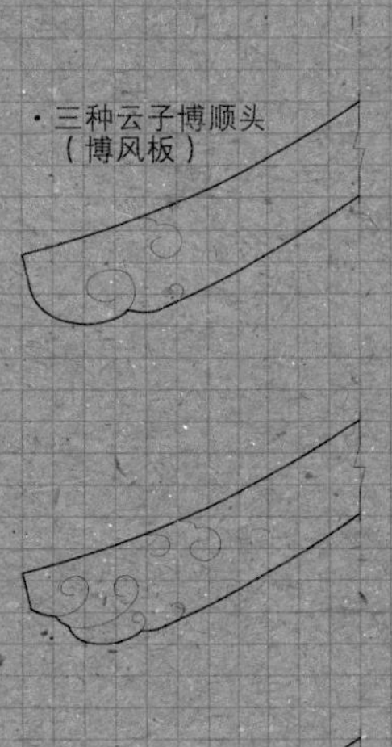

· 平雕云子典云（悬鱼）

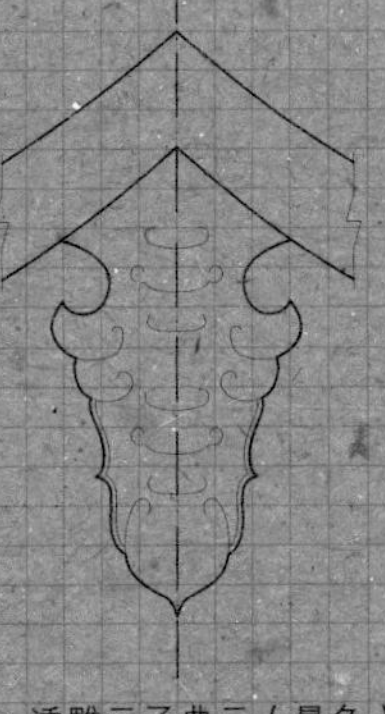

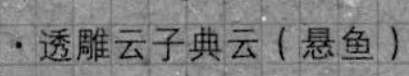
· 透雕云子典云（悬鱼）

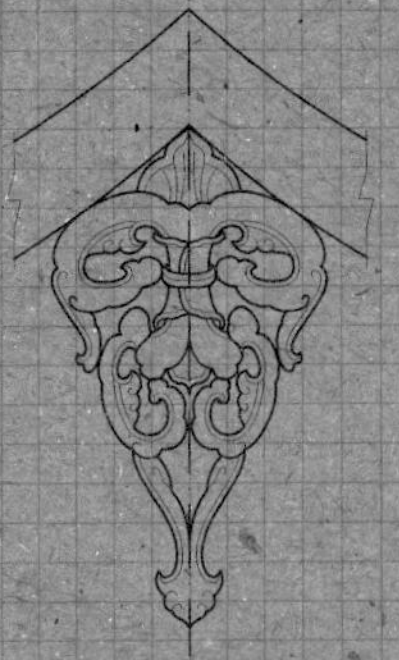

· 鸡架屏

· 门簪正面

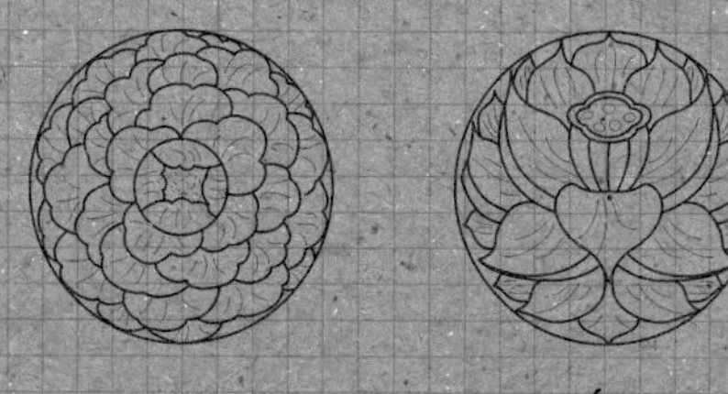

· 虎皮牙子

· 戳木牙子（雀替）

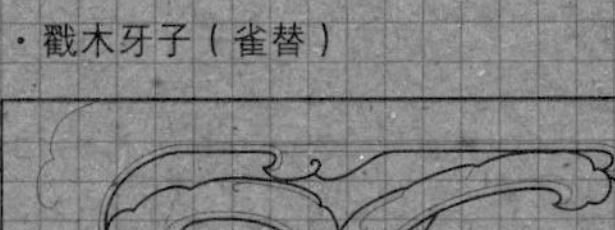

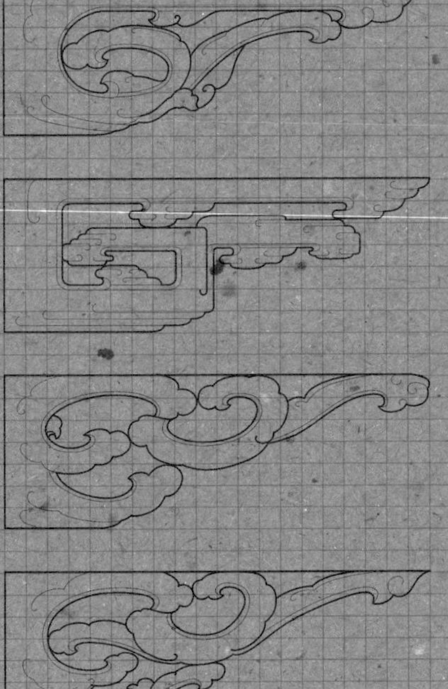

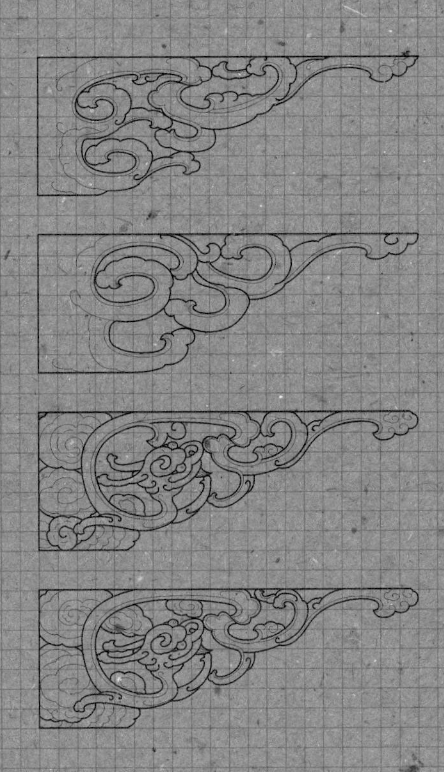

· 几种常见飘带

· 几种常见飘带头

· 互张口豆腐架窗户

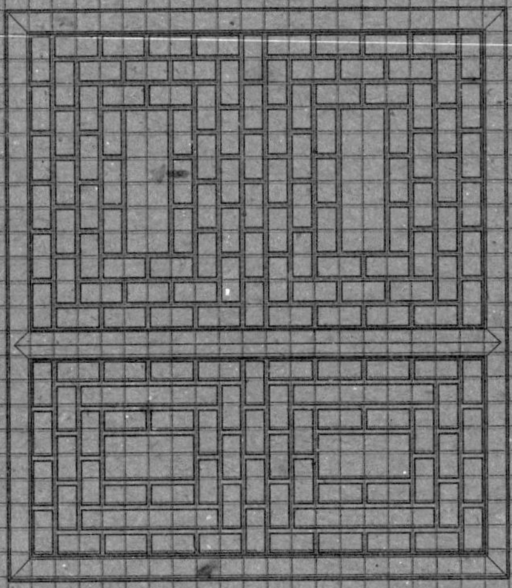

· 格扇窗

· 乱点梅花大方窗

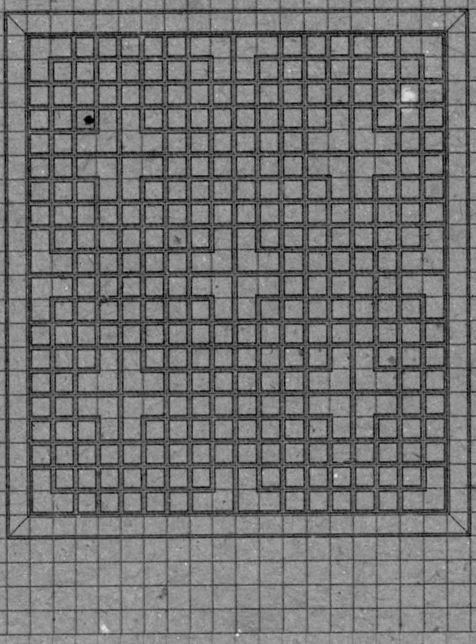

· 格子拐格扇窗

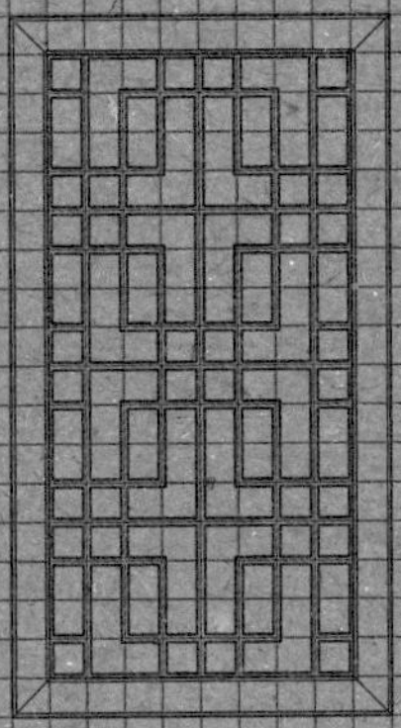

·五福大方窗

·对拐子长方窗

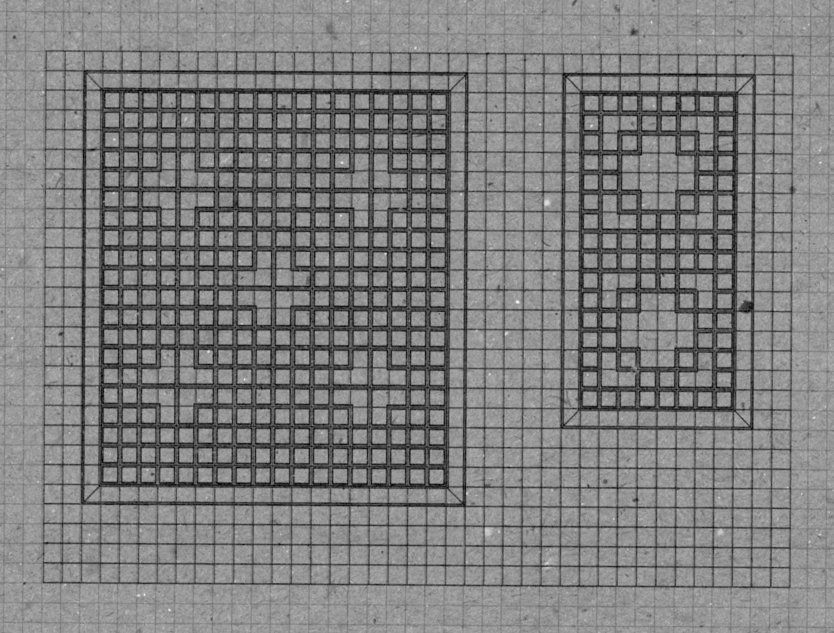

·龟背锦大方窗

·无名

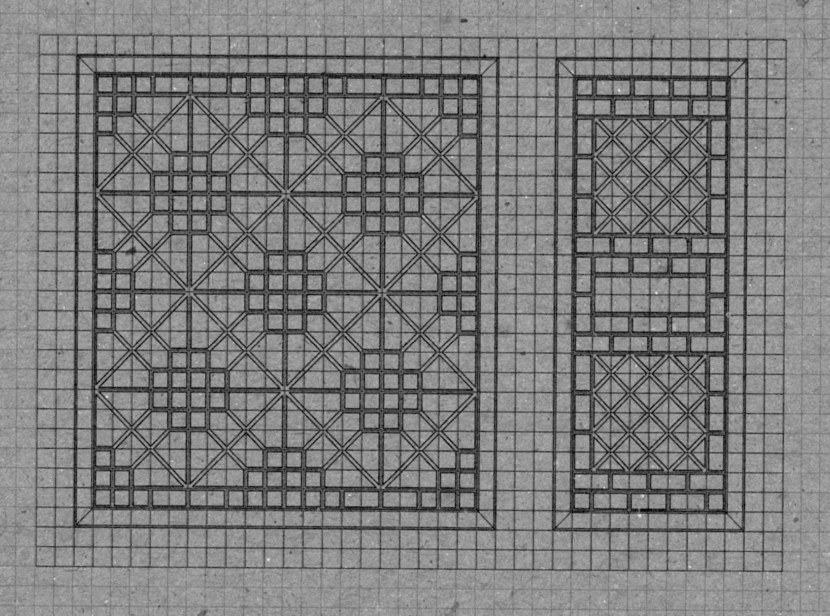

·双棋盘窗

·四绞长龟背锦窗

·双五福窗

·单棋盘格扇窗

·套龟背锦方窗

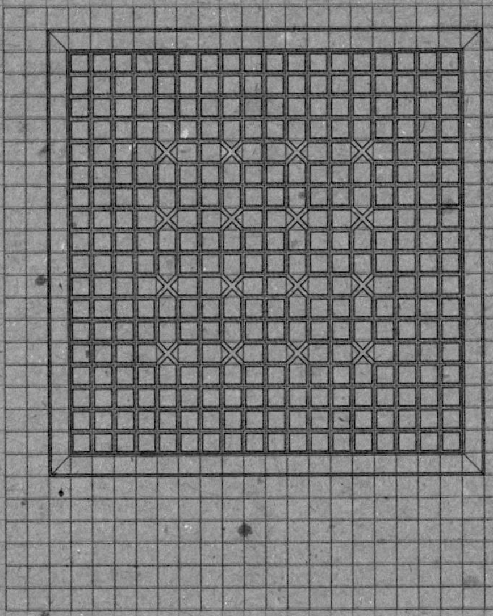

·三绞菱形窗

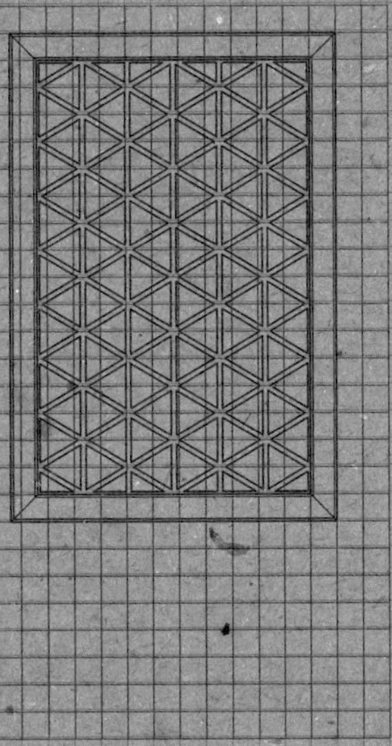

·无名

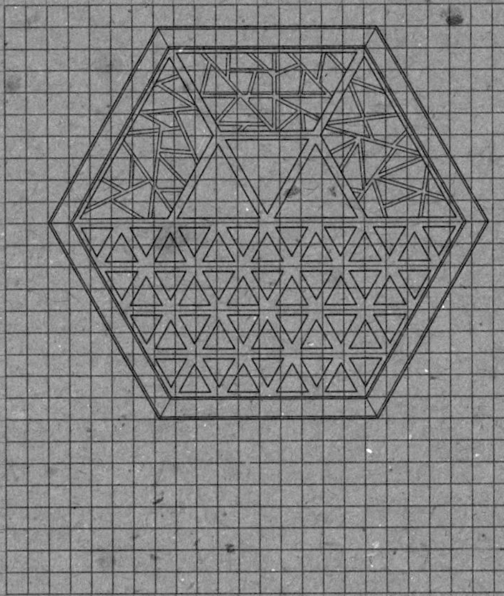

·套拐子格扇窗

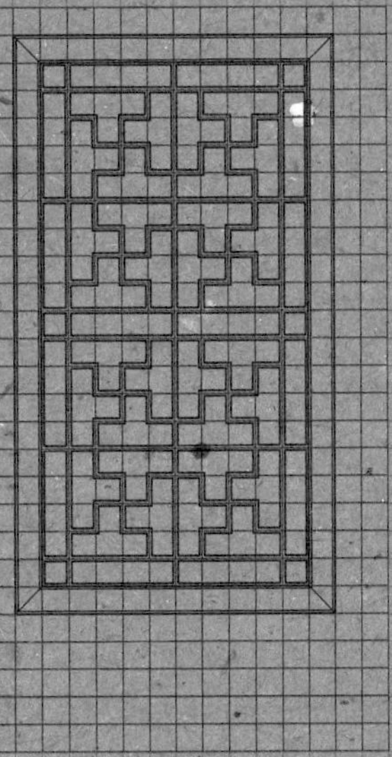

·四绞龟背锦大方窗
·双龟背锦窗
·无名
·盘长格扇窗

·无名

·无名（中）

·无名

·平棋盘窗

·对拐子长方窗（中）

·四绞双龟背锦窗

附录三　彩画小样集录

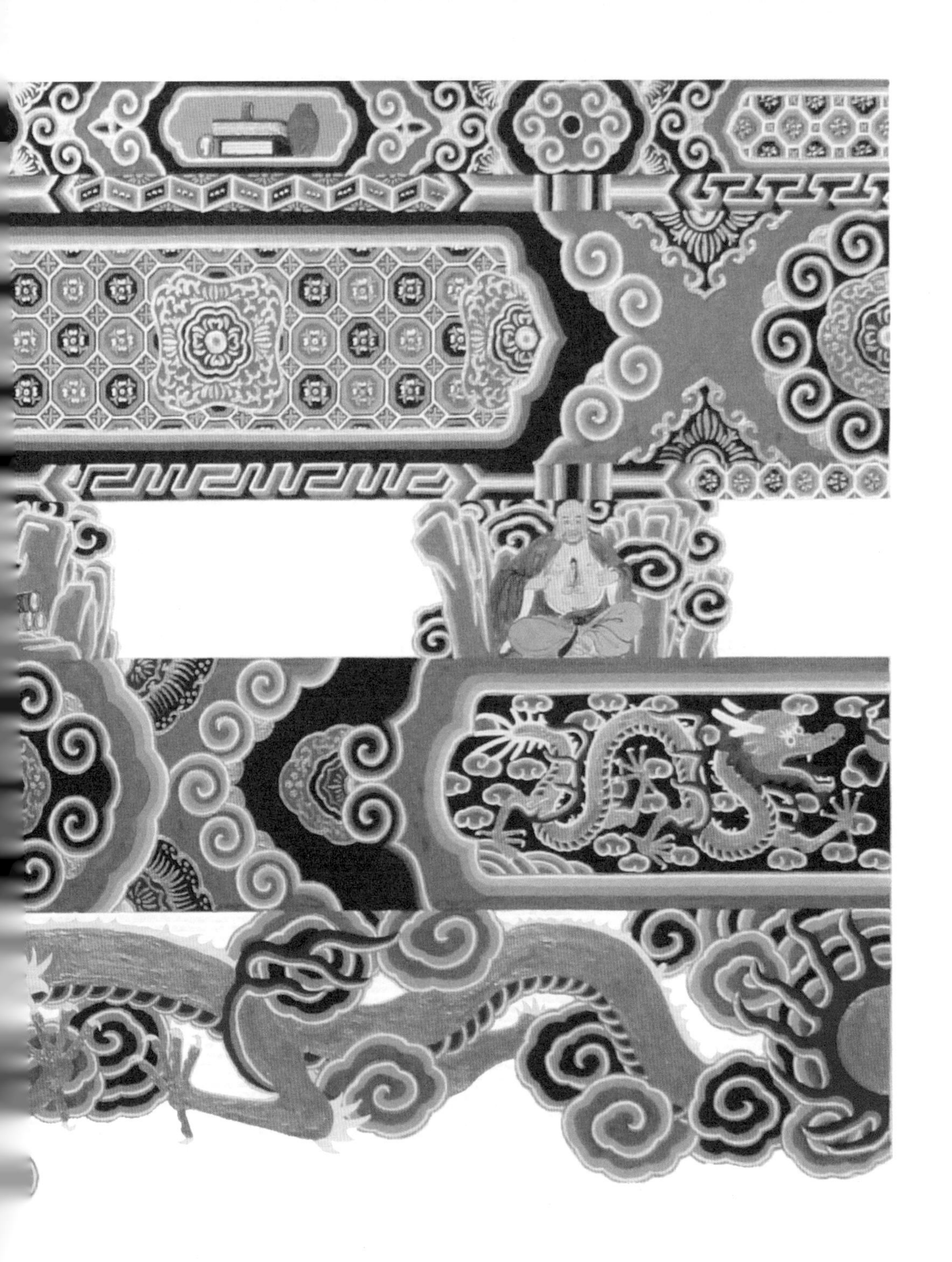

· 大点金旋子彩画小样1
由兰州彩画匠师王顺义先生，根据五泉山浚源寺大雄宝殿明间建筑彩画为样本绘制的，该类彩画是兰州传统建筑彩画中等级最高的。

· 小点金旋子彩画小样2
由兰州彩画匠师王顺义先生根据五泉山乡仙祠东门前檐彩画绘制。该类型彩画是兰州传统建筑彩画中等级次高的，在殿式建筑中最为常用。

· 小点金旋子彩画小样3

由兰州彩画匠师王顺义先生根据五泉山嘛呢寺观音殿明间前檐彩画绘制。该类型彩画是兰州传统建筑彩画中等级次高的，在殿式建筑中最为常用。

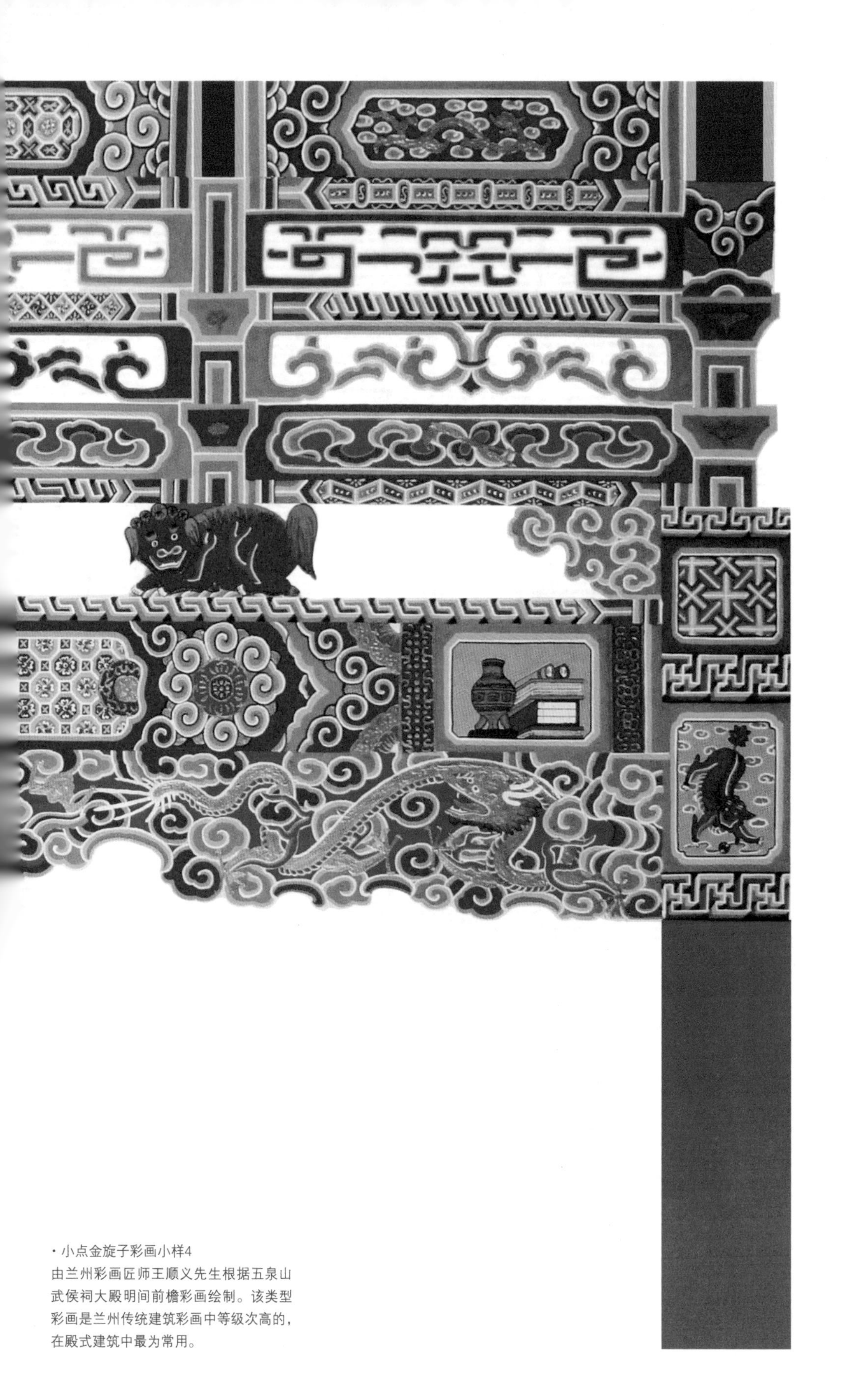

· 小点金旋子彩画小样4
由兰州彩画匠师王顺义先生根据五泉山武侯祠大殿明间前檐彩画绘制。该类型彩画是兰州传统建筑彩画中等级次高的，在殿式建筑中最为常用。

· 小点金旋子彩画小样5

由兰州彩画匠师王顺义先生根据五泉山浚源寺东二门檐下彩画绘制。该类型彩画是兰州传统建筑彩画中等级次高的，在殿式建筑中最为常用。

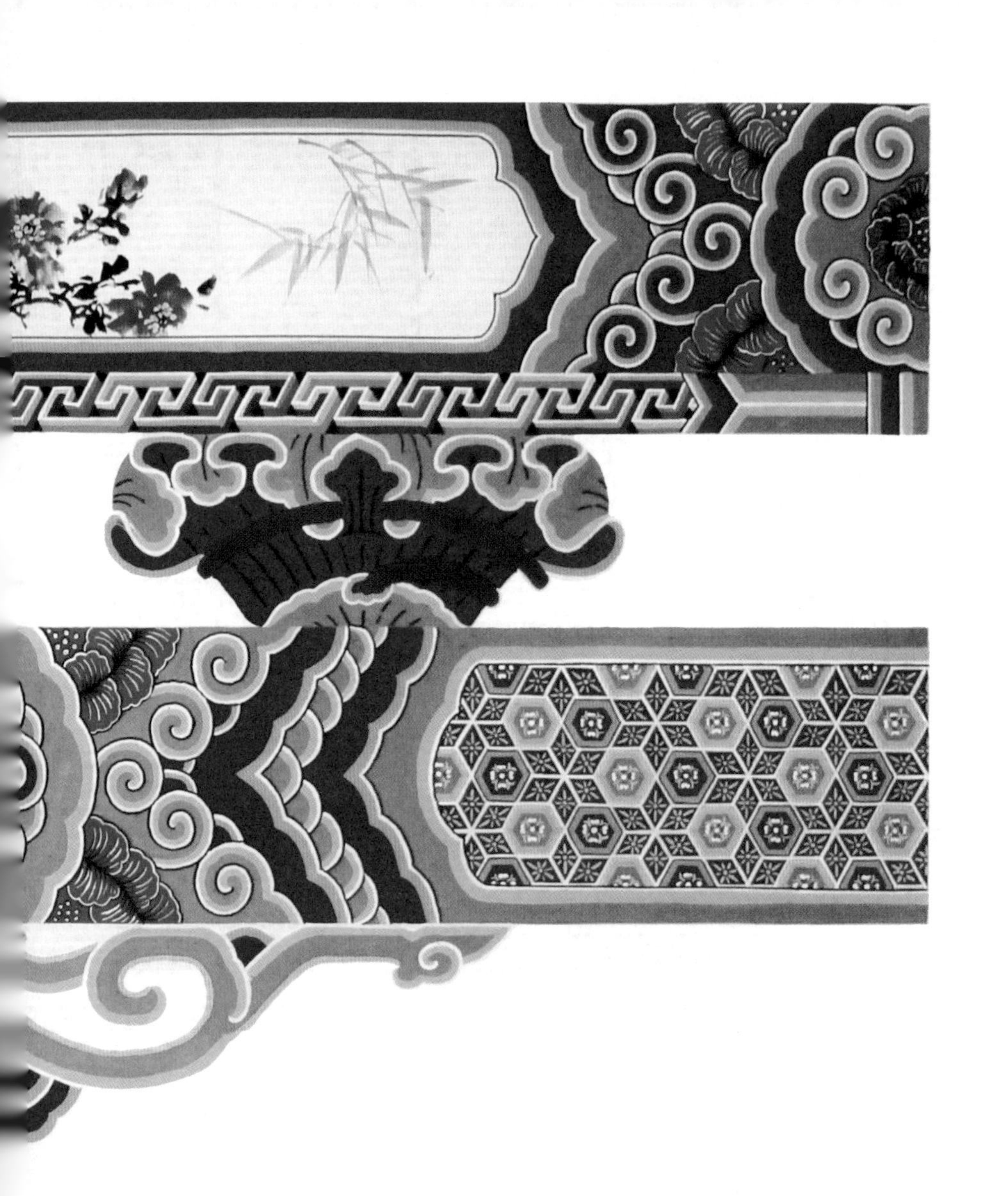

· 青绿粉丝花头旋子彩画小样
由兰州彩画匠师王顺义先生根据五泉山嘛呢寺观音殿明间内檐彩画绘制。该类型彩画常用于次要建筑外檐或者重要建筑的内檐。

· 青绿旋子彩画小样

由兰州彩画匠师王顺义先生根据五泉山中山纪念堂明间内檐彩画绘制。该类型彩画常用于次要建筑的内檐。

· 五彩旋子彩画小样
由兰州彩画匠师王顺义先生根据五泉山浚源寺门后檐次间彩画绘制。该类型彩画常用于亭、廊等附属建筑外檐或者次要建筑的内檐。

· 凤天花彩画小样

由兰州彩画匠师王顺义先生绘制，图样来源是白塔山塔院地藏殿的天花做法，现今已经被修缮性破坏。

·太极神盘（一碗水）天花彩画小样
由兰州彩画匠师王顺义先生绘制，图样来源是白塔山塔院地藏殿的天花做法，旧时兰州匠人称为一碗水天花，现今已经被修缮性破坏。

附录四　部分匠人生平简介

段树堂先生生平

（弟子范宗平为师父传，再传弟子卞聪记录）

段树堂

段树堂，甘肃省兰州市人，共产党员，生于1916年11月，卒于2007年7月，享年92岁。出生时家境尚可，但少失祜恃，4岁亡母，9岁无父。幸得其姑母（其父姐妹）照顾，送他读过四年私塾，还把段家拳法传给他。由于家道中落，14岁就被迫出门学艺，投师于县门街（现陇西路口）彭立学木匠铺学木匠，学习做家具、棺材和盖房子。其学习木匠的初心还有一段往事——段先生12岁那年，家里干活，他动了一个鲁姓木匠的斧子，挨了鲁木匠的训，他别不过气，便当鲁木匠面说："要学木匠！而且一定要比鲁木匠学得好！以后你鲁木匠要来我手底下干活，我还不要你！"当时少年意气，没承想段先生二十不到便学成出师，成了当时兰州年纪最小的"尕掌尺"，当年想法却是应验了。

在彭记木匠铺学艺四年后，段先生便自谋出路，即访遍名师，不惜偷师学艺也要学习古建筑法式。后拜王家大爷、三爷为师，系统地学习古建筑"架、饰、栱、刻"，刻苦钻研。其在木雕装饰方面不拘泥于门派，转益多师，将兰州本土各门派技法工艺悉为自用，创造了很多基于传统要素的新式样。此外，段树堂先生师从兰州鼓子前辈名人，留下了很多传唱不绝的佳作（见肖振东《兰州鼓子界的巨星：段树堂》）。段先生一生为兰州传统建筑和曲艺的传承发展做出了不朽的贡献，创造了诸多文化历史见证，被兰州人亲切地称为"段老爷子"，也不愧为鼓子、斜活一代宗师（旧时称古建筑木匠行当为斜活）！

1955年之前，段树堂先生自己承揽工程，也做家具、棺材。

50年代中期，在兰州市第一建筑工程公司担任施工技术科科长，主持了金天观建筑群的修缮、新建工作，并参与了白塔山修复方案设计。

1958年，为配合道路拓宽，未落架整体搬迁了武都路普照寺（现已拆毁）山门大殿，一夜之间向后平移了8m，震惊兰州建筑界。

1961年，主持了兰州八路军办事处修缮项目，新增了一座八角亭。

1963—1966年间（具体不详），参加了全国科学技术交流大会（在天津举办）。

1971年，在“一打三反”运动中受到牵连，被关入大沙坪监狱改造，判刑5年，服刑两年又十个月。在服刑期间，段树堂先生根据《木工简易计算法》和多年营造经验，和几位一起改造的高级工程师探讨，总结了一套行之有效的计算梁架、翼角、斗栱的角度、系数等情况的数学方法，为兰州传统建筑营造技术的核心部分降低了门槛，以利于推广。

1973年底回家，经革命战友介绍到兰州西固当工地技术员。这其中还有一个故事——抗战胜利之际，一日，段先生在茶馆中唱鼓子、会朋友，不知怎的和一位女地下党员（秦仪贞）寒暄了起来。原来地下党员想在兰州办一个印刷厂，但是没有地方，段先生一听便仗义地说送他们一院房子。后来，有个在甘肃报社工作过的男地下党员来和段先生接头，在送的那一院房子里办起了印刷厂。中华人民共和国成立后，男地下党员被分配到西固工作，后来听闻段先生遭遇，便介绍其到西固上班。后来，由于修缮白塔山的需要，段先生又被任震英先生调回市建公司当技术顾问。

1977年，设计了白塔山塔院的修复方案。

1978—1981年，主持了白塔山塔院的修复工程。

1981—1982年，设计并主持五泉山浚源寺大雄宝殿的修缮项目。

1982年，在五泉山项目土建完成后，按照任震英手绘意向图，设计了皋兰山三台阁。

1983年，主持了省政府大门下沉扶正工程。

1984年，指导修复了白云观戏楼，同年，设计了省委皋兰山林场的仿古建筑。

1985年，指导修缮了榆中桑园子村戏楼。

1986年，设计、指导了新疆洪山公园的仿古建筑群项目。

1987年，设计了小西湖公园螺亭。

1993年，设计、指导了白塔山公园大门的修建。

段先生在木作工作之余，最喜欢听、唱兰州鼓子（鼓子技艺师承旧时“五大家”之首——李长庚老先生），常在文化宫（金天观）南部的戏台、茶馆传唱鼓子。老先生自1980年就开始整理兰州鼓子词、曲，将很多遗失多年的曲目整理、保存下来，挖掘培养了一批爱好者和传承人，如王雅绿、魏世发、肖振东等人。除此之外，他对秦腔也非常热爱，曾拜西北秦腔泰斗“麻子红”为师。其秦腔唱功也很深，兰州秦腔大师刘茂森、段永华还在其跟前领教过。

段先生拳法也很不错，结交了很多武术高手，年轻时还被选为舞狮队伍的指挥。可惜得其拳法传承的弟子已经去世，未能发扬光大。

段先生一生广拜师、多学艺，在匠艺、曲艺等领域中都可称为泰斗，又不吝教授门人、广传技艺，让兰州传统文化中的两支能延续至今，由此可称宗师！

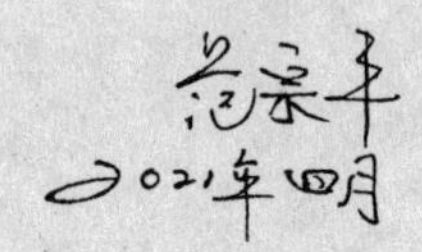

范宗平先生自述

（范宗平先生自述，弟子卞聪整理、记录）

范宗平

本人范宗平，甘肃省兰州市人，于1953年生于一个普通工农家庭。我的爷爷、父亲都是水车匠人，常年在宁卧庄至段家滩一带修建水车、种地、盖房子。家中有些亲戚、长辈也是从事木匠行业，我从小帮助家里人做一些木匠活，耳濡目染。

我初中毕业后参加工作，1970—1972年在国营单位学徒，1973—1977年当临时工，做家具木工，1978年到园林工程队上班（现园林建筑工程公司），直至退休。

1978年10月在修缮白塔山公园塔院时拜师于兰州古建大师段树堂门下，开始学习兰州古建筑营造技术。塔院有前楼、地藏殿、东西厢房、钟鼓楼、大门、块石墙、围墙等项目，修缮工程历时三年。在初学艺的三年间，师父教会我很多古建名词、构造，但毕竟入行时间短，眼力不如现在。现在回想起来，塔院地藏殿应有部分元代遗构，角梁做法与现今流传的兰州做法大相径庭，应与明清官式做法相近。但可惜的是，当时匠人不懂得“修旧如旧”的概念，为了防止屋面继续漏雨致使构件更为糟朽，我师父最后把角梁做法改成了清末以来兰州流传的做法，部分老构件也被替换，致使细节部分的形制有所改易。这也是他晚年的一大遗憾！

1981年6月，到五泉山公园修缮浚源寺大雄殿。本项目由市政府授意，由我师父段树堂来设计，园林工程队进行施工，1982年土建完工。浚源寺大雄殿本是王家几兄弟在乡绅的支持下于1919年开始重建的，但到当时由于久经变故，疏于维护，构件糟朽，结构岌岌可危。特别是抱厦部分濒临坍塌，檐柱、金柱劈裂，金檩、柱头业已腐朽。经过设计，梁柱檩等大木构件只要尚能利用的，全部利用上。新增加了部分装饰，包括鸡架屏、三角斗栱[60°角的角彩，不用于翼角，而是放置在鸡架梁（即穿插枋）与挑尖梁间起到装饰作用]、通口牙子、门窗等全部是新做的，大的外形、结构并没有太大改变。但是受制于当时的经济条件，制作檐柱时，很难提供这么粗的木料给我们使用，所有檐柱、檐枋只得使用钢筋混凝土浇制。在当时，兰州古建筑、仿古建筑上还没有这样的技术，是由我师父带头、全队通力合作一起攻坚开发的。

修缮大雄殿这个时期我开始学做掌尺，做了一段时间贴尺（掌尺的助手）后，很多画线、指挥的工作已经交给了我，我已经代替师父承担起很多掌尺的责任。五泉山公园存留了大量清代古建筑，是学习古建筑知识的宝库。晚上收工后，师父经常带着我去山上各处庙宇、祠殿，讲解兰州不同流派的细微区分，城中五大建筑世家的很多传承已经断绝，但是在檐下的花板上、枋间的斗栱里、门窗的雕刻牙子间，还记录着高、王、兰、李、卡这些家族的匠人故事。听着故事，学着技艺，我也慢慢成长起来。中间还发生了一个小插曲。1982年6月的一天，我们要给现浇钢筋混凝土的大担头子做一个样板，我画了一个样，描的是模板要裁剪掉的部分，师父自己画了一个样，是模板保留的部分，实际上我俩画的是一个东西的公、母两半。师父看到我画的样板后勃然大怒，他以为我没有好好学，瞎搞创新，做了个不伦不类的样板出来，一边骂我，一边当着众多木匠的面把我的样板丢在地上踩断了！师父当座头、掌尺多年，权威很重，这么多人看着，我气得脸都红了，也没机会辩驳。踩断样板的那瞬间，所有的辛苦、委屈、愤怒都爆发出来了，我把尺子用力往地上一丢，转身就冲出寺庙。我在浚源寺西面的湖边正往外走，师父追到围埠边站着，指着我喊道："你走！你走，我就跳到湖里头！"我回身一看，看到师父那又生气、又内疚、又自责的表情，也就停下了脚步，很不情愿地回去了……

1983年，省政府（原明肃王府，修缮时多是明代原构）大门由于下方防空洞进水，导致地基不均匀沉降，建筑倾斜。当时，省政府办公厅来我们园林工程队找我师父去修缮，但由于没有搞清楚师父姓名，在我们工程队楼道里喊着找"段爷"还是"范爷"。我师父故意调笑他说："你找的是'段爷'么？还是'范爷'呀？"来人说不清，只说好像是"范爷"吧。我师父就让人去我办公室把我喊来，给来人说："喏，这就是你找的'范爷'！"我还一时丈二和尚摸不着头脑，哈哈。经我队现场勘察、设计，最后由省建六公司处理基础，我单位进行古建扶正修复。在此过程中，我们还对省政府中山堂大殿进行了维修，明代建筑保存得非常完好，只可惜后来在2008年被拆毁了。当时，由于我麻利能干，省政府办公厅主任甚至想把我借调到省政府工作。但是我想了想，我的本事都在木匠行当上，借调去或许前途不错，但是失去了自己的道路，也辜负了师父收我作关门弟子的心！便拒绝了。

1984年，市文化馆董吉泉找到我师父，让园林工程队修一下白云观。当时，白云观被分作交通局的家属区，到修缮时只退回了大殿前的部分，主要就是一个戏台。因失修多年，且以前改成宿舍住人，甚至在戏台边做饭、倾倒生活用水等，戏台檐柱、金柱和一层的大梁结构都有严重腐朽、火烧、沉降的问题，已经成为一处危房。在师父的精心设计和周密安排下，我们计划仅仅清空屋面，然后通过加固梁架，再整体顶升的办法，做到不落架就进行抽梁换柱。我带领六个木工前期用了一个月时间做好替换构件后，用6个30吨的千斤顶把建筑抬了起来。我们选了个好日子，那天，我们六个配合默契的青壮年木匠负责具体操作，我师父在戏台对面的殿前负责指挥，仅仅用了一天就完成了这项危险的工作。当时，兰州城里很多木匠、彩画匠、泥瓦匠都来围观，大家看着屋架被抬起、大梁被抽出，都紧张得一句话不敢说，我师父叼着烟也忘了抽，仿佛空气都凝滞了，毕竟千钧一发之际，稍有不慎，便是屋毁人亡的下场。我们六个人在房架上也是相当紧张，陈年的灰尘沾满了全身，汗水流淌下都成了泥水也分毫顾不上了。期间师哥张尚礼也关切地来看望，还没走到殿前，被师父严肃、阴沉地喝问："你来干啥子？！"他给吓得头也不回就连忙离开了。在合架成功的一刹那，师父和我们都长出一口气，下面围观的匠人、文化部门工作人员都给我们喝起了彩！

1985年，我作为项目负责人修建了省委南大门，该项目由彭继均设计，是一座仿古混凝土结构建筑。本工程还得到了省委的奖励。

1984—1986年间，我在公司施工科负责，参考浚源寺大雄殿做了兴隆山大佛殿的设计，另在和园林局设计院的共同研讨下对五泉山公园的古建筑进行了修缮。

1987年，在政策允许的情况下，我承包了小西湖公园的螺亭工程。这个工程的草图是彭继均起草的，施工图是由师父和我一起画的，钢筋是由未醒民设计的，最后由任震英签字同意，在师父的指导下发起了施工。木材一部分是旧建筑上拆下来的，又添了二十方（20m）新料。主体是混凝土结构，需要打井桩，当时地下水很急，打桩克服了很大的困难才完成。一层屋架用的是一步栱子来承托，二层用的是二步栱子，三层是三步六角单彩，装饰华丽。油饰彩画交由王顺义负责绘制。1988年竣工，1989年交付使用，这项工程在当时的兰州算是最高大的仿古建筑！

1988—1991年我承建了滨河路34路公交车变电站仿古建筑大屋顶一组。

1992—2010年我在白塔山公园、生物所、皋兰山做了几个项目，对白塔山公园的旧建筑、道路进行了维修。其中，塔院地藏寺由于山体滑坡，导致建筑倾斜。由彭继均设计了箱式基础，进行了加固，然后落架重修了厢房，维修了前楼。白塔山金山寺大殿未落架，而是用满堂架架空起来做了井字形基础，使其恢复了往日风采！另外，还在他处承建过锅炉房、桥梁等项目。

2001年，我公司承接了万源阁的修复工程，合同时间为两年，总价100万，由我全包负责。万源阁原为甘肃贡院的考试场所，三层木构楼阁，由清代左宗棠督建；后在民国时期由政府支持，兰州绅士刘尔炘募资，王大爷几兄弟承接项目，整体搬迁到五泉山。当时，万源阁的主要问题是基础不均匀沉降导致建筑倾斜变形。扶正改造设计由我师父参与，外桥由未工（即未醒民）设计，计划不落架来完成井字形基础的构造。在施工时，我用木方加固梁架，再用钢架把建筑物架空，清理瓦屋面的时候把花脊、宝瓶及尚且完好的勾头滴水都保存了下来，以便后续重新安装。按照“修旧如旧”的原则，门窗、雕刻坏了的换掉，没有的补全。其中荷叶墩有几个缺失了，还专门找人按照原形制绘制了图样来雕刻。最后工程得到了验收方和园林局等有关单位的赞许。

2003年，我承接了白塔山云月寺的翻建项目，由未醒民设计。除了大门五间没变，我把原大殿三间歇山建筑改成了五间直身活（直身活指不起翼角的建筑，如悬山、硬山建筑），东、西厢房由小面阔两间扩大成大面阔三间，西侧增加了一个垂花门，院子扩大。但由于建筑建在了山的边坡上，为防止滑坡，只得加大投入对山体进行了加固。还用了几年时间在白塔山公园里改造道路，翻建了百花厅，修建了新的办公室院落，还对文昌宫、三星殿、三官殿、驻春亭、牡丹亭等进行了维修。我还在2004年修建了白塔山消防通道，是韩波设计的混凝土结构仿古坡屋顶建筑。

2005—2006年，承建了盆景园二、三、四号标段的混凝土结构仿古坡屋顶建筑。

2007年，承建了白塔山公园空战纪念亭工程，是由韩波设计的重檐六角亭，混凝土框架、木结构屋顶，广场是花岗石铺地，2009年竣工。

后因单位资质不够，人力资源和定额不符，而本人没有职称，便于2013年元月退休，过上了含饴弄孙的退休生活……

80年代后期，已经过了兰州园林古建修建的热潮，这也是我自90年代以来的项目主要是对兰州南北两山进行维修的原因。此时，传统建筑营造行当总体来说开始走向没落，兰州本地的园林建筑施工队没能完成整合、转型从而做大、做强并走出兰州。这也导致了没人愿意再从事这个行业，技艺传承也面临断绝。恰好，2017年夏天，兰州理工大学在白塔山组织古建筑测绘实习，孟祥武老师带领着几个研究生和一个班的本科生在公园里进行测绘。公园管理处邀请我和王顺义分别给他们讲一下兰州地区的木作、彩画作，我们也是欣然应允。由此便认识了卞聪，把我师父整理的“架、饰、栱、刻”尽心传授，希望兰州传统建筑木作技艺能流传出去！

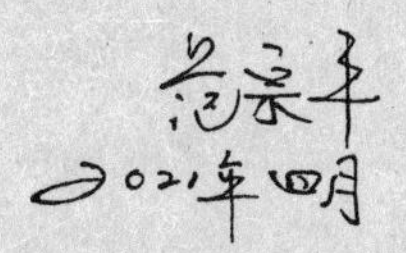

朱成瑛先生自述

（朱成瑛先生自述，弟子王顺义整理，卞聪记录）

朱成瑛

朱成瑛，字伯明，1940年6月出生。20世纪50年代末就读于兰州市第一中学。

60年代初，我在兰州房产公司第三维修队工作，师从王昌泰先生，从事油漆门窗、裱糊顶棚等工作。同时，出于自身的兴趣爱好，拜我省著名画家郝进贤先生为师，学习中国画。60年代中后期，王昌泰师父推荐我向其师叔许延石先生学习兰州地区的棺木彩画和古建筑彩画。许师父教授我很多古建筑彩画中常见的各类“碎小活”画法，如出箭、别字、锦缎、博古等。

70年代初，我家搬迁，恰好与兰州古建筑彩画大师达建中比邻。借此机缘，我师从达先生系统地学习了兰州传统建筑彩画。达师父教授了我兰州传统建筑彩画的种类等级、构图规律与绘制技巧。70年代末，由达师父推荐，我被调到当时的兰州园林工程队，从事古建筑油饰彩绘的工作。

由我参与或主持的古建筑彩画工程主要有：

1978年，五泉山公园东长廊头、三教洞、卧佛殿等建筑的油饰彩画；

1980—1981年，五泉山公园中山纪念堂、太昊宫、青云梯、浚源寺大雄殿及东西、配殿，还有白塔山塔院前楼及大殿等建筑的油饰彩画；

1982年，省政府中山堂的油饰彩画；

1983年，白云观戏台、西厢房，五泉山公园大雄殿前檐抱厦等建筑的油饰彩画；

1984年，白塔山公园三星殿、夕照亭，兰州友谊饭店的四角亭、六角亭，甘肃报社大楼等建筑的油饰彩画；

1985年，煤炭局八角亭，皋兰山省委农场牌楼，八一印刷厂六角亭等建筑的油饰彩画；

1986年，雁滩南湖公园重檐八角亭、方亭，西固扎马台道教大殿等建筑的油饰彩画；

1987年，皋兰山三台阁，张掖二坝水库六角亭，临泽双泉湖水库四角亭，小西湖公园东大门等建筑的油饰彩画；

1988年，临泽鹦哥嘴水库六角亭，敦煌沙疗所仿古建筑群，金昌市金川公园湖亭，后五泉夜雨岩大殿等建筑的油饰彩画；

1989年，金昌市金川公园碧春舫、清爽轩等建筑的油饰彩画；

1990年，兰州回民中学大门，金川公园北大门等建筑的油饰彩画；

1991年，伏龙坪的省保险公司仿古建筑的油饰彩画；

1992年，白塔山一、二、三台建筑群、售票房，省政府大门，林场望河楼、登云门，敦煌党河水库六角亭等建筑的油饰彩画；

1993年，兴隆山省委培训中心大门，张掖选矿厂仿古建筑，省政府大院六角亭，甘肃省工商银行学校大门等建筑的油饰彩画；

1994年，兰州钟院仿古建筑的油饰彩画；

1995年，悦宾楼门脸彩画；

1996年，由省外贸厅推荐，赴匈牙利布达佩斯金龙饭店，对其仿古建筑作油饰彩画；

1999年，天津宝成公司仿古建筑群、仁寿山公园朱文公祠大殿等建筑的油饰彩画。

朱成瑛

王顺义先生自述

（王顺义先生自述，弟子张敬桢录之）

王顺义

本人王顺义，1961年生于甘肃省兰州市，祖籍陕西省佳县。1977年1月在兰州市第一中学高中毕业，1978年6月分配至兰州园林工程队（现兰州市园林建筑工程公司），直至退休。由于我自幼喜好绘画，1979年6月，单位分配我到油饰彩绘班去当学徒，学习古建筑油饰彩画技艺。1977年，刚到油饰彩画班时，我被分配跟随孟基华师父学习，他教了我很多基础知识，让我能够很快入门。但不久后，孟师父被调到单位施工科去了，后又被调到甘肃省文物保护研究所工作。当时，我也跟随着班里的朱成瑛师父学习彩画技术。朱成瑛是兰州比较出名的彩画匠人，他于1978年来到兰州园林工程队，由于他绘画水平高，后来成了彩画班班长。虽然没有向他行拜师礼，但是朱先生却是正式教我兰州传统建筑彩画的领路人。我一直把他当作传统的师父一样尊敬、对待。

1979年，我参加的第一个项目是五泉山公园地藏寺古建筑群的油饰彩画修缮工程，而后是五泉山卧佛寺古建筑群油饰彩画工程。此时，我开始跟随师父们学习搭架、制作油灰腻子、刮腻子、砂纸打磨、刷油漆等比较基础的活计。在油漆活干完之后，我也断断续续地参加彩画的绘制工作，如拍谱子、起粉、装晕色、装大色等。不久之后，我就能进行比较完整的彩绘工作了，照着师父们制作的图谱，绘制了武侯祠的门楼。

这个时期，园林工程队请来了彩画大匠人达建中（是朱成瑛的师父之一）绘制卧佛殿的山水画枋心。达老先生的彩画作品构思巧妙，用色不艳不淡，沥粉贴金、山水绘制皆颇见功力，所绘制的彩画独具艺术光彩。我有幸多次向其请教，得到了很多宝贵的指导！

1980年初，我参加了几期兰州飞天书画学会举办的中国画学习班。我的师父朱成瑛见我喜欢中国画，便热心介绍我拜董吉泉先生为师学习中国画。董先生当时是兰州群艺馆馆长，后成为国家一级美术师，兰州美协主席，兰州画院院长。得其悉心教授，我在山水画上也有了一定的认识。

同年，油饰彩画班又进行了五泉山公园西长廊、太昊宫、大悲殿、青云梯等古建筑的油饰彩画工程，我对彩画的格式、技法有了更深入的掌握。那个时期，在传统建筑油饰彩画的修缮过程中，匠人们的文物保护意识是相对薄弱的。不过覆盖绘制的建筑多数都在公园较为显眼的位置，是着重修缮的建筑，其上旧彩画的修缮时间间隔未久，大多数图案都比较清晰。这种情况下，新制谱子、拍谱子等工作就显得很麻烦，我们基本都按照原图进行绘制，不会更改其格式。现在看来，当为幸事！

1981年，我们油饰彩画班在朱成瑛师父的带领下，接手了白塔山公园塔院前楼、大殿的油饰彩画工程。值得一提的是，当时塔院前楼和大殿的天花板保存得较为完好，共有四种天花彩画——龙、凤凰、仙鹤以及太极神盘（兰州匠人称之为一碗水）。这四种天花彩画是兰州地方彩画中的精品！其中四块太极神盘彩画在神龛位置的上方，有一定的宗教含义。当时，在朱师父的设计下，我们又增加了一种花卉主题的天花，较为均匀地排列在天花板上。不过可惜的是，经过多次修缮，现在白塔寺原有的四种天花也已经荡然无存了。

1982年夏，五泉山浚源寺大雄宝殿主体土建基本完工后，大殿后檐、东西外檐、内部梁架等部分的油饰彩画工程便开始了，由朱成瑛师父带领我们按照兰州传统建筑彩画的形制进行描绘。1983年，前檐抱厦主体完工后，我们准备进行前檐的油饰彩绘工作。当时，大雄宝殿是兰州第一座前檐梁、柱为混凝土结构的大殿，彩画匠人们还没有过在水泥构件表面制作地仗、绘制彩画的经验。我们询问了西北油漆厂的工程师，说是用环氧树脂腻子作表面处理会比较耐用，但是需求量太少，他们不给生产，因此建议使用过氯乙烯腻子。我们便退而求其次，使用了这个腻子，不过近40年过去了，大雄殿的彩画，除了褪色之外，仍然表面平整、图案清晰。不过也仅此一次，主要是因为过氯乙烯腻子过稠，非常不好刮。我在之后的仿古建筑表面试用了多种配方，底油—油灰腻子、加胶外墙腻子粉、加胶水泥等，效果各有不同，但使用效果也比较好。

另外，在绘制前抱厦彩画的时候，朱师父提出的彩绘方案比较大胆，拟于抱厦前檐和东、西外檐按照兰州最高等级彩画“大点金旋子”彩画的形制来设计施工。但是当时仅有前辈艺人留下的“大点金”口诀规则，而从未有人见过实际图样。朱师父便按照“笔笔见金”（白线外必有沥粉金线、无墨线）及旋花、各道线条都退二晕等规则来做设计，该方案后经园林局同意采用，大雄宝殿彩绘工程便于1983年11月顺利完工！

至此，经过跟随朱师父几年的学习，我对兰州传统建筑彩画的类型、等级、内容格式、绘制技法等都有了较为全面的认识。

1984—1985年，在朱成瑛师父的带领下，我们又相继做了省政府中山堂大殿、白云观戏台、友谊饭店内的仿古建筑群等油饰彩绘项目。

1985年5月，我为了在彩画技艺上更进一步，又在中国书画函授大学学习了三年。同年，兰州园林局的彩画艺人魏兴贞借调入兰州园林工程队当领导。魏先生自1965年开始，先后参与了兰州五泉山公园、城隍庙、金天观、西北民族大学、白塔山公园、兴隆山公园等地的油饰彩绘工作，而且他在白塔山一、二、三台的古建筑群上大胆创作了很多新式彩绘图案，用色也突破了传统青绿彩画的藩篱，在传统彩画的革新上独树一帜，得到了任震英等建筑大师的好评。这时，我与他便熟悉了起来，向他请教了很多创新彩画的绘制技艺。

当时，经过众多师父们的培养与我自己的学习，我对油饰彩画技艺的掌握日渐纯熟。单位领导也有意提拔年轻骨干，1986年，便让我担任了油饰彩画班的班长。

1986—1987年，我与油饰彩画班的匠人们先后对雁塔公园的两座四角亭、东大门，还有皋兰山的三台阁等建筑进行了油饰彩绘。这个时期，我的彩画绘制技艺尚未达到师父的要求，因此当时设计起稿等工作还是由朱师父承担，我主要起到配合作用。

1988年，因为单位不景气，接不到活，便把油饰彩画班放假了去自谋生路，如果单位有活再临时上班。此后，朱成瑛师父也被调到市第二建筑集团古建分公司去了。1988年下半年，大匠人段树堂的弟子范宗平承包的小西湖公园螺亭的土建工程结束后，把油饰彩画工作分包给我。这是我第一次全面负责一个大建筑的彩绘工程，也是我第一次独立进行起稿设计工作。在图案设计中，我考虑到一层建筑与人的视距近，要达到较好的观赏效果，需要做得精细一些，便运用了常用彩画中等级最高的小点金旋子彩画。二、三层略微简化，二层选用了粉丝花头旋子彩画，三层选用了金青绿旋子彩画。三层外檐使用不同等级的彩画，使得建筑彩绘图案既有变化，又和谐统一。

1989年，我与油饰彩画班的匠人们按照原有彩画重绘了白塔山公园的驻春亭、东风亭、喜雨亭、五角亭。

1992年，五泉山公园、白塔山公园部分古建筑进行了油饰彩画大修。我承担了五泉山公园内的漪澜亭、澄碧滴翠水榭、酒仙祠等建筑的彩绘工程，都是按照原有彩画进行施工的。但当时太昊宫第一进院落已全无彩画痕迹，我便按照公园内常见的金青绿旋子彩画、五彩旋子彩画这两种起了样，进行了施工。

1993年以后，我又承担了五泉山公园三教洞、白塔山公园牡丹亭的油饰彩绘工作。

1997年，在卧龙岗公墓牌楼彩绘工程中，由于混凝土结构柱、枋较大，采用兰州地区传统建筑彩画形式的话，构图会比较细碎，不大气。我便在构图中融入了清官式旋子彩画的构图方式，把枋按照分三停的规矩进行了三段式构图，还加入了外角60°的皮条线和岔口线等，使得图面效果更加整体、大气，衬托了建筑的气势。

1999年，五泉山公园、白塔山公园的部分古建筑又一次进行了油饰彩绘的修缮工作。我单位承接后，交由我组织人手进行施工，对五泉山公园的大门牌楼、山门、青云梯、文昌宫古建筑群、清虚府古建筑群、地藏寺古建筑群以及白塔山公园的三星殿、三官殿、东风亭、百花厅、喜雨亭、五角亭等，进行了原样重绘。

2000年，我对万源阁进行了油饰彩画修缮。由于年久失修，彩画痕迹几近全无，我参照五泉山公园内常见的金青绿旋子彩画进行了设计施工。

2002—2009年，我先后对白塔山公园的牡丹亭、百花厅，五泉山公园的浚源寺山门、金刚殿、配殿，中山纪念堂，嘛呢寺等建筑作了油饰彩绘修缮。

2006年，我对五泉山武侯祠进行了油饰彩绘重修。由于该建筑已经很多年没有进行油饰彩绘维修了，外檐图案看不清，我便先用刷子清理了浮土，再用硫酸纸拓印在部分略能看清的图案上，描摹出轮廓线，标注上色号；第二步，在略清理之后，沿着旧彩画的粉线用白粉描了一下；第三步，待白粉干后便把梁枋上原有彩画起甲、凸起处清理干净，刷上清油、刮好腻子、找平打磨；第四步，再上一遍清油后，一边按照残留的白线痕迹，一边参考拓样图案，对缺损处进行了补全；最终绘制的图案尽最大可能复原了旧彩画。

2010年以后，政府对五泉山公园、白塔山公园又进行了一次大规模的修缮改造，由多家单位共同施工。我对白塔山、五泉山的多处亭台楼阁进行了彩画重绘、新绘。

2016年，我与甘肃兴城建设有限公司的朱殿臣、刘爱林等人起草编写了甘肃省地方标准《古建筑油饰彩画施工工艺规程》。

2018—2019年，我在白塔山公园作了金山寺、夕照亭、空战纪念亭等建筑的油饰彩绘。

在几十年的工作实践中，我发现木结构古建筑油饰彩画表面，尤其是柱子表面，最易受到日晒、雨淋、风化等的破坏，便一直摸索着想对地仗做法进行改进。经过实验，用石膏粉、清漆、白乳胶按一定比例制作成了油灰腻子。用这种油灰，再在柱子上缠上一层布，耐用性会大大提高。2010年以后，在公园古建的彩画修缮中，我开始使用这种地仗工艺，到现在，有些已经十年过去了，表面仍然完好、不起甲、不龟裂，证明了这种地仗做法的可行性。唯一的缺陷是这种腻子要加入大量的清漆和胶，会导致干燥慢、工期加长，因此适合在气温较高的时候施工。

此外，我在混凝土结构仿古建筑表面制作地仗时，试用了多种配方，底油—油灰腻子、加胶外墙腻子粉、加胶水泥等。尽管这些配方的施工、物理特性各有不同，但使用效果也比较好。如何要求工程质量更好、保质期更长呢？我发现加胶水泥腻子做地仗效果最好，但加胶水泥腻子强度非常大，很难刮，打磨也费工，故造价也高，一般情况下用得不多。

以上便是我进入古建筑彩绘行业以后大致的学习、工作经历。其实，这几十年来，我也做过很多其他地区的建筑彩画，但是为何主要讲述在白塔山、五泉山的经历呢？因为自我学徒以来，几十年绘制彩画的心血，大部分都倾注在这两处公园里了。目前，这两处公园里的绝大部分彩画都经过我的手新绘、重绘过，我的生命历程已与这两处公园难舍难分。然而，可惜的是，随着五泉山公园定为国保单位，跟随我的匠人一个个也变成了苍颜白发，我掌握的兰州地方彩画技艺所能施展的空间也越来越小。我有时也会感叹，几百年文化沉淀的，一代代传承不绝的，自身数十年心血总结的兰州地方彩画技艺却难有传承。

2017年夏天，兰州理工大学孟祥武老师带领研究生张敬桢、卞聪和许多本科生在白塔山进行建筑测绘，让我讲解一下兰州地区油饰彩绘的知识。由此结缘，在随后几年中带着张敬桢、卞聪到掬月泉、金山寺等彩绘工地上实践，把毕生总结的技术经验毫无保留地传授给他们。只求无数先辈创造、改进、传承下来的古建彩绘知识不要在我手中断绝！

经过几百年的发展，兰州传统建筑彩画与兰州传统木结构相互适应，是共同成就兰州地区建筑文化特色的两大要素！抛开不舍传承的心理因素，单在结构与形式的匹配上，兰州传统木构建筑使用兰州本地的彩画才能美观、壮丽！

故此，我由衷地希望兰州传统建筑彩画能够传播、发扬出去，也由衷地希望能得到各位古建专家的赐教，为兰州传统建筑注入更多的生命力！谢谢。

王顺义

2021年4月

部分匠人生平

李柏清 清末生人，逝于20世纪80年代。民国时期担任过兰州木匠行会会长。1955年开始主持白塔山建筑群的搬迁、改建、新建工作；主持五泉山“乐到名山”大殿、中山纪念堂大殿的翻建及五泉山入口牌坊的修建；70年代，带领弟子修建五泉山清虚府建筑群。对兰州的古建园林事业有极大的贡献。

李吉祥 1915年生人，20世纪90年代去世。师从李柏清，曾在兰州市第一建筑工程公司担任木工队长。20世纪50年代，李柏清主持白塔山园林建筑群的搬迁、改建、新建工作时，作为掌尺被委以重任，主持修建了白塔山一、二、三台建筑群及两座重檐四角亭、两座八角亭；60年代修建了兰州城隍庙戏台（后毁于火灾）；80年代修建了兴隆山大雄宝殿和太白泉楼阁以及兰州南湖公园重檐八角亭。一生修建的乡村庙宇、祠堂建筑数量众多。

王树之 1933年生人，现年89岁。曾任兰州市第二建筑工程公司预制厂厂长，师承父亲王三爷。50年代，参与白塔山建筑群工程；退休后，曾用五年时间，与李氏门人在天津修建了一个公园，所有园林建筑都采用兰州传统建筑形式，倡导了传统建筑营造技艺的传播。

陈宝全 1959年生人，现年63岁。曾先后在兰州市第二建筑工程公司和兰州园林建筑公司任职。师从段树堂。1984年，掌尺三台阁；1989年，掌尺金昌公园园林建筑群；1992年，主持了国家重点文物保护单位庄严寺的搬迁、修缮工作。作为掌尺新建的庙宇、祠堂建筑数量众多，有丰富的掌尺经验。

图片来源

[1] 正文前拉页《金城揽胜图》
来源：甘肃省博物馆.
[2] 图2.8　白塔山一台大殿明间横剖图
来源：卞聪．兰州地区传统建筑大木营造研究［D］．兰州理工大学，2019：35.
[3] 图2.9　白塔山一台大殿明间殿纵剖图
来源：卞聪．兰州地区传统建筑大木营造研究［D］．兰州理工大学，2019：35.
[4] 图2.11　“偷山夺檩”实例——周家祠堂后殿
来源：卞聪．兰州地区传统建筑大木营造研究［D］．兰州理工大学，2019：36.
[5] 图2.21　白塔山二台牌楼纵剖图
来源：卞聪．兰州地区传统建筑大木营造研究［D］．兰州理工大学，2019：43.
[6] 图2.22　白塔山二台牌楼明间梁架仰俯视图
来源：卞聪．兰州地区传统建筑大木营造研究［D］．兰州理工大学，2019：43.
[7] 图2.23　云月寺垂花门平面图
来源：卞聪．兰州地区传统建筑大木营造研究［D］．兰州理工大学，2019：44.
[8] 图2.24　云月寺垂花门立面图
来源：卞聪．兰州地区传统建筑大木营造研究［D］．兰州理工大学，2019：44.
[9] 图2.25　云月寺垂花门横剖图
来源：卞聪．兰州地区传统建筑大木营造研究［D］．兰州理工大学，2019：45.
[10] 图2.28　金崖三圣庙一层平面图
来源：卞聪．兰州地区传统建筑大木营造研究［D］．兰州理工大学，2019：46.
[11] 图2.29　金崖三圣庙入口立面
来源：卞聪．兰州地区传统建筑大木营造研究［D］．兰州理工大学，2019：47.
[12] 图2.30　金崖三圣庙戏台立面
来源：卞聪．兰州地区传统建筑大木营造研究［D］．兰州理工大学，2019：47.

[13] 图2.31　金崖三圣庙明间横剖面

来源：卞聪. 兰州地区传统建筑大木营造研究 [D]. 兰州理工大学，2019：48.

[14] 图3.16　五角角彩轴线图

来源：兰州大木匠师段树堂先生手绘.

[15] 图5.3　莫高窟第340窟唐代蟠草纹

来源：冯佳琪. 蜿蜒卷草俯仰生姿——卷草纹在中国的样式演变研究 [J]. 艺术品. 2017.

[16] 图6.15　宋“如意头角叶”与兰州彩画“如意头”演化对比

来源：改绘自李路珂. 营造法式彩画研究 [M]. 南京：东南大学出版社，2011：199.

[17] 图7.26　贴金手法

来源：边精一. 中国古建筑油漆彩画 [M]. 北京：中国建筑工业出版社，2007：40.

[18] 表8.4　白塔山金山寺勘察分析

来源：张敬桢. 兰州地区传统建筑彩画艺术研究 [D]. 兰州理工大学，2019：96.

[19] 图9.2　秦州（天水地区）工艺体系翼角做法

来源：唐栩. 甘青地区传统建筑工艺特色初探 [D]. 天津大学，2004：63-64.

[20] 图9.3　河西地区传统建筑翼角做法

来源：李江. 明清时期河西走廊建筑研究 [D]. 天津大学，2012：139-141.

[21] 图9.4　河州（临夏地区）工艺体系翼角做法

来源：唐栩. 甘青地区传统建筑工艺特色初探 [D]. 天津大学，2004：63-64.

[22] 图9.5　河西地区施用花板代栱的檐下做法

来源：李江. 明清时期河西走廊建筑研究 [D]. 天津大学，2012.

[23] 图9.10　各类檐枋做法对比图

来源：作者自绘，部分参考于梁思成. 图像中国建筑史 [M]. 北京：中国建筑工业出版社，2016.

注：其余图片均自绘或自拍摄。

参考文献

[1] 唐栩．甘青地区传统建筑工艺特色初探［D］．天津大学，2004.
[2] 黄跃昊．甘肃榆中金崖镇［J］．文物，2013（10）.
[3] 马炳坚．中国古建筑木作营造技术［M］．北京：科学出版社，2003.
[4] 冯佳琪．蜿蜒卷草俯仰生姿——卷草纹在中国的样式演变研究［J］．艺术品，2017.
[5] 李路珂．营造法式彩画研究［M］．南京：东南大学出版社，2011.
[6] 张衡．西京赋//高步瀛．文选李注义疏［M］．北京：中华书局，1985.
[7] 李媛．中国古代建筑彩绘纹样［J］．大舞台，2011（8）.
[8] 蒋广全．中国传统建筑彩画讲座——第一讲：中国建筑彩画发展史简述［J］．古建园林技术，2013（3）.
[9] 魏兴贞．园林古建筑彩绘图案集［M］．兰州：甘肃人民出版社，1993.
[10] 梁思成．营造法式注释［M］．北京：中国建筑工业出版社，1983.
[11] 黄雨三．古建筑修缮维护·营造新机构古建筑图集［M］．合肥：安徽文化音像出版社，2003.
[12] 边精一．中国古建筑油漆彩画［M］．北京：中国建筑工业出版社，2007.
[13] 李江．明清时期河西走廊建筑研究［D］．天津大学.
[14] 李浈．中国传统建筑形制与工艺［M］．同济大学出版社.
[15] 张廷玉．明史［M］．北京：中华书局，1974.
[16] 梁思成．清式营造则例［M］．北京：中国建筑工业出版社，2001.
[17] 刘敦桢．中国古代建筑史［M］．北京：中国建筑工业出版社，1980.
[18] 陈明达．营造法式大木作制度研究［M］．北京：文物出版社，1981.
[19] 杨鸿勋．建筑考古学论文集［M］．北京：文物出版社，1987.
[20] 潘谷西．营造法式初探（一）［J］．南京工学院学报，1980.
[21] 潘谷西．营造法式初探（二）［J］．南京工学院学报，1981.

[22] 潘谷西. 营造法式初探（三）[J]. 南京工学院学报，1985.
[23] 潘谷西. 营造法式初探（四）[J]. 南京工学院学报，1990.
[24] 徐伯安. 营造法式斗栱形制解疑探微 [J]. 建筑史论文集（第七辑）. 北京：清华大学出版社，1985.
[25] 王贵祥. 建筑史学的危机与争辩 [J]. 建筑师，2017（4）：6-15.
[26] 蔡军，张健.《工程做法则例》中大木设计体系 [M]. 北京：中国建筑工业出版社，2004.
[27] 马全宝. 江南木构架营造技艺比较研究 [D]. 中国艺术研究院，2013.
[28] 石红超. 浙江传统建筑大木工艺研究 [D]. 东南大学，2016.
[29] 毕小芳. 粤北明清木构建筑营造技艺研究 [D]. 华南理工大学，2016.
[30] 黄晓云. 闽东传统民居大木作研究——以福州地区梧桐村为实例 [D]. 中央美术学院，2013.
[31] 李江. 明清甘青建筑研究 [D]. 天津大学，2007.
[32] 陈颖. 浅析兰州传统民居的特征 [J]. 甘肃高师学报，2012，17（2）.
[33] 陈华. 兰州五泉山古建筑群研究 [D]. 西安建筑科技大学，2009.
[34] 高翔，鱼腾飞，宋相奎，等. 兰州市少数民族流迁人口空间行为特征及动力机制 [J]. 地理科学进展，2010，29（6）.
[35] 张十庆. 中日古代建筑大木技术的源流与变迁 [M]. 天津：天津大学出版社，2004.
[36] 张十庆.《营造法式》变造用材制度探析 [J]. 东南大学学报，1990（5）.
[37] 张十庆.《营造法式》研究札记——论“以中为法”的模数构成 [J]. 建筑史论文集，2000，13（2）.
[38] 张十庆.《营造法式》的技术源流及其与江南建筑的关联探析 [J]. 建筑史论文集，2002（3）.
[39] 张十庆.《营造法式》栱长构成及其意义解析 [J]. 古建园林技术，2006.
[40] 张十庆. 古代建筑的尺度构成探析（一、二、三）[J]. 古建园林技术，1991.
[41] 张十庆. 从建构思维看古代建筑结构的类型与演化 [J].

建筑师，2007（2）.
[42] 张十庆. 中国江南禅宗寺院建筑 [M]. 武汉：湖北教育出版社，2002.
[43] 冯佳琪. 蜿蜒卷草俯仰生姿——卷草纹在中国的样式演变研究 [J]. 艺术品，2017.
[44] 方荣，张蕊兰. 甘肃人口史 [M]. 兰州：甘肃人民出版社，2007.
[45] 李传文. 明代匠作制度研究 [D]. 中国美术学院，2012.
[46] 梁思成. 图像中国建筑史 [M]. 北京：中国建筑工业出版社，2016.
[47] 杨志国. 智化寺明代大木结构特点分析（下）[J]. 古建园林技术，2016（4）.
[48] 杨志国. 智化寺明代大木结构特点分析（上）[J]. 古建园林技术，2016（3）.
[49] 郭黛姮. 宋《营造法式》五彩遍装彩画研究 [A] //中国建筑学会建筑史学分会，清华大学建筑历史与文物建筑保护研究所. 营造第一辑（第一届中国建筑史学国际研讨会

论文选辑）[C]. 中国建筑学会建筑史学分会，清华大学建筑历史与文物建筑保护研究所：中国建筑学会建筑史学分会，1998.

[50] 陈晓丽. 对宋式彩画中碾玉装及五彩遍装的研究和绘制[D]. 清华大学，2001.

[51] 吴梅. 营造法式彩画作制度研究和北宋建筑彩画考察[D]. 东南大学，2004.

[52] 陈薇. 元、明时期的建筑彩画[A]//中国建筑学会建筑史学分会，清华大学建筑历史与文物建筑保护研究所. 营造第一辑（第一届中国建筑史学国际研讨会论文选辑）[C]. 中国建筑学会建筑史学分会，清华大学建筑历史与文物建筑保护研究所：中国建筑学会建筑史学分会，1998.

[53] 蒋广全. 中国清代官式建筑彩画技术[M]. 北京：中国建筑工业出版社，2005.

致谢

太多感悟和感谢的话原本在硕士毕业论文里已经说过了，在此还是非常感谢孟祥武、叶明晖两位老师在硕士阶段给我们提供的帮助和教导，师恩难忘，永记心中！

其次，对范宗平、陈宝全、王顺义等匠人师父的感谢也不是寥寥几句文字能说得清的，若没有这些师父的无私传授，我们对传统建筑营造技艺的理解尚且存留在纸面上，也不会走到建筑遗产保护的道路上来。只能说弟子们必将好好学习，努力加深对营造技艺的理解与掌握，尽全力将兰州地区的营造技艺传承发扬出去！

此处还要感谢林源老师在此书编写过程中给予我们的很多指导和帮助。感谢高博老师的引荐，凭借2019年传统建筑年会的契机才使兰州传统建筑营造技艺得以展现在众多专家、同行的眼前。感谢中国建筑工业出版社的吴宇江老师对后辈的提携。着重感谢马炳坚老先生对匠人前路的指引！

特别感谢张悟静老师对本书书籍设计的倾心投入，也非常感谢李成成编辑及其他为本书出版提供帮助的编辑人员！

感谢让我们坚持走到今天，且越行越远的所有人！

图书在版编目（CIP）数据

兰州传统建筑营造 / 卞聪，张敬桢著．—北京：中国建筑工业出版社，2022.3

ISBN 978-7-112-27214-3

Ⅰ．①兰… Ⅱ．①卞… ②张… Ⅲ．①古建筑—建筑艺术—研究—兰州 Ⅳ．①TU-092.942.1

中国版本图书馆CIP数据核字（2022）第041992号

增值服务阅读方法：

本书提供附录二　雕刻、门窗纹样集录和附录三　彩画小样集录的电子版，读者可使用手机/平板电脑扫描右侧二维码后免费阅读。

操作说明：扫描授权进入“书刊详情”页面，在“应用资源”下点击任一图名（如大点金旋子彩画小样1），进入“课件详情”页面，点击相应图名后，再点击右上角红色“立即阅读”即可阅读相应图片电子版。

若有问题，请联系客服电话：4008-188-688。

责任编辑：李成成
书籍设计：张悟静
责任校对：王　烨

兰州传统建筑营造

卞　聪　张敬桢　著

*

中国建筑工业出版社出版、发行（北京海淀三里河路9号）
各地新华书店、建筑书店经销
北京锋尚制版有限公司制版
天津图文方嘉印刷有限公司印刷

*

开本：787毫米×1092毫米　1/16　印张：26⅛　插页：1　字数：594千字
2022年8月第一版　2022年8月第一次印刷
定价：**199.00**元（赠增值服务）
ISBN 978-7-112-27214-3
（37918）